"十四五"职业教育国家规划教材

铁路职业教育专业基础课类规划教材

机械基础与制图

武晓丽　主　编

祖国庆　李德福　副主编

U0261287

中国铁道出版社有限公司

2 0 2 3 年·北 京

内 容 简 介

本书是"十三五"职业教育国家规划教材、铁路职业教育专业基础课类规划教材。全书分为三部分:第一部分机械识图;第二部分机械基础;第三部分钳工基础。第一部分主要内容包括识图基本知识、几何作图、投影基本知识、基本体、轴测图、立体表面交线、组合体、机件的基本表示法、标准件和常用件、零件图、装配图、焊接图及电气图等。第二部分主要内容包括平面机构概述、平面连杆机构、其他常用机构、连接与键连接(包括画法)、螺纹连接与螺旋传动(包括画法)、带传动与链传动、齿轮传动(包括画法)、蜗杆传动(包括画法)。第三部分主要内容包括常用工具、量具、钳工基本技能、综合实例等。

本教材可作为职业院校机械类和机电类各专业的通用教材,也可供其他相近专业使用或参考。

图书在版编目(CIP)数据

机械基础与制图/武晓丽主编. —北京:中国铁道出版社,2019.2(2023.7 重印)

"十二五"职业教育国家规划教材 铁路职业教育专业基础课类规划教材

ISBN 978-7-113-22730-2

Ⅰ.①机… Ⅱ.①武… Ⅲ.①机械学-高等职业教育-教材②机械制图-高等职业教育-教材 Ⅳ.①TH11②TH126

中国版本图书馆 CIP 数据核字(2017)第 005320 号

书　　名:机械基础与制图
作　　者:武晓丽

策　　划:阚济存
责任编辑:阚济存　　　　编辑部电话:(010)51873133　　　　电子邮箱:td51873133@163.com
封面设计:崔　欣
责任校对:王　杰
责任印制:赵星辰

出版发行:中国铁道出版社有限公司(100054,北京市西城区右安门西街 8 号)
网　　址:http://www.tdpress.com
印　　刷:三河市宏盛印务有限公司
版　　次:2019 年 2 月第 1 版　　2023 年 7 月第 3 次印刷
开　　本:787 mm×1 092 mm　1/16　印张:20.5　字数:525 千
书　　号:ISBN 978-7-113-22730-2
定　　价:52.00 元

前　言

　　为了更好地适应现代职业技术教育的现状,参照最新教育部关于技能型紧缺人才培养与培训工程的精神和要求,根据教育部颁布的职业教育机械制图教学大纲、职业学校机械基础教学大纲,本着"着重职业技术技能训练,基础理论够用为度"的原则,编写了这本适合职业教育机械类各专业使用的教材——《机械基础与制图》。

　　本教材力求文字表述简明扼要、通俗易懂,大量采用插图,以求直观形象、图文并茂,有助于学生理解和接受。在每章基本教学内容之后,都安排了类型多样、内涵丰富的复习与思考题,有利于学生掌握基本理论和基本技能。

　　本教材针对职业学校的教学特点,力争做到系统、全面、深入浅出,使教材具有一定的广泛性和实用性。

　　本教材是在全体参编教师多年机械制图、机械基础、钳工基础教学改革和经验的基础上,依据工学结合的教学理念,改变传统的学科化倾向,结合机械制图、机械基础、钳工基础三门课程各自的教学特点而编写的。

　　本教材共分三部分,第一部分是机械识图,主要内容有:识图基本知识、几何作图、投影基本知识、立体表面交线(截交线、相贯线)、组合体、机件的基本表示法、零件图、装配图、其他图样简介(焊接图、电气制图)。第二部分是机械基础,主要内容有:平面机构概述、平面连杆机构、其他常用机构、连接与键连接(包括键连接画法)、螺纹连接与螺旋传动(包括螺纹及其连接画法)、带传动与链传动、齿轮传动(包括齿轮画法及其工作图)、蜗杆传动(包括蜗轮传动的画法)。第三部分是钳工基础,主要内容有:常用工量具、钳工基本技能、综合训练。各学校可根据自身专业特点选学。

　　本教材按 80~120 学时编写,可供职业教育学校机械类、机电类各专业使用,也可作为专业技术培训教材或供有关技术人员使用、参考。

　　本教材的主要特点:

　　1. 针对职业教育重在实践能力和职业技能的培养目标,在编写过程中以基本理论够用为度,基本知识广而不深,识图技能贯穿始终。

　　2. 常用件、标准件(如:螺纹、齿轮等)画法与机械基础中的相应机构(如:螺纹连接与螺旋传动、齿轮传动等)相结合。

　　3. 在编写中注重相关国家标准的更新信息,全面贯彻与本教材有关的最新国家标准。

　　4. 根据学生的实际,淡化理论难度和深度,删除了繁杂的理论推导,只给出必要的结论或结果。大幅度减少了复杂的计算,最大限度地体现学以致用。

本书由兰州交通大学武晓丽任主编,太原铁路机械学校祖国庆、兰州交通大学李德福任副主编,呼和浩特市机械工程职业技术学校云石龙、杜学飞、马彦辉、张然,兰州交通大学王娜参加编写。其中王娜编写第一、二、三、七、十二章,张然编写第四、二十一章,武晓丽编写第五章,马彦辉编写第六、八、九、十章,云石龙编写第十一、十六章,祖国庆编写第十三章,李德福编写第十四、十五、十九、二十章,杜学飞编写第十七、十八章。

本书的编写参考了一些同类教材,在本书出版之际,谨向各位作者表示感谢。由于时间仓促,疏漏和不妥之处在所难免,望广大读者谅解并指正。

编者

2018 年 5 月

目 录

第一部分　机械识图

第二部分　机械基础

第三部分　钳工基础

第一部分　机械识图

　　图样在生产活动中有着重要的意义和作用。工程师要表达自己的设计意图,就要画出图来,工人师傅要造出合格的产品,就必须按图样要求进行加工生产。图样能对物体的形状、大小和加工要求作出明晰的说明,而这些若要用文字语言来表达是不可能的。现代工业所用的这种图,我们称之为工程图样。由此可见,图样是生产中必不可少的技术文件。图样不仅用于指导生产,还用于科技交流,同时也用来描述、分析工程设计的合理性和实验数据。由于图样在工程上起着类似文字语言的表达作用,所以人们常把它称为"工程技术语言"。识读和绘制工程图样便成为现代技术人员所必须具备的基本功。

第一章
识图基本知识

【学习目标】

1. 掌握国家标准《技术制图》《机械制图》中的有关规定,并养成在实践中严格遵守的好习惯。
2. 正确使用绘图工具和仪器。
3. 培养认真负责的工作态度和严谨细致的工作作风。

第一节　图样的概念

一、机械图样

在生产过程中,工人根据零件图来加工零件,根据装配图将零件装配成部件或机器。这些零件图和装配图以及其他一些机械生产中常用的图样统称为机械图样。图 1-1 所示轴承座的零件图如图 1-2 所示。

要加工出合格的零件,就必须看懂图样中所表达零件的形状、大小和各种加工要求。能绘制、识读各种机械图样,是我们学习机械识图的主要目的。

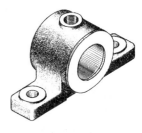

图 1-1　轴承座

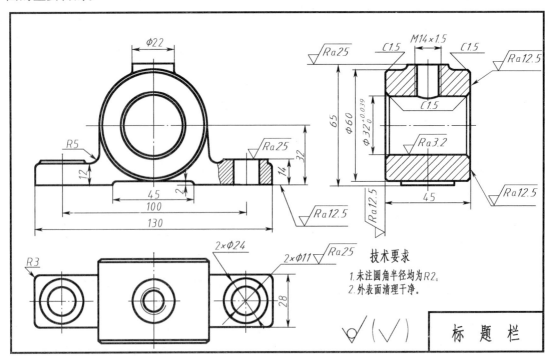

技术要求

1. 未注圆角半径均为R2。
2. 外表面清理干净。

图 1-2　轴承座的零件图

二、机械图样的种类

零件图和装配图是常用的两种机械图样。零件图用来表达零件的结构、大小以及加工的技术要求;装配图用来表达产品的工作原理及其组成部分的连接、装配关系。

第二节　绘图工具及其使用

正确地选择和使用绘图工具,是提高绘图质量和效率的前提。虽然目前大部分的工程图样都是用计算机绘制(称计算机绘图)的,但使用绘图工具绘制工程图样(称尺规绘图)既是工程技术人员必备的基本技能,也是学习和巩固机械识图理论知识不可缺少的实践过程。本节简要介绍常用绘图工具及其使用方法。

一、常用的绘图工具

1. 图板

图板用胶合板制成,有适用于不同型号图纸使用的不同规格。图板要求板面平整,工作边平直以保证作图的准确性(图1-3)。

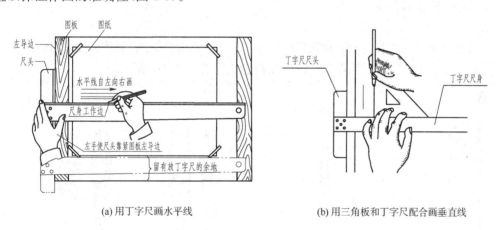

(a) 用丁字尺画水平线　　　　　(b) 用三角板和丁字尺配合画垂直线

图1-3　图板和丁字尺

2. 丁字尺

丁字尺一般用有机玻璃制成,有尺头与尺身两部分,画图时应使尺头靠紧图板左侧的导边。丁字尺主要用于画水平线以及与三角板配合画垂直线或各种15°倍数角的斜线,如图1-4所示。

3. 三角板

三角板用有机玻璃制成,并由45°和30°(60°)两块三角板合成为一副,是手工绘图的主要工具(图1-4)。

4. 比例尺

比例尺俗称三棱尺[图1-8(c)],在棱面上共有六种常用的比例刻度,刻度一般以米(m)为单位。而机械图样是以毫米(mm)为基本单位,因此使用时需进行换算。

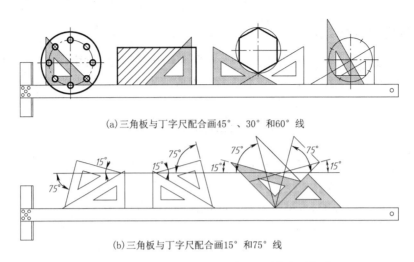

(a)三角板与丁字尺配合画45°、30°和60°线

(b)三角板与丁字尺配合画15°和75°线

图 1-4　用三角板和丁字尺配合画 15°倍角的斜线

二、绘图仪器

常用的绘图仪器有以下几种：

1. 圆规

圆规用于画圆或圆弧，画圆部分装上不同配件可以画出铅笔圆、墨线圆或作分规使用。圆规及其附件如图 1-5 所示。圆规定心钢针和铅芯的安装如图 1-6 所示。

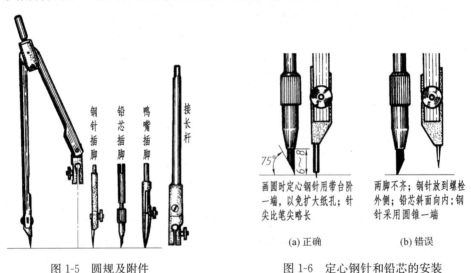

钢针插脚　铅芯插脚　鸭嘴插脚　接长杆

75°

画圆时定心钢针用带台阶一端，以免扩大纸孔；针尖比笔尖略长

两脚不齐；钢针放到螺栓外侧；铅芯斜面向内；钢针采用圆锥一端

(a) 正确　　　(b) 错误

图 1-5　圆规及附件　　　　图 1-6　定心钢针和铅芯的安装

圆规的使用方法如图 1-7 所示。使用时钢针与插腿均垂直于纸面，圆规略向旋转方向倾斜，画图时应速度均匀，用力适当。

2. 分规

分规可用来量取尺寸和等分直线段或圆弧，分规的使用方法如图 1-8 所示。

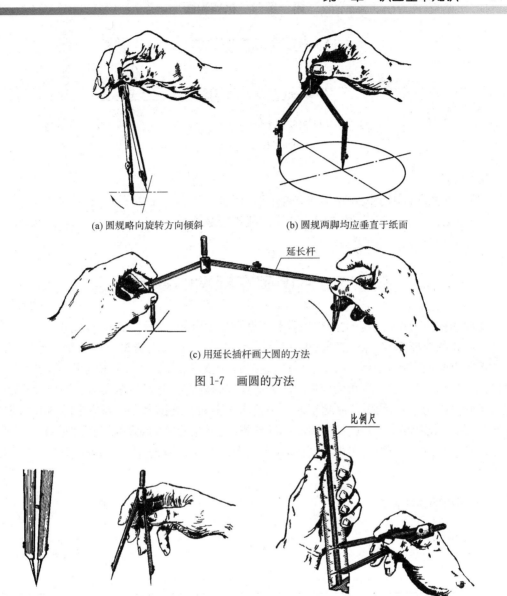

(a) 圆规略向旋转方向倾斜　　　(b) 圆规两脚均应垂直于纸面

延长杆

(c) 用延长插杆画大圆的方法

图 1-7　画圆的方法

比例尺

(a) 针尖对齐　　　(b) 分规开合手法　　　(c) 量取尺寸的方法

图 1-8　分规的使用

三、绘图用品

1. 图纸和透明胶带

图纸分为绘图纸和描图纸(半透明)两种。绘图纸要求质地坚实,用橡皮擦拭不易起毛,并符合国家标准规定的幅面尺寸。固定图纸用透明胶带。

2. 绘图铅笔

绘图铅笔的铅芯分软(B)、中性(HB)、硬(H)三种,铅笔的一端印有铅笔硬度标记。绘制图线的粗细不同,所需铅芯的软硬也不同。通常画粗线采用 HB、B、2B,画细线可采用 2H、H、HB,写字采用 HB。

铅笔的削法如图 1-9 所示。

(a)削铅笔   (b)加深图线时的铅芯形状   (c)画线时铅笔与尺的关系

图 1-9 铅笔的削磨及使用

3. 其他用品

(1)绘图橡皮　用于擦除铅笔线,清除图中污迹。

(2)擦图片　在擦图时,用来保护应有图线不会被擦去。

(3)小刀和砂纸　用于削磨铅笔。

第三节　制图国家标准的基本规定

　　工程图样作为现代工业生产中的重要依据和技术资料,以及交流技术思想的重要工具,必须要有统一的标准,对图样的格式、表达方法、尺寸标注、所采用的符号做出统一要求,使绘图和读图都有共同遵守的规则,以便于生产、生产管理和技术交流。针对机械图样,国家标准《机械制图》中统一规定了生产和设计部门应共同遵守的规则。随着科学技术的进步,为满足国民经济不断发展的需要,我国还制定了对各类技术图样和有关技术文件都适用的国家标准《技术制图》。每一个工程技术人员都应树立标准化概念,严格遵守,认真执行国家标准。本节主要介绍国家标准《技术制图》和《机械制图》中关于图纸幅面和格式、比例、字体、图线、尺寸注法的基本规定。

一、图纸幅面和格式

1. 图纸幅面

为了便于图样的保管和使用,绘制技术图样时应优先采用表 1-1 所规定的基本幅面。

表 1-1 图纸的基本幅面及图框尺寸(摘自 GB/T 14689—2008)

幅 面 代 号	A0	A1	A2	A3	A4
$B \times L$	841×1 189	594×841	420×594	297×420	210×297
a	25				
c	10			5	
e	20		10		

注:a、c、e 为边框宽度如图 1-10 所示。

　　基本幅面必要时也允许加长,加长幅面应按基本幅面的短边成整数倍增加,以利于图纸的折叠和保管。

2. 图框格式

图幅确定后,还须在图纸上用粗实线画出图框以确定绘图区域,图框格式分为留有装订边和不留装订边两种,如图 1-10。但同一产品的图样只能采用一种图框格式。加长幅面应采用比所选的基本幅面大一号的图框尺寸。

　　图纸可以横放,也可以竖放。需要装订的图样,一般采用 A3 幅面横装或 A4 幅面竖装。当采用不留装订边的图框格式时,为了便于图样复制或缩微摄影时定位,应在图纸各边长的中点处绘制对中符号。对中符号是 5 mm 左右的一段粗实线,自图纸边界画入图框内,如图 1-10 (b)所示。当对中符号伸入标题栏范围内时,则伸入部分省略不画。

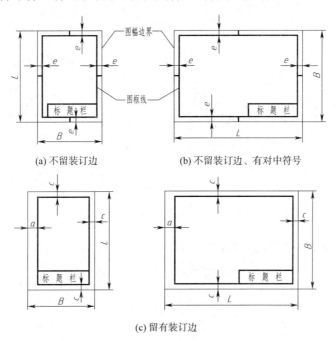

(a) 不留装订边　　　　　　　(b) 不留装订边、有对中符号

(c) 留有装订边

图 1-10　图纸幅面和图框格式

3. 标题栏

　　在每张图纸的右下角应画出标题栏,标题栏中的文字方向为看图方向,其格式和内容在 GB/T 10609.1—2008《技术制图　标题栏》中已有规定,用于学生作业的标题栏可由学校自定。图 1-11 所示的格式可供学习时参考使用。

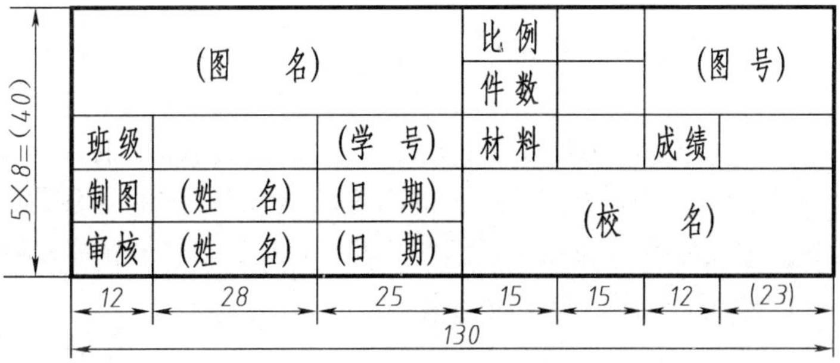

5×8=(40)	(图　名)			比 例		(图　号)	
				件 数			
	班级		(学　号)	材料		成绩	
	制图	(姓　名)	(日　期)	(校　名)			
	审核	(姓　名)	(日　期)				
	12	28	25	15	15	12	(23)
	130						

图 1-11　学生用零件图标题栏

二、比　　例

　　图样中的图形与实物相应要素的线性尺寸之比,称为比例。线性尺寸是指能用直线表达的尺寸,例如直线长度、圆的直径等,而角度大小的尺寸为非线性尺寸。图样比例分为原值比

例、放大比例、缩小比例,比例符号应以"："表示。图样中所注的尺寸数值均为实物的真实大小与绘图比例无关,如图 1-12 所示。

比例值一般填写在标题栏中的比例一栏内,若图样中的某个视图采用不同比例时,则必须在视图名称的下方(或右侧)标注其比例,如 $\dfrac{\mathrm{I}}{2:1}$　$\dfrac{\mathrm{A}}{1:100}$　$\dfrac{\mathrm{B\text{-}B}}{2.5:1}$。

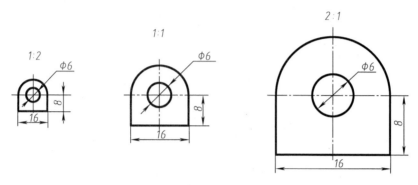

图 1-12　尺寸数值与绘图比例无关

绘制图样时应在表 1-2 的比例系列中选取。

表 1-2　比例系列(摘自 GB/T 14690—1993)

种　类	定　义	优先选择系列	允许选择系列
原值比例	比值为 1 的比例	1:1	—
放大比例	比值大于 1 的比例	5:1　2:1 $5\times10^{n}:1$　$2\times10^{n}:1$　$1\times10^{n}:1$	4:1　2.5:1 $4\times10^{n}:1$　$2.5\times10^{n}:1$
缩小比例	比值小于 1 的比例	1:2　1:5　1:10 $1:2\times10^{n}$　$1:5\times10^{n}$　$1:1\times10^{n}$	1:1.5　1:2.5　1:3　1:4　1:6 $1:1.5\times10^{n}$　$1:2.5\times10^{n}$　$1:3\times10^{n}$ $1:4\times10^{n}$　$1:6\times10^{n}$

注:n 为正整数。

三、字　　体

国家标准《技术制图　字体》(GB/T 14691—1993)规定,图样中书写的字体必须做到:字体工整、笔画清楚、间隔均匀、排列整齐。字体的高度(h)代表字体的号数,如 7 号字的高度为 7 mm。字体高度的公称尺寸系列为:1.8,2.5,3.5,5,7,10,14,20 mm 等 8 种。若需要书写更大的字,则字体高度应按 $\sqrt{2}$(≈1.4)的比率递增。

1. 汉字

汉字应写成长仿宋体字,并采用国家正式公布推行的简化字,其书写要领是:横平竖直,注意起落,结构匀称,填满方格。汉字的高度 h 不应小于 3.5 mm,字的高宽比一般为 $h/\sqrt{2}$。长仿宋体汉字示例如图 1-13 所示。

2. 字母和数字

字母及数字的笔画宽度分 A 型和 B 型,A 型字体的笔画宽度(d)为字高(h)的 1/14。B 型字体的笔画宽度(d)为字高(h)的 1/10。

10 号字

字体工整　笔画清楚　间隔均匀　排列整齐

7 号字

横平竖直　注意起落　结构匀称　填满方格

5 号字

机械制图细线画法剖面符号专业技能工程技术表面粗糙度极限与配合

3.5 号字

国家标准《技术制图》是一项基础技术标准国家标准《机械制图》是机械专业制图标准

图 1-13　长仿宋体汉字示例

字母及数字可写成斜体或直体。斜体字的字头向右倾斜，与水平基准线成 75°。机械图样常采用斜体书写，如图 1-14、图 1-15、图 1-16 所示。在同一图样上数字和字母的字型、字体应统一。

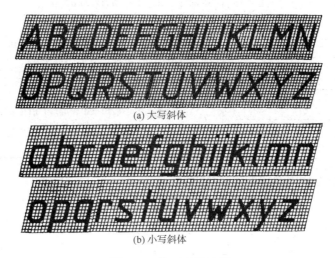

(a) 大写斜体

(b) 小写斜体

图 1-14　拉丁字母示例

(a) 斜体

(b) 直体

图 1-15　阿拉伯数字示例

图 1-16　罗马数字书写方法（斜体）

四、图　线

1. 图线的型式及应用

表 1-3 列出了 GB/T 4457.4—2002《机械制图　图线》规定的机械制图常用的 9 种图线形式,粗线宽度(d)应根据图样的类型、大小、比例和缩微复制的要求,在 0.25、0.35、0.5、0.7、1、1.4 和 2 mm 中选用,并优先采用 0.5 mm 和 0.7 mm 的线宽。在同一图样中,同类图线的线宽应一致。机械图样一般采用粗、细两种线宽,两种线宽的比为 2：1。

表 1-3　图线形式及应用

图线名称	图线形式	线宽	线素	一般应用
粗实线	——————————	d	无	可见轮廓线
细实线	——————————	$d/2$	无	a. 尺寸线及尺寸界线;b. 剖面线;c. 重合剖面的轮廓线;d. 螺纹的牙底线及齿轮的齿根线;e. 引出线;f. 辅助线等
波浪线	～～～～	$d/2$	无	a. 断裂处的边界线;b. 视图和剖视图的分界线
双折线	—／\——／\—	$d/2$	无	断裂处的边界线
细虚线	— — — — —	$d/2$	画短间隔	不可见轮廓线
粗虚线	▬ ▬ ▬ ▬	d		有特殊要求表面的表示线
细点画线	—·—·—·—·—	$d/2$	长画短间隔点	a. 轴线;b. 对称中心线;c. 轨迹线
粗点画线	▬·▬·▬·▬	d		限定有特殊要求表面范围的表示线
细双点画线	—··—··—··—	$d/2$		假想投影轮廓线,中断线,极限位置的轮廓线,相邻辅助零件的轮廓线
注:长画=24d　画=12d　短间隔=3d　点≤0.5d				

图 1-17 是机械图样中图线的应用举例。

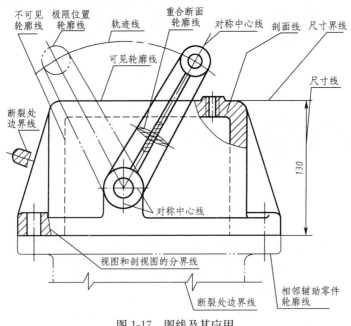

图 1-17　图线及其应用

非连续线型(如虚线、点画线)中的独立部分称为线素,如点、长度不同的画和间隔。不同图线形式所包含的线素及各种线素的长度见表 1-3。手工绘图时,线素的长度应符合国标的规定或与图 1-18(a)所推荐的长度接近。

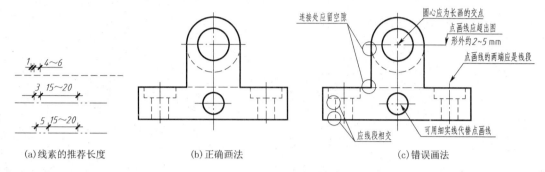

(a)线素的推荐长度　　(b)正确画法　　(c)错误画法

图 1-18　图线及其应用

2. 图线画法(图 1-18)

(1)非连续线型(如虚线、点画线、双点画线)相交时都应以画或长画相交,而不应该是点或间隔相交。

(2)细虚线直线在粗实线延长线上相接时,细虚线应留出间隔;细虚线圆弧与粗实线相切时,细虚线圆弧应留出间隔。

(3)绘图时,图线的首末端应是画不应是点。细点画线的两端应超出轮廓线 2~5 mm。

(4)当圆的直径小于 ϕ12 mm 时允许用细实线代替细点画线。

五、尺寸注法

在工程图样中,视图只能表达零件各部分的形状,而零件各部分的大小则是通过标注尺寸来表达的,因此尺寸与视图都是工程图样的重要内容。GB/T 4458.4—2003《机械制图　尺寸注法》和 GB/T 16675.2—2012《技术制图　简化表示法　第 2 部分》对尺寸标注作了一系列规定,本节仅介绍一些基本规定。

1. 基本规则

(1)机件的真实大小应以图样上所注的尺寸数值为依据,与图形的大小及绘图的准确度无关。

(2)图样中(包括技术要求和其他说明)的尺寸,以 mm(毫米)为单位时,不需标注单位符号(或名称),若采用其他单位,则需要注明相应的单位符号。

(3)图样上所标注的尺寸应是机件的最后完工尺寸,否则应另加说明。

(4)机件的每一尺寸,一般只标注一次,并应标注在反映该结构最清晰的图形上。

2. 尺寸的组成

一个完整的尺寸,由尺寸界线、尺寸线、尺寸线终端(箭头)和尺寸数字 4 部分组成,如图 1-19 所示。

(1)尺寸界线。尺寸界线用细实线绘制,由图形的轮廓线、轴线或对称中心线处引出,并超出尺寸线大约 2~3 mm,也可借用廓线、轴线或对称中心线作为尺寸界线,如图 1-19 所示。尺寸界线一般应与尺寸线垂直,必要时也允许倾斜,如图 1-19(b,c)所示。在光滑过度处标注尺寸时须用细实线延长轮廓线,自延长线的交点处引出尺寸界线,如图 1-19(c)所示。

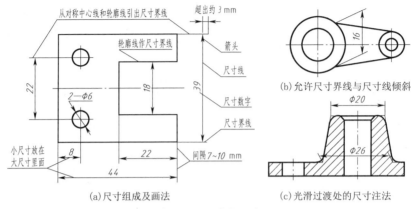

(a)尺寸组成及画法　　　(b)允许尺寸界线与尺寸线倾斜　(c)光滑过渡处的尺寸注法

图 1-19　尺寸的组成

(2)尺寸线。尺寸线用细实线绘制,且不能用其他图线代替,也不得与其他图线重合或画在其延长线上。线性尺寸的尺寸线必须与所标注的要素平行,且尺寸线与轮廓线以及尺寸线与尺寸线之间的距离应大致相等,一般以不小于 7 mm 为宜。相互平行的尺寸应使较小的尺寸靠近图形,较大的尺寸依次向外分布,以免尺寸线与尺寸界线相交,如图 1-19(a)所示。在圆或圆弧上标注直径或半径尺寸时,尺寸线或其延长线应通过圆心。

(3)尺寸线终端。尺寸线终端可以有箭头和斜线两种形式,其画法如图 1-20(a)、(b)所示。斜线形式只能用于尺寸线与尺寸界线垂直的情况。且在同一张图样上只能采用一种形式。

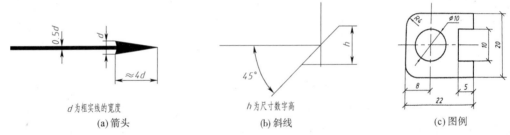

d 为粗实线的宽度　　　　　h 为尺寸数字高

(a)箭头　　　　　　　(b)斜线　　　　　　　(c)图例

图 1-20　尺寸线终端的两种形式的放大图

(4)尺寸数字及符号。尺寸数字及其符号,尺寸数字按国标规定的字体书写,同一张图样中,尺寸数字的高度(即字号)要一致。

尺寸数字一般应注写在尺寸线上方或尺寸线的中断处,但同一图样中只允许采用一种形式。尺寸数字不允许被任何图线通过,否则必须将该图线断开,如图 1-19(c)所示。若图线断开会影响图形表达时,则需调整尺寸的标注位置。

标注尺寸时应尽量使用符号和缩写词。常用的符号和缩写词见表 1-4。

表 1-4　尺寸标注的常见符号和缩写词

符号和缩写词	含义	符号和缩写词	含义	符号和缩写词	含义	符号和缩写词	含义
ϕ	直径	⌵	埋头孔	EQS	均布	□	正方形
R	半径	⌴	沉孔或锪平	C	45°	∠	斜度
S	球面	⯯	沉孔深度	t	厚度	◁	锥度

3. 各类尺寸注法示例

表 1-5 给出了各类尺寸的标注规定及其标注示例(参考 GB/T 4458.4—2003)。

表 1-5 各类尺寸的标注示例

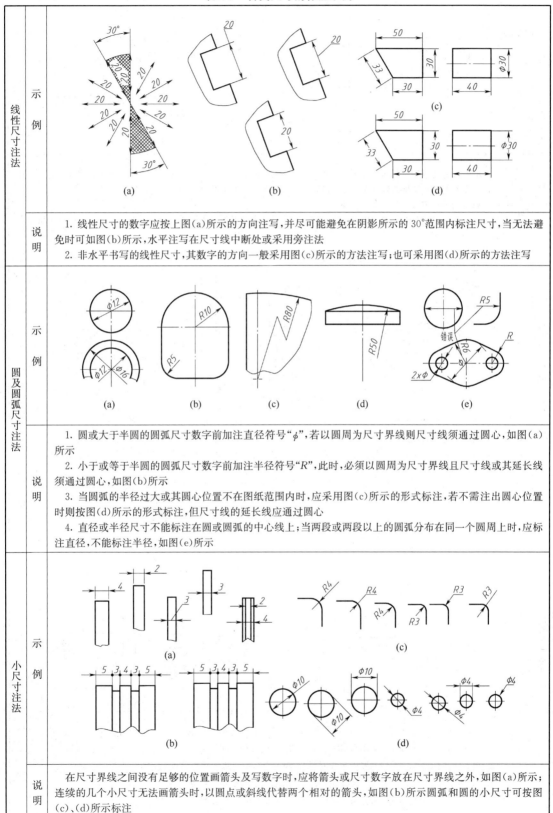

	示例	说明
线性尺寸注法	(a) (b) (c) (d)	1. 线性尺寸的数字应按上图(a)所示的方向注写,并尽可能避免在阴影所示的30°范围内标注尺寸,当无法避免时可如图(b)所示,水平注写在尺寸线中断处或采用旁注法 2. 非水平书写的线性尺寸,其数字的方向一般采用图(c)所示的方法注写;也可采用图(d)所示的方法注写
圆及圆弧尺寸注法	(a) (b) (c) (d) (e)	1. 圆或大于半圆的圆弧尺寸数字前加注直径符号"ϕ",若以圆周为尺寸界线则尺寸线须通过圆心,如图(a)所示 2. 小于或等于半圆的圆弧尺寸数字前加注半径符号"R",此时,必须以圆周为尺寸界线且尺寸线或其延长线须通过圆心,如图(b)所示 3. 当圆弧的半径过大或其圆心位置不在图纸范围内时,应采用图(c)所示的形式标注,若不需注出圆心位置时则按图(d)所示的形式标注,但尺寸线的延长线应通过圆心 4. 直径或半径尺寸不能标注在圆或圆弧的中心线上;当两段或两段以上的圆弧分布在同一个圆周上时,应标注直径,不能标注半径,如图(e)所示
小尺寸注法	(a) (b) (c) (d)	在尺寸界线之间没有足够的位置画箭头及写数字时,应将箭头或尺寸数字放在尺寸界线之外,如图(a)所示;连续的几个小尺寸无法画箭头时,以圆点或斜线代替两个相对的箭头,如图(b)所示圆弧和圆的小尺寸可按图(c)、(d)所示标注

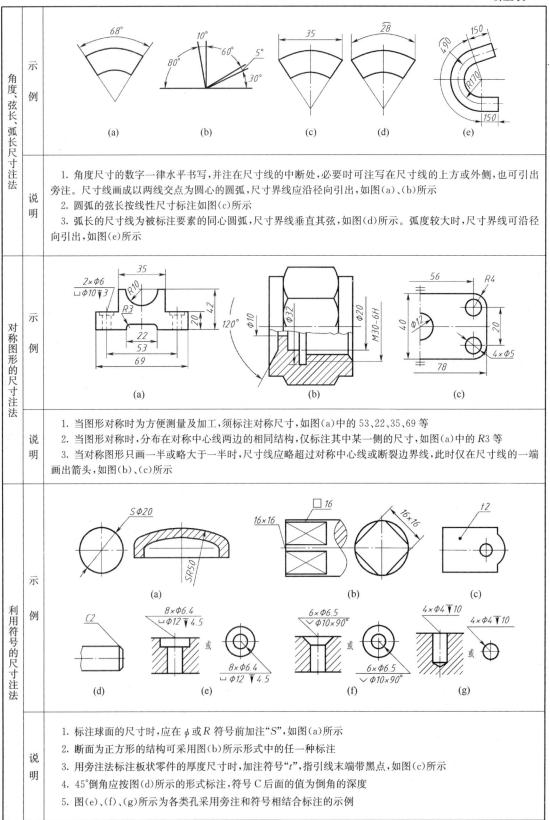

	示例	
角度、弦长、弧长尺寸注法	（见上图 (a)(b)(c)(d)(e)）	
说明	1. 角度尺寸的数字一律水平书写，并注在尺寸线的中断处，必要时可注写在尺寸线的上方或外侧，也可引出旁注。尺寸线画成以两线交点为圆心的圆弧，尺寸界线应沿径向引出，如图(a)、(b)所示 2. 圆弧的弦长按线性尺寸标注如图(c)所示 3. 弧长的尺寸线为被标注要素的同心圆弧，尺寸界线垂直其弦，如图(d)所示。弧度较大时，尺寸界线可沿径向引出，如图(e)所示	
对称图形的尺寸注法	（见上图 (a)(b)(c)）	
说明	1. 当图形对称时为方便测量及加工，须标注对称尺寸，如图(a)中的 53、22、35、69 等 2. 当图形对称时，分布在对称中心线两边的相同结构，仅标注其中某一侧的尺寸，如图(a)中的 R3 等 3. 当对称图形只画一半或略大于一半时，尺寸线应略超过对称中心线或断裂边界线，此时仅在尺寸线的一端画出箭头，如图(b)、(c)所示	
利用符号的尺寸注法	（见上图 (a)(b)(c)(d)(e)(f)(g)）	
说明	1. 标注球面的尺寸时，应在 φ 或 R 符号前加注"S"，如图(a)所示 2. 断面为正方形的结构可采用图(b)所示形式中的任一种标注 3. 用旁注法标注板状零件的厚度尺寸时，加注符号"t"，指引线末端带黑点，如图(c)所示 4. 45°倒角应按图(d)所示的形式标注，符号 C 后面的值为倒角的深度 5. 图(e)、(f)、(g)所示为各类孔采用旁注和符号相结合标注的示例	

续上表

简化注法	示例	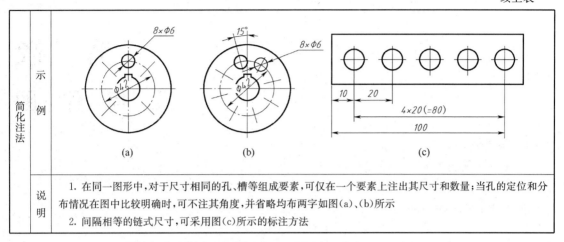
	说明	1. 在同一图形中,对于尺寸相同的孔、槽等组成要素,可仅在一个要素上注出其尺寸和数量;当孔的定位和分布情况在图中比较明确时,可不注其角度,并省略均布两字如图(a)、(b)所示 　2. 间隔相等的链式尺寸,可采用图(c)所示的标注方法

1. 简述图板、丁字尺、三角板的作用及其使用要点。

2. 什么是绘图比例?

3. 机械制图中,图线的宽度分几种? 各种线型的主要用途是什么?

4. 如何确定粗实线的宽度? 虚线、点画线、细实线的宽度根据什么来确定?

5. 一个完整的尺寸应由几部分组成?

6. 如何确定尺寸数字的书写方向? 一般情况下尺寸数字应注写在尺寸线的什么位置?

7. 关于角度尺寸的数字书写方向有什么规定?

第二章

几 何 作 图

【学习目标】
1. 掌握几何图形的作图原理和方法。
2. 掌握平面图形的尺寸分析和线段分析,明确线段间的连接关系。
3. 初步养成一丝不苟的工作作风。

第一节　等分作图与斜度、锥度的画法

一、等分作图

1. 等分线段

(1)等分已知直线段的一般方法,如图 2-1 所示。

(2)在实际绘图过程中,为了提高绘图速度和避免较多的作图线,也常采用试分法来等分线段。即先凭目测估计使分规两针尖距离大致接近等分长度,若试分后的最后一点未与线段的另一端重合,则需根据超出或留空的距离,调整针尖距离,再进行试分,直到满意为止。

2. 等分圆周及作正多边形

(1)三、六等分圆周

如图 2-2 所示,作圆的内接正三角形与正六边形。分别以一条直径的一个端点或两个端点为圆心,用该圆的半径为半径画弧,就可以把圆周分为三、六等份。依次连接各点,即可得圆的内接正三角形或内接正六边形。

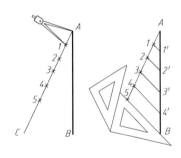 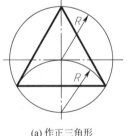 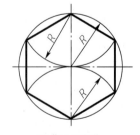

(a) 作正三角形　　　　(b) 作正六边形

图 2-1　等分已知直线段　　　　图 2-2　等分圆周作圆内接正三、六边形

用30°三角板与丁字尺配合可不画外接圆,直接做出正六边形,作图过程如图 2-3(a)所示。

当然若已知正六边形的对边距离 S 时,也可画出正六边形,作图过程如图 2-3(b)所示。

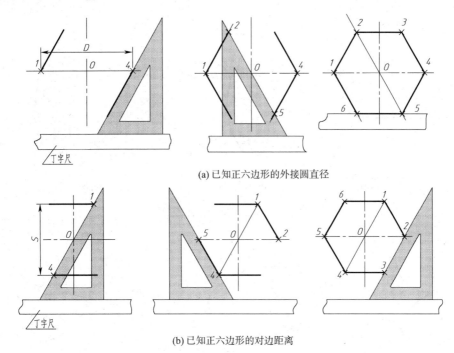

(a) 已知正六边形的外接圆直径

(b) 已知正六边形的对边距离

图 2-3　用丁字尺、三角板画六边形

(2)五等分圆周

将直径为 ϕ 的圆周五等分并作正五边形。如图 2-4 所示,先将圆的半径 OB 等分得点 P 后;以 P 点为圆心,PC 为半径画弧交 OA 于点 H;然后以 CH 为边长自 C 点开始等分圆周,得出 E、F、G、I 等分点,依次连接各等分点即得正五边形。

同理用任意等分圆周的方法 n 等分圆周,即可画出正 n 边形。

二、圆弧连接

工程上为了便于绘图和制造,通常将平面图形的任意曲线轮廓,简化为若干段光滑连接的直线段和圆弧段。绘制工程图样时,用圆弧光滑地连接两已知线段(圆弧或直线)称为圆弧连接,连接两已知线段的圆弧称为连接圆弧,其连接点就是两线段相切的切点。所以,制图时,连接圆弧的圆心是根据其与已知线段的相切关系求作的。

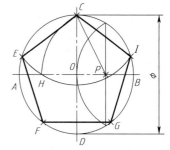

图 2-4　正五边形的画法

1. 圆弧与直线相切

当连接圆弧(半径为 R)与已知直线 AB 相切时,其圆心的轨迹是一条与已知直线 AB 平行的直线 L,距离为连接圆弧的半径 R。过连接弧圆心向被连接线段作垂线可求出切点 T,切点是直线与圆弧的分界点如图 2-5(a)所示。用圆弧连接两直线段的作图方法如图 2-6(d)所示。

2. 圆弧与圆弧相切

当连接圆弧(半径为 R)与已知圆弧 A(圆心为 O_A,半径为 R_A)相切时,其圆心的轨迹为已知圆弧 A 的同心圆 B,其半径 R_B 随相切情况而定:两圆外切时,$R_B=R_A+R$,两圆内切时,$R_B=R_A-R$。连心线 OO_A 与圆弧 A 的交点为切点 T 如图 2-5(b)、(c)所示。作图方法如图

2-6(a)、(b)、(c)所示。

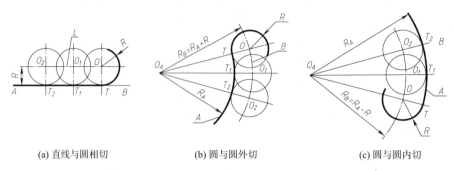

(a) 直线与圆相切　　　　　　(b) 圆与圆外切　　　　　　(c) 圆与圆内切

图 2-5　圆弧连接的作图原理

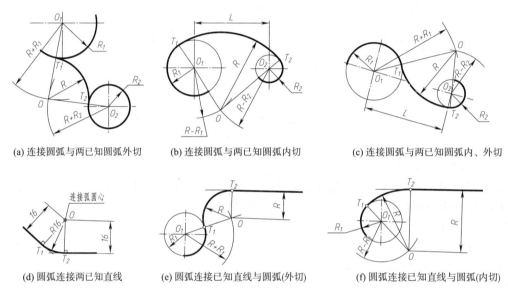

(a) 连接圆弧与两已知圆弧外切　　(b) 连接圆弧与两已知圆弧内切　　(c) 连接圆弧与两已知圆弧内、外切

(d) 圆弧连接两已知直线　　(e) 圆弧连接已知直线与圆弧(外切)　　(f) 圆弧连接已知直线与圆弧(内切)

图 2-6　各种连接圆弧的画法

3. 圆弧连接作图方法和步骤

圆弧连接的作图方法如图 2-6 所示,作图步骤如下:

(1)求作连接圆弧的圆心;

(2)找出切点位置;

(3)画连接圆弧。

第二节　斜度与锥度

1. 斜度

斜度是指一直线(或平面)对另一直线(或平面)的倾斜程度。通常用两直线(或平面)间夹角的正切 $\tan \alpha$ 来表示斜度的大小,如图 2-7(a)所示。在图中标注时,一般将此值化为 $1:n$ 的形式,即:斜度 $= \tan \alpha = H/L = 1:n$。

斜度符号的画法如图 2-7(b)所示。标注斜度时,符号方向应与斜度方向一致,如图 2-7(c)所示。过已知点作斜度的画图过程如图 2-8 所示。

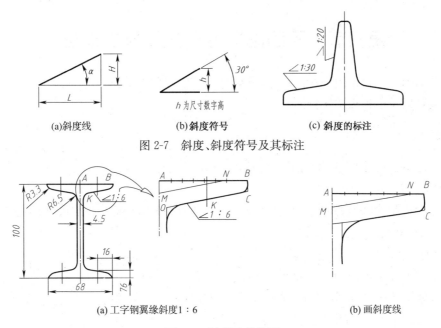

(a)斜度线　　　　　(b)斜度符号　　　　(c)斜度的标注

图 2-7　斜度、斜度符号及其标注

(a) 工字钢翼缘斜度1∶6　　　　　　　　　　(b) 画斜度线

图 2-8　斜度及其作图

2. 锥度

锥度是正圆锥体的底圆直径 D 与其高度 L 之比或正圆锥台的两底圆直径之差$(D-d)$与其高度 l 之比如图 2-9(a)所示,在图中标注时,一般将此值化为$1:n$的形式,即:锥度$=D/L=(D-d)/l=2\tan(\alpha/2)=1:n$,其中 α 为锥顶角。

锥度符号的画法如图 2-9(b)所示。标注锥度时,锥度符号的方向要与锥度的方向一致,如图 2-9(c)、图 2-9(d)、图 2-9(e)所示。

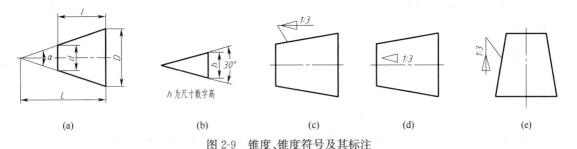

(a)　　　　　　　(b)　　　　　　　(c)　　　　　(d)　　　　(e)

图 2-9　锥度、锥度符号及其标注

图 2-10 所示是锥度为 1∶3 塞规的标注和作图。

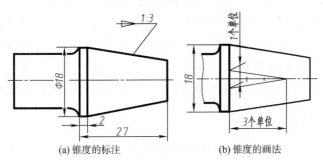

(a)锥度的标注　　　　　　　(b)锥度的画法

图 2-10　塞规锥度的标注与画法

第三节　平面图形的画法及尺寸注法

绘制平面图形应根据图中所注尺寸,分析尺寸和线段间的关系,才能明确该平面图形应从何处着手绘制以及按什么顺序作图。

一、尺寸分析

平面图形中的尺寸,按其作用可分为两类:

1. 定形尺寸

确定平面图形上各线段长度、圆弧半径(或圆的直径)和角度大小的尺寸称为定形尺寸。如图 2-11 中的 $\phi20$、$R12$、$R50$、$\phi5$ 等。

2. 定位尺寸

平面图形中确定各线段与基准间距离的尺寸称为定位尺寸。如图 2-11 中的尺寸 75 确定了 $R10$ 的圆心位置,尺寸 $\phi30$ 确定了 $R50$ 的圆心位置及手柄的最大直径。

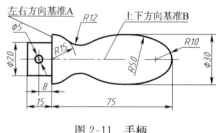

图 2-11　手柄

3. 尺寸基准

确定平面图形中各线段长度和位置的测量起点称为尺寸基准,平面图形中至少在上下、左右两个方向上应各有一个基准。一般对称图形的中心线、回转体的轴线、圆的中心线、图形的某一边界线等均可作为尺寸基准,如图 2-11 所示。

二、线段分析

平面图形中的线段(直线或圆弧),根据其定位尺寸是否齐全,分为已知线段、中间线段和连接线段三种。

1. 已知线段

定形尺寸和定位尺寸齐全的线段为已知线段,如图 2-11 中根据 $R10$、$R15$、$\phi20$、$\phi15$、$\phi5$ 所绘的线段。

2. 中间线段

有定形尺寸和定位尺寸,但定位尺寸不全的线段为中间线段,如图 2-11 中的 $R50$。

3. 连接线段

只有定形尺寸而无定位尺寸的线段为连接线段,如图 2-11 中的 $R12$。

在画图时,由于已知线段(圆弧)的圆心位置由两个定位尺寸确定,故可直接画出;而中间线段(圆弧)虽然缺少一个定位尺寸,但它总是和某一已知线段相连,利用相切的条件便可画出;连接线段(圆弧)则由于缺少定位尺寸,只有借助与它连接且已经画出的两条线段的相切条件才能画出来。因此作图时应先画已知线段,再画中间线段,最后画连接线段。

三、绘图的方法和步骤

(1)分析图形,作出基准线,根据所注尺寸确定哪些是已知线段(圆弧),哪些是中间线段(圆弧)和连接线段(圆弧)。

（2）画出已知线段（圆弧）。

（3）根据圆弧连接作图方法，作出中间线段（圆弧）和连接线段（圆弧）。

现以手柄为例，说明平面图形的作图方法和步骤，见表2-1。

表2-1 手柄的作图步骤

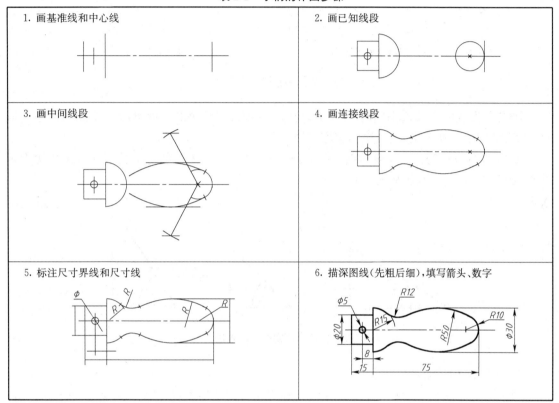

1. 画基准线和中心线	2. 画已知线段
3. 画中间线段	4. 画连接线段
5. 标注尺寸界线和尺寸线	6. 描深图线（先粗后细），填写箭头、数字

第四节 草图的画法

以目测估计图形与实物间的绘制比例，徒手（不使用或部分使用绘图工具和仪器）绘制的工程图样，称为草图。草图在产品设计及现场测绘中占有重要地位，如在设计新产品时，常先画出草图以表达设计意图；现场测绘时也是先画草图，以便把所需资料迅速记录下来。因此，草图是工程技术人员交流、记录、构思、创作的有力工具，也是工程技术人员必须掌握的一项重要的基本绘图技能。草图作为工程图样的一种也应做到：

（1）图线粗细分明、图形正确、图面清晰；

（2）尺寸标注正确、完整、清晰、字体工整。

一、草图图线的徒手画法

1. 直线的画法

徒手绘图时，图纸不必固定，可随时转动图纸，使欲画图线正好是顺手方向，另外，运笔应力求自然，画短线以手腕运笔，画长线则以手臂动作。画直线时常将小拇指靠着纸面，以保证能画直线条（图2-12）。

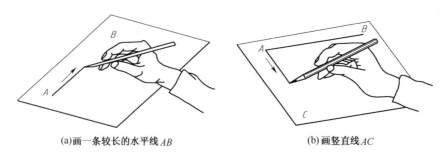

(a)画一条较长的水平线 AB　　　　　(b)画竖直线 AC

图 2-12　徒手画直线的姿势和方法

　　画较长直线的底稿,眼睛不能看笔尖,要盯住终点,用较快的速度画线。加深和加粗底稿线时,眼睛则要盯住笔尖,用较慢的速度画线。

　　画 30°、45°、60°等常见角度的斜线时,可根据斜线与两直角边的比例关系在两直角边上定出两端点,然后连接而成,如图 2-13 所示。

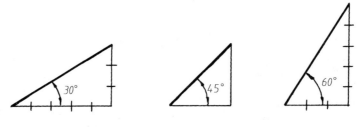

图 2-13　角度的徒手画法

　2. 圆和圆角的画法

　　画小圆时,先画中心线,在中心线上按半径大小目测定出 4 点,然后过 4 点分两半圆画出,如图 2-14(a)所示。

　　画直径较大的圆时,可过圆心加画两段约 45°的斜线,按半径目测定出 8 点,然后连接成圆,如图 2-14(b)所示。

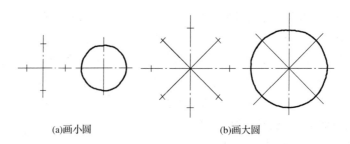

(a)画小圆　　　　　(b)画大圆

图 2-14　徒手画法

　　画圆角及圆弧连接时,根据圆角半径大小,在分角线上定出圆心位置,从圆心向分角两边引垂线,定出圆弧的两连接点,并在分角线上定出圆弧上的点,然后过这点作圆弧,如图2-15(a)所示;也可以利用圆弧与正方形相切的特点画出圆角或圆弧,如图 2-15(b)所示。

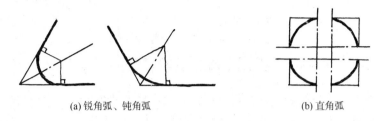

(a) 锐角弧、钝角弧   (b) 直角弧

图 2-15 圆角、圆弧连接的徒手画法

3. 椭圆的画法

画椭圆时,先画椭圆长短轴,定出长短轴顶点,过四个顶点画矩形,然后作椭圆与矩形相切,如图 2-16(a)所示;或者利用其与菱形相切的特点画椭圆,如图 2-16(b)所示。

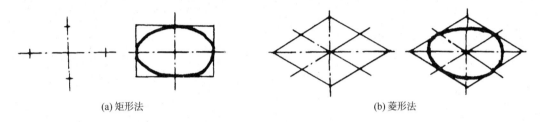

(a) 矩形法   (b) 菱形法

图 2-16 椭圆的徒手画法

二、平面图形的草图画法

绘制平面图形草图的步骤与仪器绘图的步骤相同。草图图形的大小是根据目测估计画出的。草图的图线应尽量符合规定,做到直线平直、曲线光滑、各部分比例恰当、尺寸完整。初学画草图时可在方格纸上练习,如图 2-17 所示。经过练习后逐步脱离方格纸,在空白图纸上画出工整的草图。

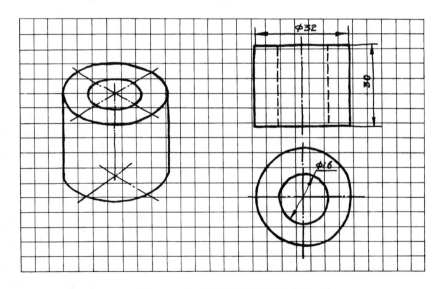

图 2-17 在方格纸上徒手画图示例

1. 如何画出已知的斜度和锥度？简述标注斜度和锥度的规定。

2. 试述已知正六边形的对边距离 S 时，绘制正六边形的方法。

3. 圆弧连接有几种连接情况？分别简述它们的作图步骤。

4. 平面图形的尺寸分为"定形尺寸""定位尺寸"，线段分为"已知线段""中间线段"和"连接线段"，试述各种线段与尺寸的关系及平面图形的画图顺序。

第三章

投影基本知识

【学习目标】

1. 掌握投影法的基本概念和正投影的基本性质。

2. 掌握三视图的形成及投影关系。

3. 能够识读和绘制简单形体的三视图。

第一节　投影法的基本概念

物体在阳光和灯光的照射下,在地面上或墙壁上产生影子,这种现象称为投影,如图 3-1 所示。在这个实例中,我们把地面叫做投影面,光线叫做投射线,物体在地面上的影子就叫物体的投影。

投射线、物体和投影面共同构成投影体系。在制图学中,将得到空间物体在平面上的图形的方法称为投影法,工程上常用各种投影法来绘制不同用途的工程图样。

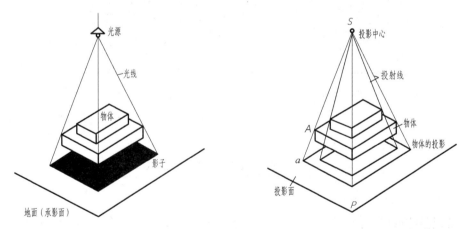

图 3-1　中心投影

一、投影法分类

根据投射线是否汇交于一点,投影法可分为两大类,即中心投影法和平行投影法。

1. 中心投影法

投射线汇交于一点的投影法,称为中心投影法,如图3-1(b)所示。

运用中心投影法绘制的图样称透视图,如图 3-2 所示。

透视图具有图形逼真、直观性强的特点,故常作为建筑、桥梁等土木建筑物的辅助图样。但由于采用中心投影法,空间本身平行的直线投影后却不平行了,故透视图的度量性较差,作图复杂。

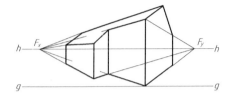

图 3-2　中心投影法绘制的透视图

随着计算机绘图技术的发展,用计算机绘制透视图极大地降低了人工作图的繁杂性。因此,在工艺美术及各类工程物体的宣传广告图样中常采用透视图,以取其直观性强的优点。

2. 平行投影法

设想将投射中心 S 移到无穷远处,这时投射线不再汇交于一点,可视为互相平行,如图 3-3 所示,这种投射线互相平行的投影法称为平行投影法。

根据投射线是否垂直于投影面,平行投影法又可分为两类:

(1)平行斜投影法　投射线与投影面相倾斜的平行投影法。根据斜投影法所得到的图形,称为斜投影图或斜投影,如图 3-3(a)所示。运行平行斜投影法可绘制斜轴测图。

(2)平行正投影法　投射线与投影面相垂直的平行投影法。根据正投影法所得到的图形,称为正投影图或正投影,如图 3-3(b)所示。运用正投影法可绘制多面正投影图、标高投影图(地形图)、正轴测图。

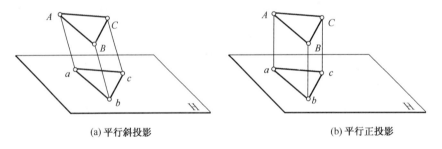

(a) 平行斜投影　　　　　　　　　　(b) 平行正投影

图 3-3　平行投影法

第二节　三视图的形成及其对应关系

一、三视图的形成

1. 投影面的设置和名称

三个互相垂直的投影面构成三投影面体系,如图 3-4 所示。

三个投影面分别为:

正投影面(简称正面),用 V 表示;

水平投影面(简称水平面),用 H 表示;

侧投影面(简称侧面),用 W 表示。

相互垂直的两投影面之间的交线,称为投影轴。

V 面与 H 面的交线 OX 轴(简称 X 轴),表示长度方向;

H 面与 W 面的交线 OY 轴(简称 Y 轴),表示宽度方向;

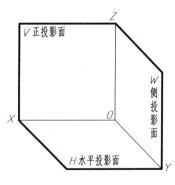

图 3-4　三投影面体系

V 面与 W 面的交线 OZ 轴(简称 Z 轴),表示高度方向。

三个投影轴互相垂直相交于一点 O,称为原点。

2. 视图的形成和名称

如图 3-5(a)所示,将物体置于三投影面体系中,并使物体上的主要表面处于平行或垂直于投影面的位置,用正投影法分别向 V、H、W 面投射得到物体的三个投影,物体在投影面上的投影称视图,在机械制图中,物体在 V 面上的投影称主视图;H 面上的投影称俯视图;W 面上的投影称左视图。

工程图样是反映物体正确形状和大小的平面图纸,为此,需将空间的三个视图画在一个平面上,即把三个互相垂直的投影面展开摊平。展开规则是 V 面保持不动,H 面绕 X 轴向下旋转 90°,W 面绕 Z 轴向右旋转 90°,使它们与 V 面处于同一个平面上(即图纸面),如图 3-5(b)所示。为了简化作图,展开后投影面边框和投影轴可不必画出,如图 3-5(c)所示。

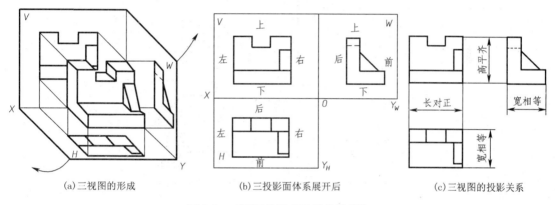

(a)三视图的形成　　　　(b)三投影面体系展开后　　　(c)三视图的投影关系

图 3-5　三视图的形成及其投影规律

二、三视图之间的对应关系

投影时,物体是在同一个位置分别向三个投影面投射的,从图 3-5 中可以看出,三个视图之间存在着一定的关系和规律。

1. 位置关系

俯视图在主视图的下方,共同表示出物体的长度;左视图在主视图的右方,共同表示出物体的高度;俯视图与左视图共同表示物体的宽度。按照这样的位置配置视图时,国家标准规定一律不标注视图的名称。

2. 方位关系

此处方位指物体的上下、左右、前后六个方位。根据主视图可区分出物体的上下、左右;根据俯视图可区分出物体的左右、前后;根据左视图可区分出物体的上下、前后。在看、画图实践中,难点在于判别俯、左两图的前后方位。口诀:"里后外前"揭示了俯、左两视图的方位关系,如图 3-5(b)所示。

3. 投影关系

根据三个视图的位置关系和方位关系,三个视图一定保持如下的投影关系(图 3-5):主视、俯视长对正;主视、左视高平齐;俯视、左视宽相等。也就是说:主、俯视图左右要对齐;主、左视图上下要平齐;俯、左视图前后面距离要相等。在此"三等"关系中,尤其要注意俯视图与左视图的宽相等关系。

对于物体来讲,不仅在整体上存在"三等"对应关系,而且对于组成物体的各个部分也存在着"三等"对应关系。

"三等"关系是我们绘制和识读图样时所遵循的最基本的投影规律,必须深刻理解。

三、物体上邻接表面的相对位置在视图中的反映

视图中相连的线框或重叠线框,表示了物体上不同位置的面。并反映了物体邻接表面间的相对位置和连接关系(图 3-6)。看、画图时若能对照投影关系,判断和区分视图上各个线框的前后、上下、左右方位,对加深理解三视图的投影规律,提高看、画图能力和几何抽象能力是十分必要和有益的。

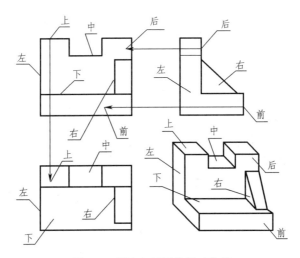

图 3-6 邻接表面间的相对位置

四、三视图的作图方法和步骤

画物体三视图时,需要根据前面所学的正投影法原理及三视图间的关系,首先选好主视图的投射方向,再根据图纸幅面和视图的大小,画出三视图的定位线。

应当指出,画图时,无论是整个物体或物体的每一局部,在三视图中其投影都必须符合"长对正、高平齐、宽相等"的"三等"关系。图 3-7(a)所示立体图,其三视图的具体作图步骤如图 3-7(b)~(e)所示。

机械制图主要采用"正投影法"绘制三视图,它的优点是能准确反映形体的真实形状,便于度量,能满足生产上的要求。三个视图表示同一形体,它们之间是有联系的,具体表现为视图之间的位置关系、尺寸之间的"三等"关系以及视图与物体之间方位关系。这三种关系是投影理论的基础,必须熟练掌握。画三视图时要注意,除了整体保持"三等"关系外,每一局部也保持"三等"关系,其中特别要注意的是俯、左视图的对应,在度量宽相等时,度量基准和度量方向必须一致。

看、画图实践证明,主视图和左视图所反映的物体的上下、左右方位容易判断,而判断俯视图和左视图所反映的前后方位时容易出错,必须引起足够的重视。

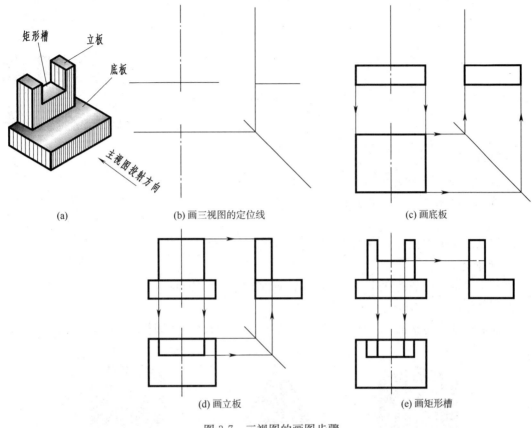

矩形槽 立板 底板

主视图投射方向

(a) (b) 画三视图的定位线 (c) 画底板

(d) 画立板 (e) 画矩形槽

图 3-7 三视图的画图步骤

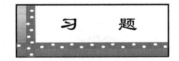

习 题

1. 投影法分为几类？正投影图是怎样形成的？

2. 三投影面体系是如何展开的？

3. 物体的三视图是怎样形成的？试述三投影面与三个视图之间的关系。

4. 试述三视图间的三个对应关系。

5. 试述绘制物体三视图的方法和步骤。

第四章
基 本 体

【学习目标】

1. 掌握平面体和回转体的投影特征、三视图画法及表面取点方法。

2. 掌握基本体三视图的尺寸标注。

根据基本体的表面性质,基本体可分为两类:

1. 平面体

由若干平面所围成的立体,如棱柱、棱锥等〔图 4-1(a)、(b)〕。

2. 曲面体

由曲面或曲面与平面所围成的立体。最常见的是回转体,如圆柱、圆锥、圆球、圆环等〔图 4-1(c)～(f)〕。

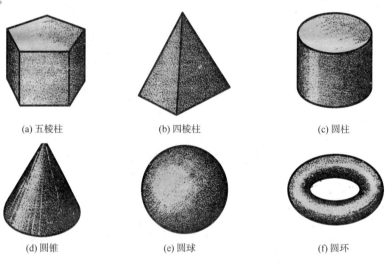

(a) 五棱柱	(b) 四棱柱	(c) 圆柱
(d) 圆锥	(e) 圆球	(f) 圆环

图 4-1 常见基本体

第一节 平 面 体

平面体的投影实质是平面体各个表面的投影。所以平面体的视图是由直线段组成的图形。工程上常见的平面体有棱柱和棱锥。

一、棱 柱

1. 棱柱的三视图

图 4-2 为正三棱柱的三视图,它的顶面和底面为水平面(平行于 H 面,垂直于 V、W 面),三个矩形侧棱面中,后面是正平面(平行于 V 面,垂直于 H、W 面),左右两面为铅垂面(垂直于

H 面，倾斜于 V、W 面)，三条侧棱为铅垂线(垂直于 H 面，平行于 V、W 面)。

画三视图时，先画顶面和底面的投影。在水平投影中，顶面和底面均反映实形(三角形)且投影重合，其后面和侧面投影都有积聚性，后面积聚成一条平行于 OX 轴的直线；三条侧棱(铅垂线)的水平投影都有积聚性，为三角形的三个顶点，它们的正面和侧面投影均平行于 OZ 轴且反映了棱柱的高。

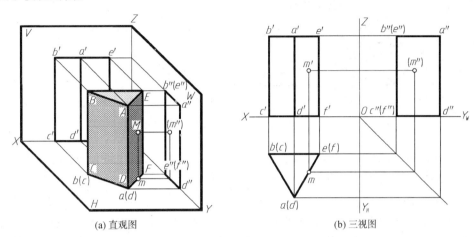

(a) 直观图　　　　　　　　　　　(b) 三视图

图 4-2　正三棱柱的三视图及其表面上点的求法

画完这些棱面和棱线的投影，即完成三棱柱的三视图，如图 4-2(b)所示。

2. 棱柱体表面上点的投影①

求立体表面上点的投影，可依据平面上取点的方法作图，但需判别点的投影的可见性。若点所在表面的投影可见，则点的同面投影也可见；反之为不可见。不可见点的投影标注需加圆括号表示。

如图 4-2 所示，已知三棱柱上一点 M 的正面投影 m'，求 m 和 m''。

由 m' 可见知 M 点位于 $AEFD$ 平面内，M 点的水平投影 m 利用积聚性可直接求出($AEFD$ 平面为铅垂面，水平投影有积聚性)。侧面投影 m'' 可根据 m 和 m' 点按投影关系作图求出，由于 m'' 位于三棱柱的右侧面，其左视图不可见，因此 m'' 也不可见，加圆括号表示。

二、棱　　锥

1. 棱锥的三视图

图 4-3(a)为一正三棱锥的三视图，三棱锥的表面由底面 $\triangle ABC$ 与三个相等的侧棱面 $\triangle SAB$、$\triangle SBC$ 和 $\triangle SAC$ 组成。其底面为水平面，水平投影反映实形，其他两面投影分别积聚成一直线；棱面 SAC 为侧垂面(垂直于 W 面、倾斜于 V、H 面)，因此侧面投影积聚成一直线，其他两面投影都是类似形；棱面 $\triangle SAB$ 和 $\triangle SBC$ 为一般位置平面(倾斜于 V、H、W 面)，它们的三面投影均为类似形。

棱线 SB 为侧平线(平行于 W 面、倾斜于 V、H 面)，棱线 SA、SC 为一般位置直线(倾斜于 V、H、W 面)，棱线 AC 为侧垂线(垂直于 W 面、平行于 V、H 面)，棱线 AB、BC 为水平线(平行于 H 面、倾斜于 V、W 面)。

---

① 关于空间点及其投影的规定标记：空间点用大写字母，例如 A、B、C、…；水平投影用相应的小写字母，如 a、b、c、…；正面投影用相应的小写字母加一撇，如 a'、b'、c'、…；侧面投影用相应的小写字母加二撇，如 a''、b''、c''、…。

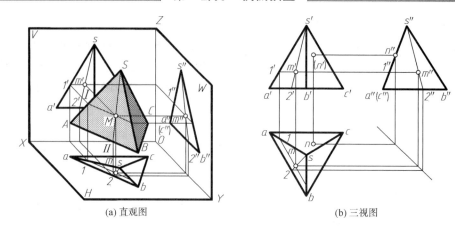

(a) 直观图　　　　　　　　　　　　(b) 三视图

图 4-3　正三棱锥的三视图及其表面上点的求法

画正三棱锥的三视图时,先画出底面△ABC 的三面投影,再画出锥顶 S 的三面投影,连接各棱线的同面投影即为正三棱锥的三视图,如图 4-3(b)所示。

2. 棱锥体表面上点的投影

组成棱锥体的表面有特殊位置平面(平行或垂直于某个投影面的面,如正平面、铅垂面等),也有一般位置平面。特殊位置平面上点的投影,可利用该平面投影的积聚性直接作图。一般位置平面上点的投影,需通过在平面上作辅助线的方法求得。

如图 4-3(b)所示,已知棱面△SAB 上点 M 的正面投影 m' 和棱面△SAC 上点 N 的水平投影 n,试求点 M、N 的其他两面投影。

棱面△SAC 是侧垂面,它的侧面投影 $s''a''(c'')$ 具有积聚性,因此 n'' 必在 $s''a''(c'')$ 线上,由 n 和 n'' 可求得 n'。棱面△SAB 是一般位置平面,需过锥顶 S 及点 M 作一辅助线 SⅡ,然后根据点在直线上,点的投影在直线的同面投影上的投影特性求出其水平投影 m,再由 m'、m 求出 m''。若过点 M 作一水平辅助线 ⅠM($1'm'$,$1m$),同样可求得点 M 的其他两面投影。

第二节　回　转　体

由曲面或曲面与平面围成的立体,称为曲面体。在机件中常见的曲面体多是回转体。

由一条母线(直线或曲线)绕轴线回转而形成的表面称为回转面。圆柱、圆锥、圆球、圆环等是常见的回转体,下面分别介绍它们三视图的画法。

一、圆　柱

1. 圆柱的三视图

圆柱由圆柱面与上下端面围成。圆柱面可以看作是一条直母线绕平行于它的轴线回转而成。母线在圆柱面上的任意位置称为圆柱面的素线,如图 4-4(a)所示。

图 4-4(b)、(c)中所示的正圆柱投影和三视图,因圆柱轴线是铅垂线,故圆柱的上下端面在 H 面的投影反映实形;它的 V 面投影和 W 面投影积聚为直线。圆柱面在 H 面投影中积聚为圆周;V 面投影中,前后两半圆柱面的投影重合为一矩形,矩形的两条竖线分别是圆柱的最左、最右素线的投影(称曲面投影的转向轮廓线),这两条主视图的转向轮廓线把圆柱分为前、后两部分,在主视图上前半圆柱面可见,后半个圆柱面不可见;W 面投影矩形的两条竖线分别是

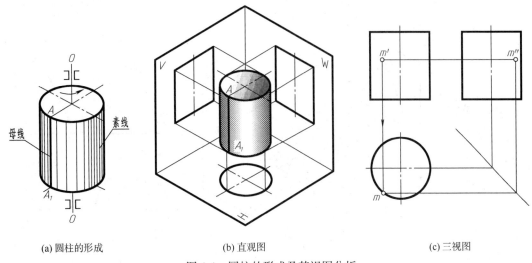

| (a) 圆柱的形成 | (b) 直观图 | (c) 三视图 |

图 4-4 圆柱的形成及其视图分析

圆柱的最前、最后素线的投影,这两条左视图的转向轮廓线把圆柱分为左、右两部分,左视图上左半圆柱面可见,右半圆柱面不可见。作图时应先画圆的中心线和圆柱轴线的各投影,然后从投影为圆的视图画起,逐步完成其他视图。

2. 圆柱体表面上点的投影

圆柱表面上点的投影可利用圆柱面投影的积聚性来求得。如图 4-4(c)所示,已知圆柱表面上点 M 的正面投影 m',求其他两面投影。圆柱表面的水平投影具有积聚性,所以点 M 的水平投影应在圆柱面水平投影的圆周上,据此可先求出 m,再根据 m'、m 求出 m''。

二、圆 锥

1. 圆锥的三视图

圆锥体是由圆锥面和底面围成。圆锥面可看作是由一条直母线绕与其斜交的轴线回转而成,如图 4-5(a)所示。

图 4-5(b)、(c)为圆锥的三视图。锥底为水平面,其 H 面投影反映实形,V 面和 W 面投影积聚为直线,圆锥面的三面投影都没有积聚性,其 H 面的投影与底面的投影重合。V 面和 W 面投影均为一等腰三角形。V 面等腰三角形的两腰分别是圆锥的最左、最右素线的投影(称主视图的转向轮廓线);W 面等腰三角形的两腰分别是圆锥的最后、最前素线的投影(称左视图的转向轮廓线)。

2. 圆锥体表面上点的投影

如图 4-5(c)所示,已知圆锥面上的点 M 的正面投影 m',求作其水平投影 m 和侧面投影 m'',作图方法有如下两种:

(1)素线法。如图 4-5(c)所示,过锥顶 S 和锥面 M 点引一素线 SI,然后利用在线上求点的方法,作出 M 点的投影。具体作法是:首先作出 SI 的正面投影和水平投影,即 $s'1'$ 和 $s1$,求出 M 点的水平投影 m,然后再根据 m' 和 m 求得 m'',如图 4-5(c)所示。

由于 M 点在左半部锥面上,侧面投影可见,所以 m'' 也是可见的。

(2)辅助圆(纬圆)法 具体作法是:如图 4-5(c)所示,在主视图上过 m' 作水平线交圆锥轮廓素线于 $a'b'$,即为辅助圆的正面投影,该圆的水平投影为一直径等于 $a'b'$ 的圆(圆心为 s)。点 M 的投影应在辅助圆的同面投影上,即可由 m' 求得 m,再由 m' 和 m 求得 m''(可见)。

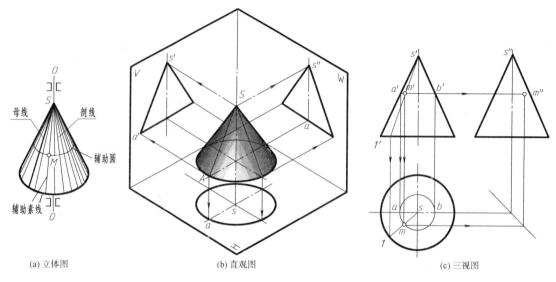

(a) 立体图	(b) 直观图	(c) 三视图

图 4-5　求圆锥的三视图及其表面上点的投影

三、圆　球

1. 圆球的三视图

如图 4-6(a)所示,圆球面可看成由一个圆(母线)绕其直径回转而成。圆球的三视图都是与圆球直径相等的圆,它们分别表示三个不同的投射方向,球面转向轮廓素线的投影。图 4-6(b)、(c)反映出圆球的三面投影虽然都是圆,但各个圆的意义却不同。主视图中的圆是前半球与后半球分界圆的投影;水平投影中的圆是上半球与下半球的分界圆的投影;侧面投影中的圆是左半球与右半球的分界圆的投影。

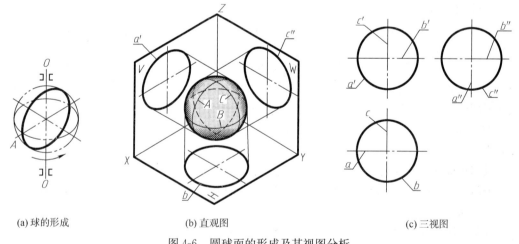

(a) 球的形成	(b) 直观图	(c) 三视图

图 4-6　圆球面的形成及其视图分析

2. 圆球表面上点的投影

如图 4-7 所示,已知球面上 M 点的正面投影 m',求作其另外两个投影 m 和 m''。

根据 m' 的位置和可见性,说明 M 点在前半球的右上部表面。过 M 点在球面上作平行于 H 面或 V 面,或 W 面的辅助圆,即可在此辅助圆的各个投影上求得 M 点的相应投影。

如图 4-7(a)所示,在球面的主视图上过 m' 作水平辅助圆的投影 $1'2'$,再在俯视图中作出辅助圆的水平投影(作法:以 O 为圆心、$1'2'$ 为直径画圆),然后由 m' 作 OX 轴的垂线,在辅助圆的水平投影上求得 m,最后由 m' 和 m 即可求得 m''。其中 m 为可见,m'' 为不可见。

同样,也可按图 4-7(b)所示,在球面上作出平行于 W 面的辅助圆,先求出侧面投影 m'',再由 m' 和 m'' 求得 m。或按图 4-7(b)所示,先过 m' 在主视图上做出正平辅助圆的投影,求出正平辅助圆水平投影求得 m,再由 m' 和 m 求得 m''。

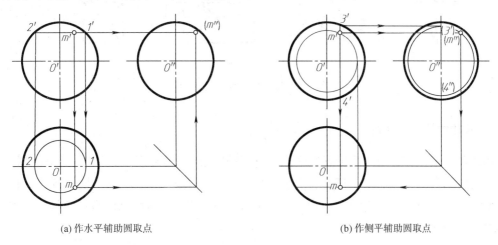

(a) 作水平辅助圆取点   (b) 作侧平辅助圆取点

图 4-7 圆球表面上点的投影

第三节 基本体的尺寸注法

图样中的尺寸是加工和检验机器零件的依据,因此机械图样中对尺寸标注的要求:正确(尺寸标注必须符合国家标准《机械制图》的规定);完整(尺寸标注要齐全,即不重复、不遗漏);清晰(注写清晰、位置明显、布局整齐)。

一、平面体的尺寸注法

棱柱、棱锥及棱台,除了标注确定其顶面和底面形状大小的尺寸外,还要标注出高度尺寸。为了便于看图,确定顶面和底面形状大小的尺寸应标注在其反映实形的视图上,如图 4-8、图 4-9所示。

标注正方形尺寸时,采用在正方形边长尺寸数字前,加注正方形符号"□"的方法,如图 4-8(b)、图 4-9(d)所示。

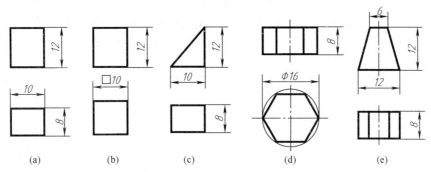

(a)   (b)   (c)   (d)   (e)

图 4-8 棱柱的尺寸注法

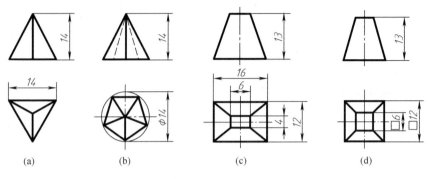

图 4-9　棱锥棱台的尺寸注法

二、回转体的尺寸注法

圆柱和圆锥(或圆台)应注出高和底圆的直径,圆台还应加注顶圆直径。在标注直径尺寸时数字前加注"ϕ",圆球需在直径尺寸数字前加注"$S\phi$"。与尺寸标注结合,回转体可以只用一个视图将其形状和大小表达清楚,如图 4-10 所示。圆环应注出母线圆的直径和母线圆中心轨迹圆的直径,如图 4-10(d)所示。

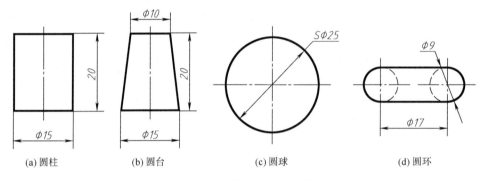

(a)圆柱　　　　(b)圆台　　　　(c)圆球　　　　(d)圆环

图 4-10　回转体的尺寸注法

1. 如何在投影图中表示平面体,如何判断其轮廓线的可见性?
2. 曲面的投影轮廓线是怎样形成的,它对曲面体投影的可见性有什么影响?
3. 在圆锥表面定点的方法有哪两种? 试述它们各自的作图特点。
4. 试述尺寸标注的要求。

第五章
立体表面的交线

【学习目标】
1. 了解基本体表面截交线和相贯线的性质。
2. 掌握截交线与相贯线投影作图的方法。
3. 掌握截断体和相贯体的尺寸注法。

第一节 截 交 线

立体被平面截断后的形体称为截断体,用来截切立体的平面称为截平面,截平面与基本体的表面交线称为截交线,如图 5-1 所示。

截交线的性质:

①任何基本体的截交线都是一个封闭的平面图形(平面折线、平面曲线或两者组合);

②截交线是截平面与立体表面相交的共有线,截交线上的点是截平面与立体表面相交的共有点。

求作立体表面截交线投影的实质就是求截平面与立体表面上一系列共有点的投影。

一、平面立体的截交线

平面立体的截交线是一个封闭的平面多边形,求作平面立体截交线的投影,就是求截平面

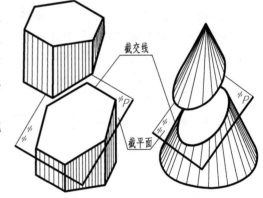

图 5-1　截平面与截交线

与平面立体表面产生的交线的投影,或求截平面与平面立体各个被截切棱线的交点的投影,然后依次连接同面投影即得截交线的投影。

1. 棱柱的截交线

【例 5-1】求作开槽正六棱柱的三视图,如图 5-2 所示。

分析:

正六棱柱上的通槽是由三个特殊位置平面截切棱柱而形成的,正面投影反映通槽的形状特征。槽的两侧壁是形状为矩形的侧平面,槽底是形状为六边形的水平面,其在 V 面上的投影均积聚为直线,所以作图特点是求作截平面与立体表面的交线。

作图:

(1)先作出完整六棱柱的三视图,再画出通槽的 V 面有积聚性的投影(图形前后、左右均对称,只标记前半部分),完成主视图。

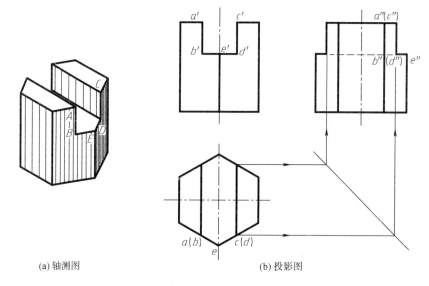

(a) 轴测图　　　　　　　　　　　(b) 投影图

图 5-2　开槽正六棱柱

（2）通槽的两侧壁是侧平面所以在 H 面的投影积聚为两直线段，求出该线段的投影，即得槽底在 H 面的投影，也作出了通槽的 H 面投影，完成俯视图。

（3）通槽的两侧壁在 W 面的投影反映实形，并重合在一起，根据其 H 面投影和 V 面投影可求出两侧壁与六棱柱左前、左后棱面的交线 AB、CD 的 W 面投影 $a''b''$、$(c'')(d'')$，对称画出其后半部分，即求出通槽侧壁的 W 面投影，槽底是水平面其在 H 面的投影反映实形，在 W 面投影积聚为直线段，线上 $b''(d'')$ 点是虚、实线的分界点，完成左视图。

（4）擦去被切掉的正六棱柱部分的图线，完成开槽正六棱柱三视图。

2. 棱锥的截交线

【例 5-2】求作斜切正六棱锥的三视图，如图 5-3 所示。

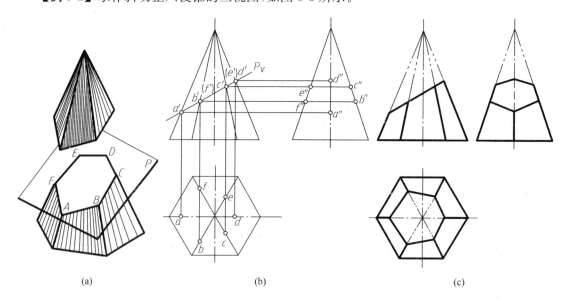

　　　　(a)　　　　　　　　　　　　(b)　　　　　　　　　　　　(c)

图 5-3　求作斜切正六棱锥的三视图

分析：

正六棱锥被正垂面所截，该截断平面在 V 面的投影积聚为斜直线；在 H 面和 W 面的投影均为正六边形的类似形，作图特点是求作截平面与正六棱锥各棱线的交点。

作图：

（1）先作出完整的正六棱锥的三视图，再画出截平面（截交线）在 V 面的有积聚性的投影，即斜线段 $a'd'$。

（2）在 V 面上找出积聚性投影斜线段 $a'd'$ 与棱线另外四个交点的投影，即 b'、(f')、c'、(e')。

（3）根据"长对正、高平齐、宽相等"的投影规律，作出 A、B、C、D、E、F 六个点在 H 面、W 面的相应投影。

（4）依次连接各点的同面投影，加深图线（被切掉部分可用细双点画线表示或不画），完成截切正六棱锥的三视图。

二、回转体的截交线

回转体的截交线一般是封闭的平面曲线，也可能是由平面曲线和直线所围成的平面图形。截交线的形状与回转体的几何性质及截平面的相对位置有关。

截交线是截平面和回转体表面相交的共有线，而截交线上的点则是它们的共有点。

1. 圆柱的截交线

根据截平面与圆柱轴线的位置不同，圆柱上的截交线有三种情况，见表 5-1。

表 5-1　圆柱的截交线

截平面的位置	与轴线平行时	与轴线垂直时	与轴线倾斜时
轴测图	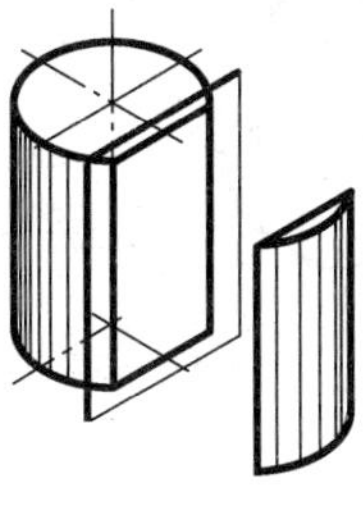	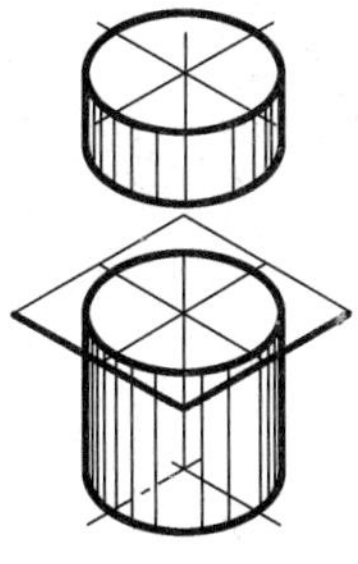	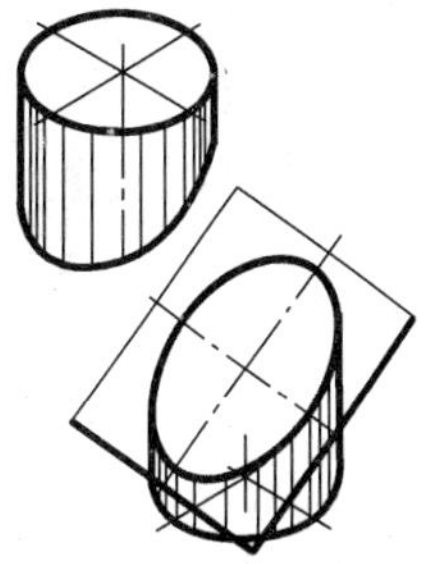
投影图	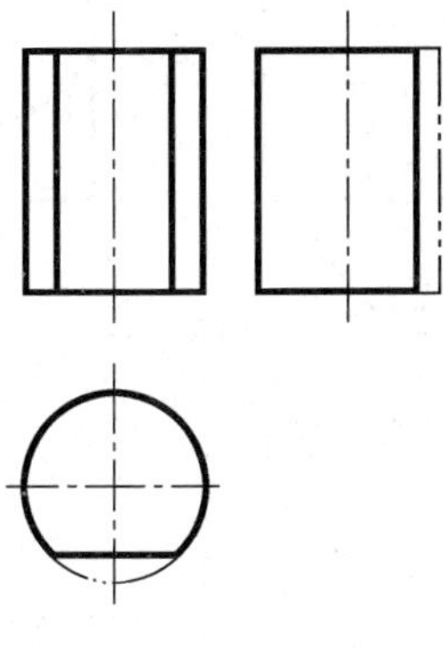	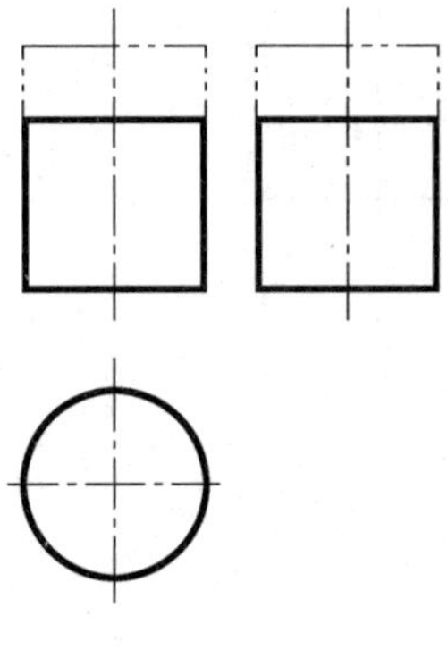	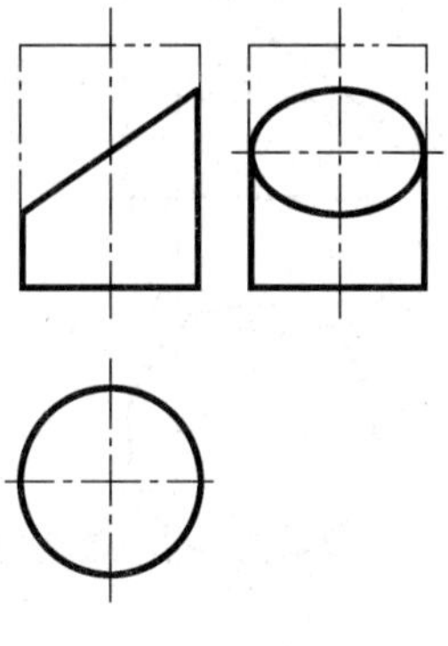
截交线的形状	矩形 （圆柱面与截平面的交线为直线）	圆	椭圆

【例 5-3】求作图 5-4(a)所示斜切圆柱的三视图。

分析：

截平面 P 与圆柱轴线斜交,截交线为一椭圆。该椭圆在 V 面投影积聚成一条斜线,在 H 面投影与圆柱面的投影重合,W 面投影是椭圆。

作图：

(1)先画出完整圆柱的三视图,再画出截平面(截交线)在 V 面有积聚性的投影 $a'b'$ 直线段。

(2)求特殊位置点。两端点 A、B 是椭圆最高点和最低点,两端点 C、D 是椭圆最前点和最后点,它们均位于圆柱素线上。这种限制截交线最大范围且在轮廓素线上的点称为特殊位置点。作图时,可根据 V 面投影 a'、b'、c'、(d') 及 H 面投影 a、b、c、d 求出 W 面投影 a''、b''、c''、d'',如图 5-4(b)所示。

(3)求作适当数量的一般位置点。可利用圆柱面的积聚性求得。为作图准确,一般在投影为圆的视图上对称取 4 个分点,如 e、f、g、h。根据"长对正",求出 V 面投影 e'、(f')、g'、(h'),根据"宽相等、高平齐"求得 W 面投影 e''、f''、g''、h'',如图 5-4(c)所示。

(4)将 W 面各点投影光滑连接起来,即得椭圆截交线的投影,如图 5-4(d)所示。

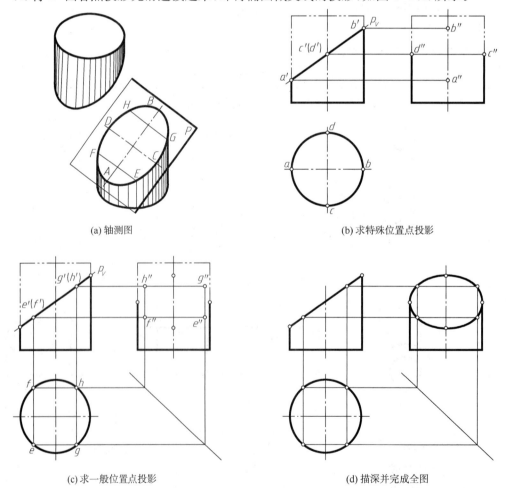

(a) 轴测图　　　　　　　　　　　　　(b) 求特殊位置点投影

(c) 求一般位置点投影　　　　　　　　　(d) 描深并完成全图

图 5-4　斜切圆柱的截交线

2. 圆锥的截交线

根据截平面与圆锥轴线的相对位置不同,圆锥上截交线有 5 种情况,见表 5-2。

求圆锥截交线的方法是当截交线为直线和圆时,其投影可以直接画出;当截交线为椭圆、抛物线、双曲线时,需先求出若干个共有点的投影。由于圆锥面的三个投影都没有积聚性,求共有点投影的方法有素线法和纬圆法两种(图 5-5)。

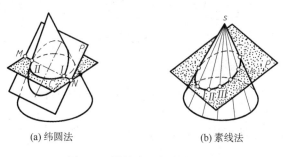

(a) 纬圆法　　　　　　　　　(b) 素线法

图 5-5　圆锥表面的定点方法

(1)素线法。如图 5-6(c)所示,点 K 为截交线上一点,过锥顶 S 和点 K 引一辅助素线 SE,点 K 则是素线 SF 与截平面的交点,点 K 的三面投影分别在该素线的同面投影上。

表 5-2　圆锥的截交线

截平面的位置	与轴线垂直	过圆锥顶点	平行于任一素线	与轴线倾斜 (不平行于任一素线)	与轴线平行 (平行于两条素线)
轴测图					
投影图					
截交线的形状	圆	三角形	抛物线+直线	椭圆	双曲线+直线

(2)辅助平面法(或称纬圆法)。如图 5-6(d)所示,过 k' 作直线垂直于圆锥轴线(过 K 点纬圆的正面投影),再作出纬圆的水平投影并求出 K 点的水平投影,最后根据投影关系求出 K 点的侧面投影 k''。

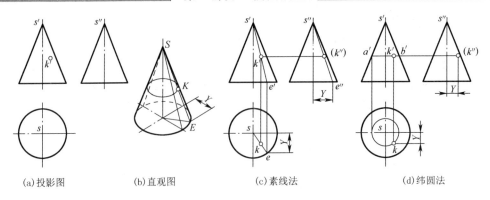

(a)投影图　　　　(b)直观图　　　　(c)素线法　　　　(d)纬圆法

图 5-6　圆锥表面定点

【例 5-4】 求作被正平面所截圆锥的三视图,如图 5-7 所示。

分析:

截平面与圆锥轴线平行,截交线为双曲线。截交线的 H 面投影和 W 面投影都积聚成直线段,V 面投影为双曲线实形,需作图求出。

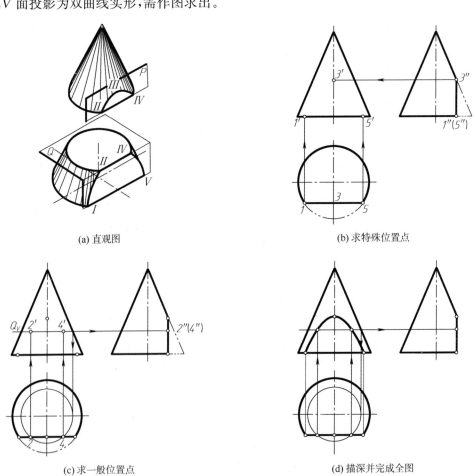

(a) 直观图　　　　　　　　　(b) 求特殊位置点

(c)求一般位置点　　　　　　　(d)描深并完成全图

图 5-7　被正平面截切圆锥的截交线

作图：

(1)先画出完整圆锥的三视图，再画出截平面(截交线)H面和W面有积聚性的投影1、3、5直段和$1''(5'')$、$3''$直线段。要注意宽相等的问题。

(2)求特殊位置点。点Ⅲ为最高点，根据W面投影$3''$求出V面、H面的投影$3'$和3。点Ⅰ、Ⅴ为最低点，在圆锥的底圆上根据H面投影1和5、W面的投影$1''$、$5''1'$、$5'$求出V面投影〔图5-7(b)〕。

(3)作适当数量的一般位置点。利用辅助平面法(纬圆法)，作辅助平面Q与圆锥面相交得纬圆，该圆的水平投影与截平面有积聚性的水平投影相交于2和4两点，即为三面共有点的水平投影，据此求出V面投影$2'$、$4'$和W面的$2''$、$(4'')$〔图5-7(c)〕。

(4)将$1'$、$2'$、$3'$、$4'$、$5'$用曲线板光滑连接起来，即为截交线的V面投影〔图5-7(d)〕。

3. 圆球的截交线

圆球被平面截切后其截交线都是圆。截平面通过球心时所截得的圆直径最大，即等于圆球的直径，截平面离球心越远，截得的圆直径越小。当截平面与投影面平行时，截交线圆在该投影面的投影为实形(圆)；在另两面的投影均积聚为直线，其长度等于截交线圆的直径，如图5-8所示。

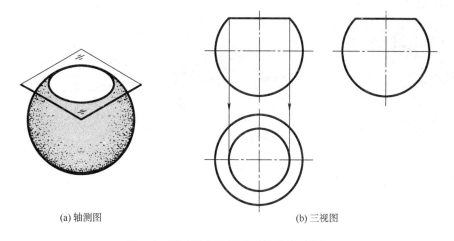

(a) 轴测图　　　　　　　　　　　　(b) 三视图

图5-8　圆球被水平投影面的平行面截切

【例5-5】　绘制半圆头螺钉头部的三视图(图5-9)。

分析：半圆头螺钉的头部是半圆球，半圆球顶部的切槽由水平面P、侧平面Q和T截切而成。水平截面P与球面截交线的水平投影反映实形(1、3和2、4两部分圆弧)，侧面投影积聚为直线($1''5''$和$2''6''$)；侧平截面Q与球面截交线的侧面投影反映实形(圆弧$1''$、$2''$)，水平投影积聚为直线(1、3和2、4)；侧面投影上的虚线$1''2''$是P平面与Q和T平面间交线的侧面投影，也是水平面P的侧面投影(积聚为直线)。

作图步骤：如图5-10所示。

图5-9　半圆头螺钉

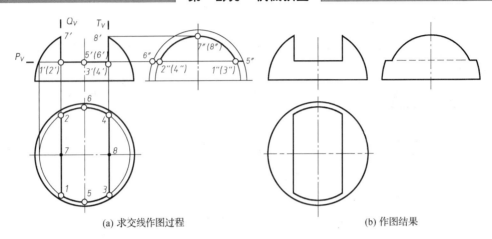

(a) 求交线作图过程　　　　　　　　　　　(b) 作图结果

图 5-10　半圆头螺钉头部截交线的投影

第二节　相　贯　线

两立体相交称为相贯,其表面的交线称为相贯线,如图 5-11 所示。

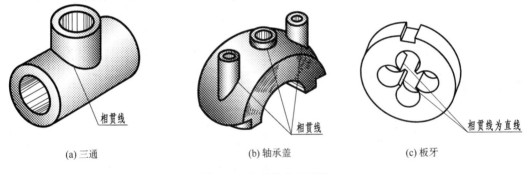

(a) 三通　　　　　　　　　　(b) 轴承盖　　　　　　　　　　(c) 板牙

图 5-11　相贯体与相贯线

相贯线的性质:

①相贯线都是封闭的空间折线或曲线,特殊情况下为平面折线或曲线。

②相贯线是两立体表面的共有线,相贯线上的点是相交两立体表面的共有点。

1. 特殊相贯线的画法

当两回转体具有公共轴线时,其相贯线为垂直于轴线的圆,该圆的正面投影为一直线段,水平投影为圆,如图 5-12 所示。

当圆柱与圆柱、圆柱与圆锥轴线相交并公切于一圆球时,相贯线为两个椭圆,椭圆在两回转体的相交轴线所平行的投影面的投影积聚为两相交直线段,水平投影为圆或椭圆,如图 5-13 所示。

2. 求作两回转体的相贯线

求作两回转体的相贯线时,必须先求出相贯线上的一些特殊点,如最高、最低点,曲面体投影轮廓线上的点等,因为这些点大多处于相贯线上的极限位置,不但能够确定相贯线的投影范围、形状特征,而且投影轮廓线上的点通常还是相贯线可见性的分界点,这些特殊点确定后,才可恰当地设置求作一般点的辅助平面位置。

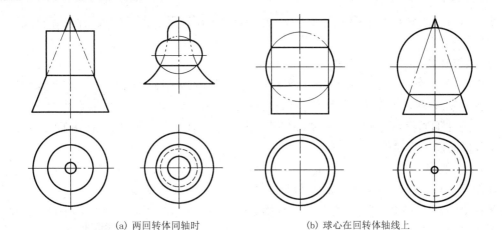

(a) 两回转体同轴时 　　　　　　(b) 球心在回转体轴线上

图 5-12　同轴回转体的相贯线为垂至于公共轴线的圆

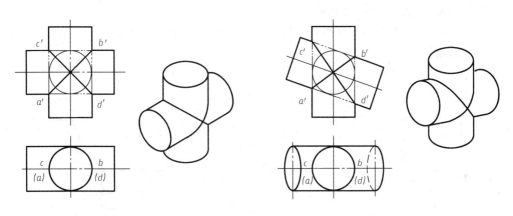

(a) 具有公共内切球的两圆柱相贯（交线为椭圆）

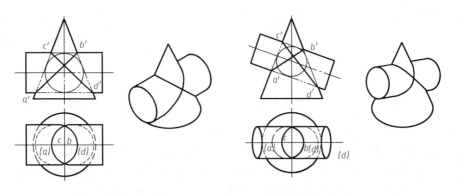

(b) 具有公共内切球的一圆柱和一圆锥相贯（交线为椭圆）

图 5-13　公切于圆球的相贯线

【例 5-6】　求两轴线正交圆柱的相贯线（图 5-14）。

分析：两圆柱的轴线正交，直立小圆柱完全贯入横置大圆柱中，因此，相贯线是一条封闭的空间曲线。由于小圆柱的水平投影积聚为圆，相贯线的水平投影应积聚其上；大圆柱的侧面投影积聚为圆，相贯线的侧面投影也积聚在大圆柱的侧面投影上（即小圆柱侧面投影轮廓线之间的一段圆弧），所以，此例只需求出相贯线的正面投影。

由于两圆柱的轴线都是投影面垂直线,故辅助面可用正平面也可用水平面和侧平面。

作图步骤:

(1)求特殊点

如图 5-14(a)所示,由于两圆柱的轴线相交,相贯线的最高点也是最左、最右点就是两圆柱正面投影轮廓线的交点,在正面投影上可直接确定 $1'$ 和 $2'$。相贯线的最低点也是最前、最后点就是小圆柱侧面投影轮廓线上的点,在侧面投影中利用大圆柱的积聚性可直接确定 $3''$ 和 $4''$,然后,根据投影规律可求出 $3'$ 和 $4'$。

(2)求一般点

如图 5-14(b)所示,以正平面 P 为辅助平面,P 与小圆柱截交线的正面投影是过 a'、b' 点的两条铅垂线,P 与大圆柱截交线的正面投影是过 c'、d' 点的两条侧垂线。其中,只有过 c' 点的一条线参与了相贯,它与两条铅垂线交于 $5'$、$6'$ 点。由于两圆柱垂直相交,前后,左右均对称,所以实际作图中只需求出 $5'$ 和 $6'$ 两点。

(3)依次光滑地连接各点,并判断可见性

由于前后对称,相贯线的正面投影的可见与不可见部分投影重合,所以只需用粗实线画出其可见部分,如图 5-14(c)所示。

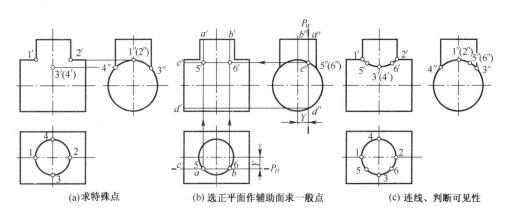

(a)求特殊点　　　　　(b)选正平面作辅助面求一般点　　　　　(c)连线、判断可见性

图 5-14　求作两轴线正交圆柱的相贯线

讨论:

(1)本例中辅助平面除正平面外,还可用水平面或侧平面。水平辅助面与小圆柱截交线的水平投影仍是圆,与大圆柱截交线的水平投影是两条直线如图 5-15(a)所示。侧平辅助面与大圆柱截交线的侧面投影仍是圆,与小圆柱截交线的侧面投影是两条直线,如图 5-15(b)所示。

(2)由于两圆柱反映为圆的投影都有积聚性,所以,本例还可利用积聚性求一般点。例如,在俯视图的小圆(小圆柱有积聚性的投影)上取 5、6 两点,根据投影规律(宽相等)在左视图的大圆(大圆柱有积聚性的投影)上确定其相应的侧面投影 $5''$ 和 $6''$,然后再确定其正面投影 $5'$ 和 $6'$,如图 5-15(c)所示。

(3)图 5-16(a)所示是水平圆柱为实体,直立圆柱为虚体时,两圆柱相交的情况。图 5-16(b)所示是在一个长方体中打了横、竖两个孔,即两圆柱均为虚体时,相交的情况。图 5-16(c)所示是水平空心圆柱与直立圆柱(虚体)相交的情况。从图中可以看出,这些相贯线的性质和求解方法与两圆柱均为实体时相同,只是作图时要注意相贯线可见性的变化和虚体的投影轮廓线的投影及可见性的变化。

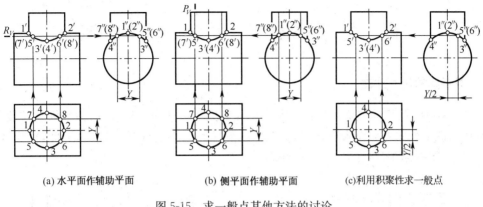

(a) 水平面作辅助平面   (b) 侧平面作辅助平面   (c)利用积聚性求一般点

图 5-15 求一般点其他方法的讨论

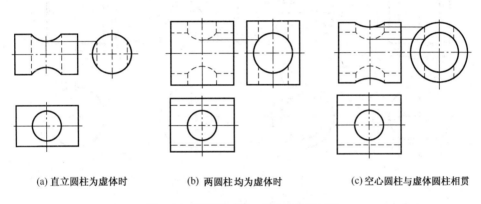

(a) 直立圆柱为虚体时   (b) 两圆柱均为虚体时   (c)空心圆柱与虚体圆柱相贯

图 5-16 两圆柱虚体、实体变化的讨论

3. 相贯线的简化画法

为了简化作图,国家标准规定:在不致引起误解时,图形中的相贯线、过渡线可以采用简化画法。例如用圆弧代替相贯线(图 5-17)。

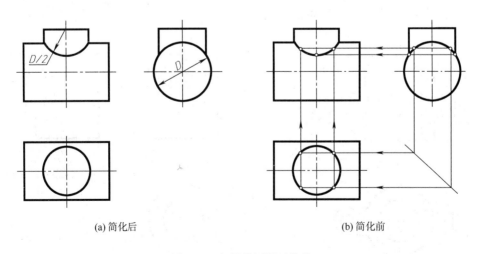

(a) 简化后   (b) 简化前

图 5-17 相贯线用圆弧代替

第三节　截断体与相贯体的尺寸注法

一、截断体的尺寸注法

如图 5-18 所示，截断体除了应注出基本形体的大小尺寸外，还应注出截平面的位置尺寸。当基本体与截平面的相对位置确定后，截断体的形状和大小也就随之确定，因此，截交线不需要标注尺寸（图中标"×"号的尺寸不应注出）。

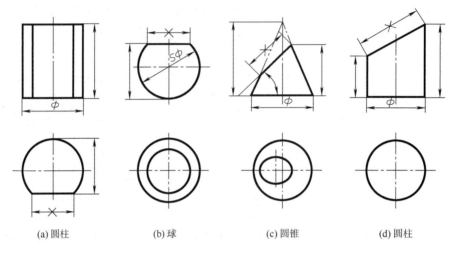

(a) 圆柱　　　　　　(b) 球　　　　　　(c) 圆锥　　　　　　(d) 圆柱

图 5-18　截断体的尺寸标注

二、相贯体的尺寸注法

如图 5-19 所示，相贯体除了应注出相交的两基本体的大小尺寸外，还应注出确定两基本体相对位置的尺寸。当两相交基本体的形状、大小及相对位置确定后，相贯线的形状、大小也就随之确定，因此，相贯线不需要标注尺寸。

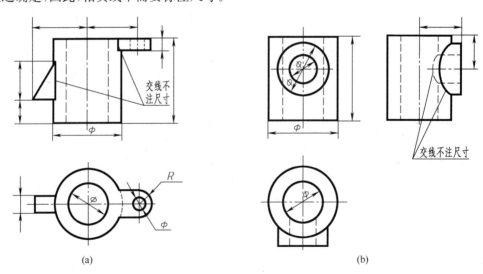

(a)　　　　　　　　　　　　　　　　　　(b)

图 5-19　相贯体的尺寸标注

　　截交线和相贯线虽然是画图中的难点,但截交线和相贯线的形成、形状大小的变化及其作图方法是有规律可循的,所以只要方法得当就会克服难点。截交线是截平面与回转体表面的共有线。平面体上的截交线,一般是由直线围成的封闭多边形。多边形的边是截平面与棱面的交线。回转体上的截交线,其形状取决于被截回转体的轴线的相对位置。相贯线是相交两立体表面的共有线,其形状随两立体的表面性质、大小和相对位置的变化而变化。作图前应根据上述三条因素确定相贯线的形状和投影特征,当投影为非圆曲线时,要先找特殊点,再补充一般点,最后依次光滑连接各点的同面投影,即得相贯线的投影。

习　　题

　　1. 截交线是怎样形成的,平面体的截交线有什么特征? 试述求平面体截交线的作图步骤。

　　2. 平面与圆柱的截交线分别有哪几种情况,当圆柱的轴线垂直于投影面时,可利用圆柱面投影的什么性质,求作其上截交线的投影?

　　3. 平面与圆锥的截交线分别有哪几种情况,由于圆锥面的三个投影都没有积聚性,用什么方法求作圆锥面上截交线的投影?

　　4. 平面与球截交线的投影是什么情况,为什么在球面上定点只能用纬圆法? 试分别叙述当截平面平行、垂直、倾斜于投影面时,球面上截交线的情况。

　　5. 用辅助面法求作两回转体表面交线(相贯线)的基本原理是什么? 选辅助面的原则是什么? 试述求相贯线的作图步骤。

　　6. 两回转体相交,相贯线有哪几种特殊情况?

第六章

组　合　体

【学习目标】

1. 熟练掌握组合体的形体分析法，了解线面分析法。

2. 掌握组合体的画图、读图和尺寸标注。

3. 具备用形体分析法识读、绘制组合体的三视图及标注尺寸的能力。

第一节　组合体的形体分析

一、形体分析法

任何机件都可以看作是由一些基本体按一定方式组合而成的。在对组合体画图、读图及尺寸标注的过程中，通常假想把组合体分解成若干个基本体，搞清楚各基本体的形状、相对位置、组合形式及表面邻接关系，这种分析的方法称为形体分析法。

图 6-1 所示的支架可分解为直立空心圆柱、底板、肋板、耳板和水平空心圆柱等五部分。形体分析法是画、读组合体视图及标注尺寸的最基本的方法。

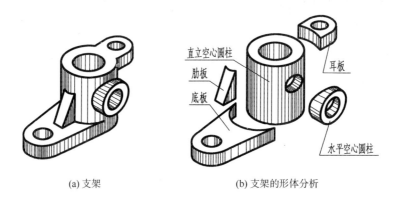

(a) 支架　　　　　　　　　(b) 支架的形体分析

图 6-1　支架的形体分析

二、组合体的组合形式

组合体的组合形式，一般分为叠加型、切割型和综合型，如图 6-2 所示。

三、形体之间的表面邻接关系及其画法

两形体相邻表面的邻接关系一般可分为平齐、相切和相交等三种情况，其邻接处分界线的画法可归结如下：

(1)两表面平齐(共面)，邻接处不画线，如图 6-3 所示。

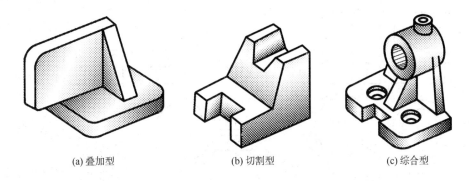

(a) 叠加型 (b) 切割型 (c) 综合型

图 6-2 组合体的类型

（2）两表面相切，邻接处不画出切线，有积聚性的面画至切点处，如图 6-4 所示。

（3）两表面相交，邻接处必画交线，如图 6-5 所示。

1. 叠加型

叠加型组合体的视图，实际上就是将各组成部分的投影，按其在实物上的相对位置逐一叠加而成。

图 6-3 所示立体，是由两个四棱柱叠加而成，其相邻其本体的表面邻接关系及分界线画法，如图 6-3 所示。

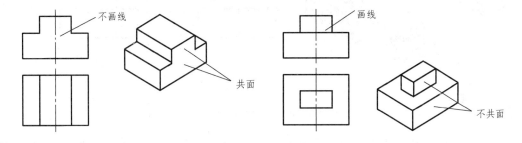

图 6-3 邻接表面分界线的画法

图 6-4 和图 6-5 分别表示了邻接表面相切、相交的画法。

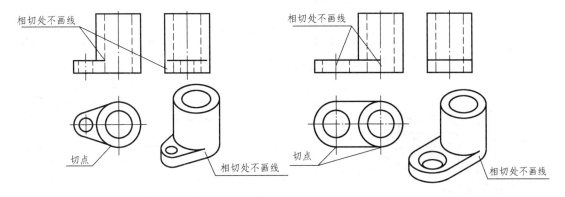

图 6-4 两表面相切的画法

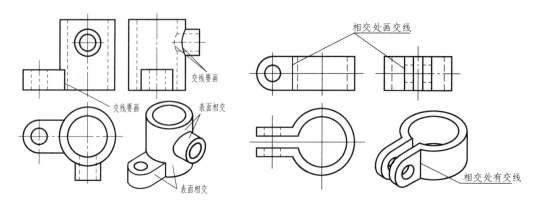

图 6-5　两表面相交的画法

2. 切割型

图 6-6(a)所示组合体是长方体经切割而形成的〔图 6-6(b)〕。画图时,可先画完整长方体的三视图,然后逐个画出被切割部分的投影,如图 6-6(c)、(d)所示。

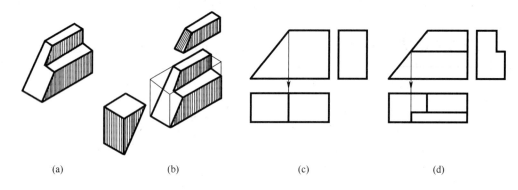

(a)　　　　　　　　(b)　　　　　　　　(c)　　　　　　　　(d)

图 6-6　切割型组合体的画法

由作图可知,画切割体三视图的关键在于求切割面与物体表面的交线,先画截平面有积聚性的投影,再求交线,称线面分析法。

3. 综合型

图 6-7(a)所示组合体的组合形式既有叠加又有切割,属综合型。画图时,一般先画叠加的各基本体的投影,再画被切割基本体的投影。

图 6-7 所示组合体先将底板、四棱柱叠加后,先切出上部半圆柱,再切出下部两个 U 形柱体及上部垂直圆柱孔,即完成综合型组合体的作图。

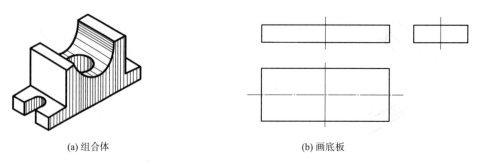

(a) 组合体　　　　　　　　　　　　　　(b) 画底板

图　6-7

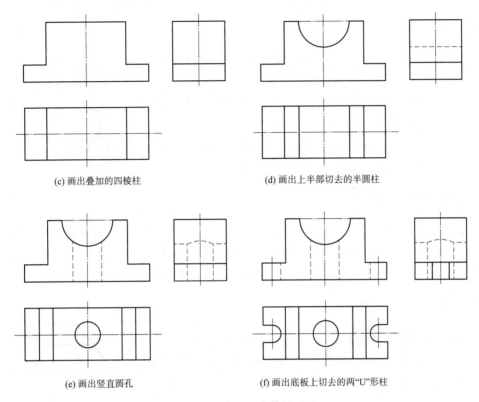

(c) 画出叠加的四棱柱   (d) 画出上半部切去的半圆柱

(e) 画出竖直圆孔   (f) 画出底板上切去的两"U"形柱

图 6-7 综合型组合体的画法

第二节 组合体三视图的画法

以图 6-8 所示的支架为例,说明画组合体三视图的方法和步骤。

一、形体分析

首先,进行组合体形体分析。如图 6-8 所示,支架由底板、立板和肋板组成〔图6-8(a)〕,它们之间的组合形式均为叠加。立板的半圆柱面与和其邻接的四棱柱的前、后表面相切;立板与底面的前、后表面平齐;肋板与底板及立板的相邻表面均属相交。此外,在底板上加工出两个通孔,立板上又加工出了一个通孔均属于切割。

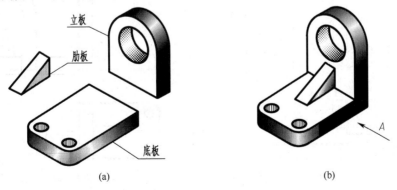

(a)   (b)

图 6-8 支架的形体分析

二、选择主视图

选择主视图时,一般应选择最能反映组合体的形状特征和结构特征(各基本体的相互位置关系)并尽可能减少视图(包括俯左两视图)中虚线的那个方向作为主视图的投射方向,同时考虑组合体的安放位置为自然位置,即为使投影能得到实形,便于作图,应使物体主要平面平行或垂直于基本投影面。

图 6-8(b)所示的支架中,箭头所指的 A 向作为主视图的投射方向比较合理。主视图选定后,俯视图和左视图也随之而定。

三、选择比例、定图幅

主视图确定后,应根据组合体实物的大小和复杂程度,按照国标要求选择比例和图幅。在表达清晰的前提下,尽可能选用 1∶1 的画图比例。图幅的大小应考虑三视图所占的面积,并在视图之间留足标注尺寸的位置和适当的间距以及标题栏的位置。

四、布置视图、绘制底稿

布图时,应将视图匀称地布置在图纸的图框内,视图间的空当应保证能注全所需的尺寸。

支架的绘图步骤如图 6-9 所示。绘制底稿时,应注意以下两点:

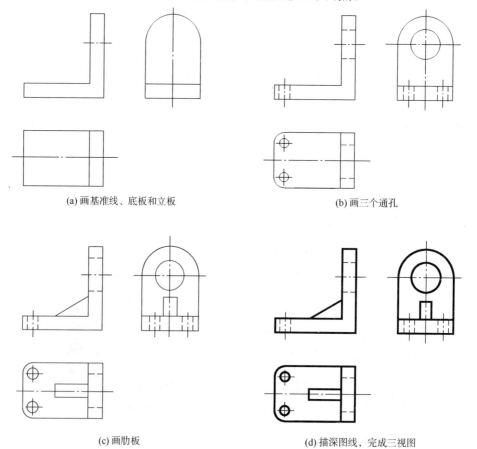

(a) 画基准线、底板和立板　　　　(b) 画三个通孔

(c) 画肋板　　　　(d) 描深图线,完成三视图

图 6-9　支架的画图步骤

(1)一般应从形状特征明显的视图入手。先画主要部分,后画次要部分;先画看得见的部分,后画看不见的部分;描深图线时,先画圆或圆弧,后画直线。

(2)物体的每一个组成部分,最好是三个视图配合着画,这样既可提高绘图速度,又可避免多线、漏线。就是说,不要先画完一个视图再画另一个视图。

第三节 组合体的尺寸注法

视图可以表达机件的形状,而机件的大小则是根据视图中所标注的尺寸来确定的,因此,正确地标注组合体的尺寸是正确标注机件尺寸的基础。

一、组合体视图的尺寸种类

1. 定形尺寸

确定组合体各基本体的长、宽、高三个方向大小的尺寸即为定形尺寸。图 6-10(a)所示的支架由底板、立板和肋板组成,各部分的定形尺寸如图 6-11 所示:底板的定形尺寸为长 80、宽54、高 14、圆孔直径 $\phi10$ 及圆弧半径 $R10$;立板的定形尺寸为长 15、宽 54、圆孔直径 $\phi32$ 和圆弧半径 $R27$;肋板的定形尺寸为长 35、宽 12 和高 20。

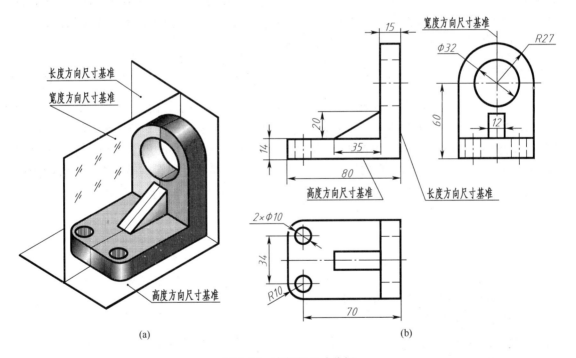

(a)   (b)

图 6-10 支架的尺寸分析

2. 定位尺寸

表示组合体各基本体相对位置的尺寸即为定位尺寸。如图 6-10(b)所示,左视图中的尺寸 60 为立板的轴孔在高度方向上的定位尺寸;俯视图中的尺寸 70 和 34 分别为底板的两圆孔在长度和宽度方向上的定位尺寸;由于立板与底板的前、后、右三面靠齐,肋板与底板的前后对称面重合,并和底板、立板相接触,位置已完全确定,所以不需标注其他定位尺寸。

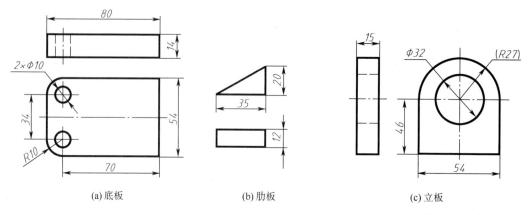

(a)底板　　　　　　　(b)肋板　　　　　　　(c)立板

图 6-11　支架各组成部分的尺寸

3. 总体尺寸

组合体的总长、总高、总宽尺寸称为总体尺寸。总体尺寸在组合体的尺寸标注中是必要的。但由于按形体分析法标注定形尺寸和定位尺寸后,尺寸已完整,若加注总体尺寸就会出现重复尺寸,有时定形尺寸或定位尺寸就反映了组合体的总体尺寸,所以总体尺寸的标注是调整,而不是加注。如图 6-10(b)中,底板的长 80 mm 和立板的 R27 mm 分别为支架的总长和总宽尺寸,此时不必另外标注总长和总宽尺寸,总高尺寸由 14 mm＋46 mm＝60 mm 和 R27 mm 确定。组合体的一端或两端为回转体时均应采用这种标注方式。

二、尺寸基准

标注尺寸的起点称为尺寸基准。由于组合体有长、宽、高三个方向的尺寸,所以组合体的每个方向至少应有一个尺寸基准,称主要基准。一般可选择组合体的对称平面、底面、端面及回转体的轴线作为尺寸基准。基准确定后,主要尺寸就应从主要基准出发进行标注。如图 6-10(b)所示,主、俯视图中的尺寸 80 mm、70 mm、15 mm 都是从支架右侧面这个长度方向的尺寸基准出发标注的;以支架的前后对称面作为宽度方向的尺寸基准,标注了 R27 mm、54 mm、12 mm 这三个尺寸;以底板的底面作为高度方向的尺寸基准,标出了尺寸 60 mm 和 14 mm。

三、标注尺寸的基本要求

1. 尺寸标注必须正确

标注的尺寸应符合《机械制图》国家标准的规定。

2. 尺寸标注必须完整

标注的尺寸应能完整确定机件的形状和大小,既不重复,也不遗漏。

3. 尺寸标注必须清晰

(1)各基本形体的定形、定位尺寸不要分散,要尽量标注在反映该形体特征和明显反映各基本体相对位置的视图上。

(2)为了使图形清晰,应尽量将尺寸注在视图外面。与两个视图有关的尺寸,最好注在这两个视图之间。

(3)尽量避免将尺寸注在虚线上。

(4)超过三个以上的同心圆的直径尺寸,最好注在非圆视图上。

第四节　读组合体视图的方法

　　画图,是将物体画成视图来表达其形状;读图,是依据视图想象出物体的形状。显然读图的难度要大于画图。为了能够正确而迅速地读懂视图,必须掌握读图的基本要领和基本方法,通过反复实践,培养空间想象能力,掌握形体分析方法,提高读图水平。

一、读图的基本要领

　　1. 几个视图必须联系起来看

　　通常一个视图不能确定物体的形状。如图 6-12 所示,同一个主视图配上不同的俯视图和左视图,就表达了形状不同的物体。

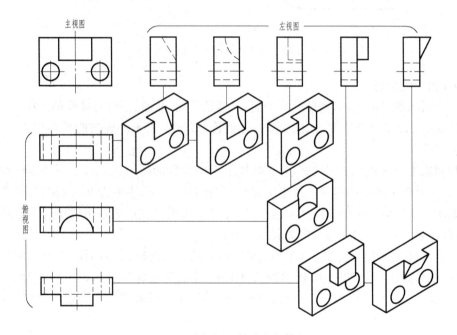

图 6-12　一个视图不能确定物体的形状

　　由此可见,看图时应把所有视图联系起来看,才能正确地想象出物体的真实形状,只看一个或两个视图则可能无法确定物体的形状。

　　2. 必须搞清视图中图线和线框的含义

　　视图由一个个封闭线框所组成,而线框又是由图线构成的,因此,弄清图线及线框在视图中的含义十分必要。

　　(1)视图中图线的含义

　　如图 6-13 所示,视图中的图线有如下含义:

　　①有积聚性面的投影,如图 6-13 中 a、b 等线。

　　②面与面的交线,如图 6-13 中所示的 c 线,c 线为圆柱面与三角形肋板前表面的交线。

　　③曲面的转向轮廓线,如图 6-13 中所示 d、e 线,d、e 线分别为圆柱及其中间圆柱孔的转向轮廓线。

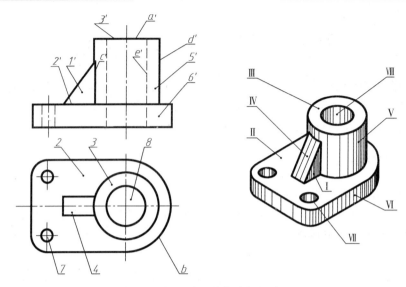

图 6-13　视图中图线与线框的含义

(2)视图中线框的含义

①一个封闭的线框,表示物体的一个面,可能是平面、曲面、组合面或孔洞。在图 6-13 中,视图中的线框 1、2、3、4 表示平面;线框 5 表示曲面;线框 6 表示平面与曲面相切的组合面;线框 7、8 表示孔洞。

②相邻或重叠的两个封闭线框,表示物体上不同位置的两个面。由于不同线框表示不同的面,应通过其他视图中的对应投影来区分它们的前后、上下、左右及相交、相切、共面等邻接关系。如图 6-13 所示的俯视图中,线框 3 与线框 2 的相对位置关系可以通过主视图中来区分,即线框 3 表示的平面在上,线框 2 表示的平面在下。

③一个大封闭线框内包含的各个小线框,表示在大平面体(或曲面体)上凸出或凹下各个小平面体(或曲面体)。如图 6-13 所示的俯视图中,线框 2 包含线框 3、8…从主视图中可以看出,线框 3 表示在底板上凸起一个圆柱,线框 7 表示底板上的孔,线框 3 包含了线框 8 则表示凸起的圆柱中凹下一个孔洞。

二、读图的方法和步骤

1. 形体分析法

形体分析法是读图的主要方法。运用形体分析法读图,关键在于掌握分解组合体的方法。

对于某一具体的组合体而言,运用形体分析法假想分解组合体时,分解的过程并非唯一和固定的。图 6-14(a)所示的 L 形柱体,可以分解为一个大四棱柱和一个与其等宽的小四棱柱叠加,如图 6-14(b)所示;也可分解为一个大四棱柱挖去一个与其等宽的小四棱柱,如图 6-14(c)所示。尽管分析的中间过程各不相同,但其最终结果都是相同的。

当然,随着投影分析能力的提高,L 形柱体本身就可看成是基本体,而不必作过细的分解。因此像图 6-15 所示的一些常见组合体都可作为基本体。我们在学习过程中,若不断增加这些基本体的积累,就可不断提高我们看、画图的能力和速度。

(1)抓住形状特征视图想形状

最能反映物体形状特征的视图称为形状特征视图。如图 6-16(a)所示,只看主、左视图只

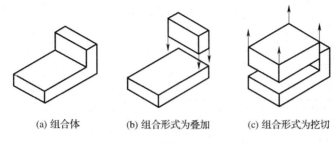

(a) 组合体   (b) 组合形式为叠加   (c) 组合形式为挖切

图 6-14   L形柱体的分解方案

图 6-15   常见柱体

能判断大致是一个长方体,至于顶、底面的形状及几条虚线的含义就不得而知了。如果将主、俯视图配合看,即使不要左视图,也能想象出它的形状。因此俯视图是该形体的形状特征视图。用同样方法进行分析,图 6-16(b)中的主视图、图 6-16(c)中的左视图分别是所表达组合体的形状特征视图。因此,看图时应善于抓住物体的形状特征视图想象出物体的形状。

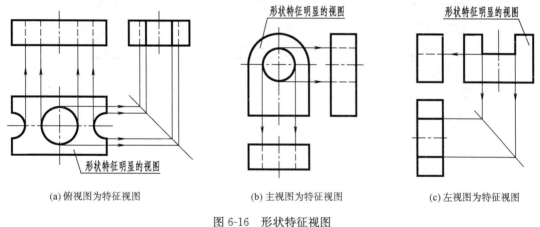

(a) 俯视图为特征视图   (b) 主视图为特征视图   (c) 左视图为特征视图

图 6-16   形状特征视图

但是由构成组合体的各基本体的形状特征,并非都集中在一个视图上,而是可能每个视图上都有一些,如图 6-17 中的支架是由 4 个基本体叠加而成,主视图反映了基本体Ⅰ和基本体Ⅳ的形状特征,左视图反映了基本体Ⅲ的形状特征,俯视图反映了基本体Ⅱ的形状特征。看图时就是要找到能够反映基本体形状特征的线框,联系其他视图,来划分基本体。

(2)抓住位置特征视图想位置

反映各形体之间相对位置最为明显的视图称为位置特征视图。如图 6-18(a)所示,如果仅看主视图和俯视图不能确定形体Ⅰ和Ⅱ哪个是凸出的,哪个是凹进的。如果将主、左视图结合起来看,显然,形体Ⅰ凸出,形体Ⅱ凹进。

(3)投影分析想形状,综合起来想整体

将组合体分解为几个组成部分,从体现每部分特征的视图出发,依据"三等"规律在其他视图中找出对应投影,经过分析,想象出每部分的形状;然后根据整体三视图搞清楚形体间的相

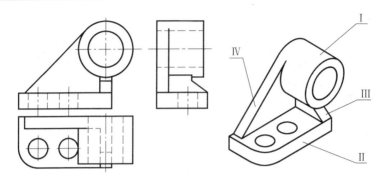

图 6-17　组合体中各基本体的形状特征

对位置、结合形式和表面邻接关系等,再综合想出物体的完整形状。

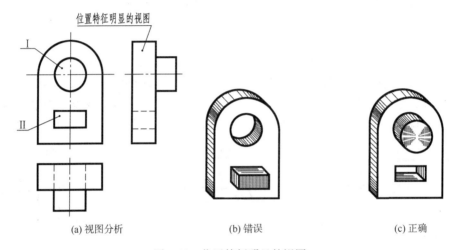

(a) 视图分析　　　　　　(b) 错误　　　　　　(c) 正确

图 6-18　位置特征明显的视图

2. 线面分析法

用线面分析法看图,就是运用投影规律,通过识别线、面等几何要素的空间位置、形状,进而想象出物体的形状。对于切割类组合体的读图主要依靠线面分析法。

在切割类组合体的线面分析过程中,分析立体表面的投影特性非常重要,特别是垂直面或一般位置平面投影的类似性,因为在画图和读图过程中,通常用类似性检验组合体画图或读图是否正确。图 6-19 列出了组合体上垂直面和一般位置面的投影所具有的类似性。

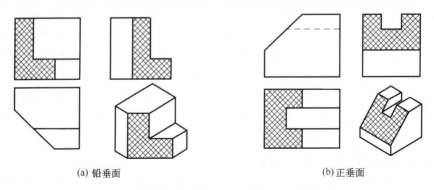

(a) 铅垂面　　　　　　　　　　　　　(b) 正垂面

图 6-19　投影面的垂直面和一般位置面的类似性

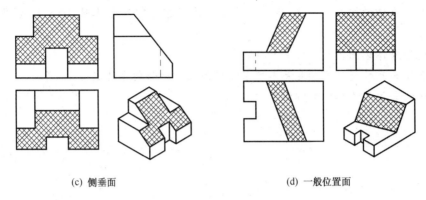

(c) 侧垂面　　　　　　　　　　　(d) 一般位置面

图 6-19　投影面的垂直面和一般位置面的类似性(续)

【例 6-1】 看懂图 6-20 所示的三视图。

根据图 6-20 所示分析该组合体属于切割类,故采用线面分析法为宜。

(1)依据线框分清面　该三视图可大致分为四个封闭线框。线框Ⅰ(1、1′、1″)在三视图中表现为"一框对两线",框在主视图,且反映实形,故为正平面;线框Ⅱ(2、2′、2″)在三视图中表现为"一线对两框",线是平面有积聚性的投影且在主视图上,两框为类似形故为正垂面。同样,可分析出线框Ⅲ(3、3′、3″)为侧平面,线框Ⅳ(4、4′、4″)为侧垂面且俯视图中的 4 框和主视图中的 4′框是类似形等。

(2)综合归纳想整体　切割类组合体往往是由基本体经切割而形成的,因此,在想象整个物体的形状时,应以基本体为基础,再将各个表面按其相对位置在基本体上归位,这样,整个物体的形状便可想出,如图 6-20(b)所示。

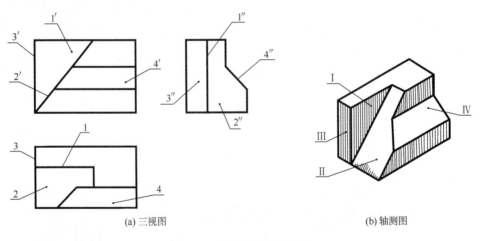

(a) 三视图　　　　　　　　　　　(b) 轴测图

图 6-20　用线面分析法看图

1. 组合体的组合形式有哪几种?组合体各基本体邻接表面间的连接关系有哪些?它们的画法各有什么特点?

2. 对某一具体的组合体而言,运用形体分析法假想分解组合体时,分解的过程并非是唯一和固定的,为什么?

3. 试述组合体读图的基本方法和要领。

4. 组合体的尺寸标注有哪些基本要求?标注尺寸时如何满足这些要求?

5. 试述组合体尺寸标注的方法和步骤。

第七章
机件的基本表示法

【学习目标】
1. 掌握各种视图、剖视图、断面图的定义、画法、标注及适用范围。
2. 掌握常用的简化画法。
3. 初步具有应用图样画法综合表达机件的能力。

第一节 视 图

视图是用正投影法将机件向投影面投射所得的图形。视图主要用来表示机件的外部形状，必要时才画出虚线表示出机件的内部形状。

视图画法要遵循 GB/T 17451—1998《技术制图 图样画法 视图》和 GB/T 4458.1—2002《机械制图 图样画法 视图》的规定。视图分基本视图、向视图、局部视图和斜视图等4 种。

一、基本视图

基本视图是机件向基本投影面投射所得的视图。

在原有三个投影面的基础上增加三个投影面，构成一个正六面体，正六面体的 6 个面称为基本投影面。将机件分别向 6 个投影面投射得到机件的 6 个基本视图。分别称作主视图、俯视图、左视图右视图、仰视图和后视图。

按图 7-1 所示展开后的 6 个基本视图的配置如图 7-2 所示。

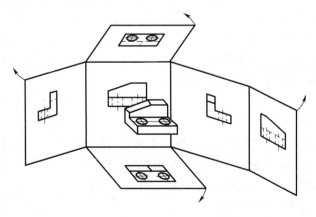

图 7-1 六个基本视图的形成及投影面展开方法

　　6个基本视图按图7-2所示配置时,一律不标注视图名称,视图之间仍保持"长对正、高平齐、宽相等"的投影关系。

　　实际画图时,应根据机件的表达需要选用必要的基本视图,力求视图数量最少。

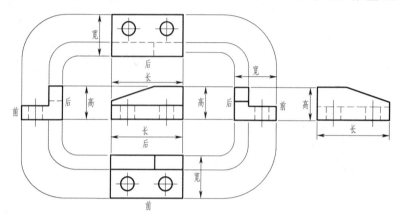

图 7-2　六个基本视图的配置及其投影关系

二、向 视 图

　　向视图是可以自由配置的视图。为了便于看图,应在向视图上方用大写拉丁字母标注出该向视图的名称,并在相应视图的附近用箭头指明投射方向并标注相同的字母,如图7-3所示。

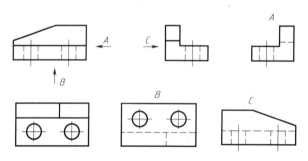

图 7-3　向视图的标注方法

　　画向视图时应注意:向视图是未按投影对应关系配置的视图。当某视图不能按投影对应关系配置时,可按向视图绘制,如图7-3所示。绘制以向视图方式表达的右视图、仰视图和后视图时,投射方向的箭头应画在主视图和左视图上,所获视图与按基本视图配置时,所获的视图一致,不致增加读图的难度,如图7-4所示。

三、局部视图

　　局部视图是将机件的某一部分向基本投影面投射所得的视图。当采用一定数量的基本视图表达机件后,机件上仍有尚未表达清楚的局部结构,但又没有必要连带着已表达清楚的结构完整地画出一个基本视图时,可采用局部视图,如图7-5所示。

　　画局部视图时应注意:

　　(1)其断裂处的边界线应以波浪线(或双折线)表示,如图7-5(b)中的 A 向视图。当所表示的局部视图的外轮廓成封闭时,则不必画出波浪线,如图7-5(b)中的左视图所示。

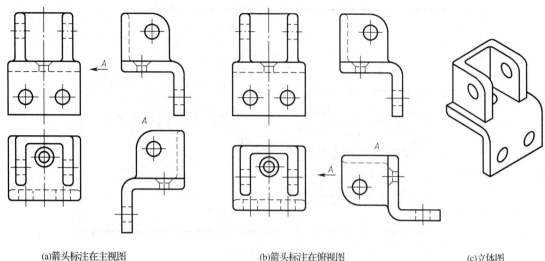

(a)箭头标注在主视图　　　　　(b)箭头标注在俯视图　　　　　(c)立体图

图 7-4　向视图

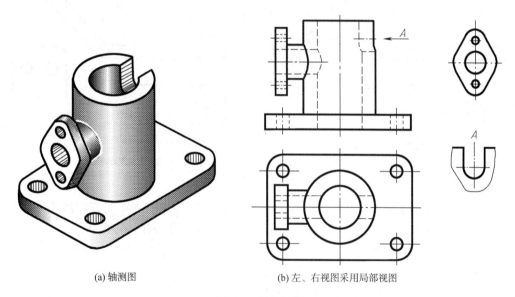

(a) 轴测图　　　　　(b) 左、右视图采用局部视图

图 7-5　局部视图

(2)局部视图的配置可选用以下形式,并进行必要的标注。

①按基本视图的配置形式配置,一般不必标注,如图 7-5(b)中的左视图所示。

②按向视图的配置形式配置和标注,如图 7-5(b)中的 A 向视图所示。

四、斜 视 图

斜视图是机件向不平行于基本投影面的辅助投影面投射所得的视图。斜视图的形成如图 7-6 所示。

画斜视图时应注意:

(1)斜视图通常用于表达机件上倾斜结构的实形,机件的其余部分(非倾斜结构)不必画出,其断裂边界用波浪线(或双折线)绘制,如图 7-7 所示。

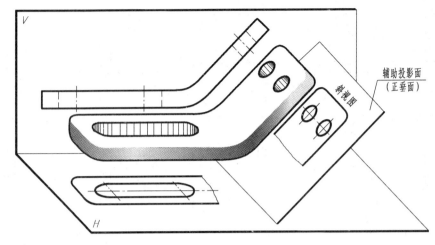

图 7-6 斜视图的形成

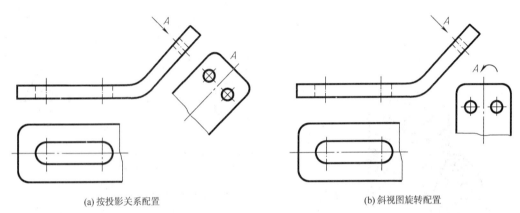

(a) 按投影关系配置

(b) 斜视图旋转配置

图 7-7 斜视图

(2)画斜视图时,必须在视图的上方注明视图名称"×",在相应视图附近用箭头指明投射方向,箭头应与倾斜结构有积聚性的表面垂直,并注上相同字母,如图 7-7(a)所示。

(3)画斜视图时,为方便看图,在不引起误解时,允许将图形旋转配置,如图 7-7(b)所示。

(4)旋转符号的规定画法与标注如图 7-8、图 7-9 所示。旋转符号为半径等于字体高度的半圆弧。表示该视图名称的字母应靠近旋转符号的箭头端,当需要注出旋转角度时,角度数值应写在视图名称字母之后,如图 7-9 所示。

(5)表示视图名称的大写拉丁字母必须水平书写,如图 7-7(a)所示。

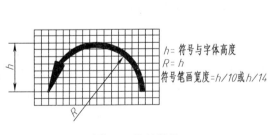

h=符号与字体高度
$R = h$
符号笔画宽度=$h/10$ 或 $h/14$

图 7-8 旋转符号

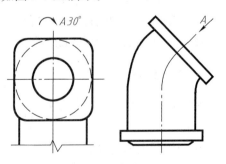

图 7-9 旋转符号的标注

第二节　剖　视　图

　　视图主要用来表达机件的外部形状。当机件的内部结构比较复杂时,视图中会出现较多的虚线,这些虚线往往与机件的外形轮廓线交织、重叠在一起,使机件的形状结构在视图中的表达层次不清、不仅影响图形的清晰,而且不便于看、画图和标注尺寸。为解决上述问题,使机件上原来不可见的结构转化为可见,虚线转变为粗实线。国家标准 GB/T 17452—1998《技术制图　图样画法　剖视图和断面图》与 GB/T 4458.6—2002《机械制图　图样画法　剖视图和断面图》规定了剖视图的基本表示法。

一、剖视的概念

1. 剖视图的形成

　　假想用剖切面(平面或柱面)剖开机件,将处在观察者和剖切面之间的部分移去,而将其余部分向投影面投射所得的图形,称为剖视图,简称剖视,如图 7-10、图 7-11(b)所示。

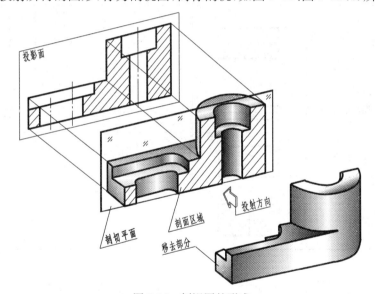

图 7-10　剖视图的形成

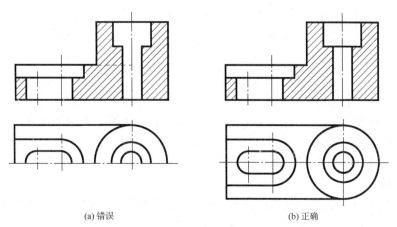

(a) 错误　　　　　　　　　　　　(b) 正确

图 7-11　剖视图画法

2. 剖面符号

剖视图中,剖切面与机件的接触部分,称为剖面区域,通常在剖面区域中应画出剖面符号,以便区别机件的实体与空心部分,如图 7-11(b)所示。国家标准规定的剖面符号见表 7-1。

当不需要在剖面区域中表示材料类别时,可采用通用剖面符号表示。通用剖面符号为间隔相等的细实线,绘制时最好与图形主要轮廓线或剖面区域的对称线成45°,如图 7-12 所示。

表 7-1　剖面符号(摘自 GB/T 4457.5—2013)

材 料 名 称		剖 面 符 号	材 料 名 称	剖 面 符 号
金属材料 (已有规定剖面符号者除外)			线圈绕组元件	
非金属材料 (已有规定剖面符号者除外)			转子、变压器等的迭钢片	
型砂、粉末冶金、陶瓷、硬质合金等			玻璃及其他透明材料	
木质胶合板 (不分层数)			格　网 (筛网、过滤网等)	
木　材	纵剖面		液　体	
	横剖面			

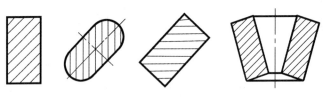

图 7-12　通用剖面线的画法

3. 画剖视图时应注意的几个问题

(1)如图 7-10 所示,剖切位置一般应选择机件的内部孔、槽等结构的对称面或轴线。

(2)画剖视图时将机件剖开是假想的作图过程,当一个视图取剖视后,其他视图应仍按完整机件画出。剖切后,留在剖切面之后的部分应全部向投影面投射,不能漏线或画出多余的线,如图 7-11 所示。

(3)剖视图中,凡是已表达清楚的结构,虚线应省略不画。若画出少量虚线能减少视图数量时,也可画出必要的虚线,如图 7-13 所示。

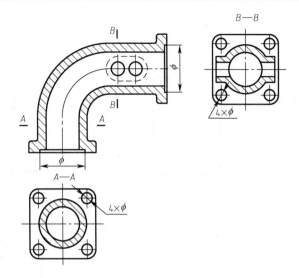

图 7-13　剖视图中可画出必要的虚线

（4）剖视图的配置可按基本视图的形式配置，也可按向视图的形式配置（允许配置在其他适当位置），如图 7-14 所示。

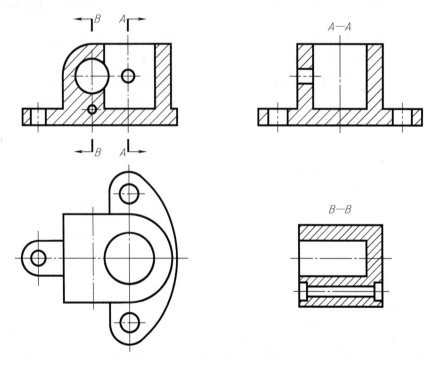

图 7-14　剖视图的标注与配置

（5）同一机件的各个剖面区域中的剖面线应间隔相等、方向一致，如图 7-15 所示。

当图形中主要轮廓线与水平线成 45°时，该图形的剖面线应画成与水平线成 30°或 60°的平行线，其倾斜方向仍应与其他图形的剖面线一致，如图 7-16 所示。

4. 剖视图的标注

剖视图一般应标注下列内容（图 7-14）：

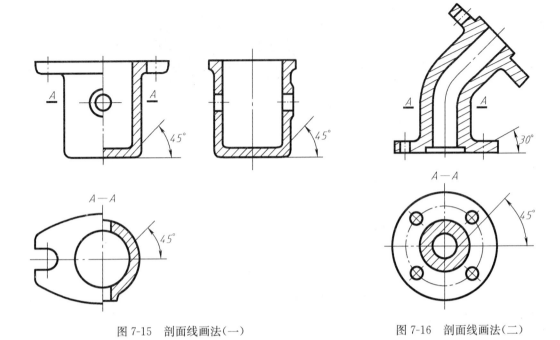

图 7-15　剖面线画法(一)　　　　　　　　　图 7-16　剖面线画法(二)

(1)剖切线　指示剖切面位置,用细点画线表示,剖视图中通常省略不画。

(2)剖切符号和剖视图的名称　指示剖切面起讫和转折位置(用粗短线表示)和投射方向(用箭头表示)。在剖切符号的起讫或转折处标注大写拉丁字母"×",并在剖视图上方用同样字母标出剖视图的名称"×—×"。表示视图名称的大写拉丁字母应顺序使用且水平书写。

下列情况可省略标注:

(1)当剖视图按基本视图的配置形式配置、中间又无其他图形隔开时,可省略表示投射方向的箭头,如图 7-13、图 7-15、图 7-16 所示。

(2)当单一剖切面通过机件的对称平面或基本对称平面,且剖视图按基本视图的形式配置,中间没有其他图形隔开时,可不标注,如图 7-11(b)所示。

二、剖切面的选用

为满足机件的各种内部结构及其不同的表达需要,常用的剖切面及其组合有以下三种情况。

1. 单一剖切面

单一剖切面通常指平面(也可是柱面)。前面所介绍的图 7-12～图 7-16 所示均为采用平行于基本投影面的单一剖切平面剖切而获得的剖视图。

当机件上倾斜的内部结构形状需要表达时,可采用单一斜剖切平面剖切机件获得剖视图,如图 7-17 所示。

2. 几个平行的剖切平面

几个平行的剖切平面通常指两个或两个以上相互平行的且平行于基本投影面剖切平面,同时要求各剖切平面的转折处必须是直角,如图 7-18 所示。

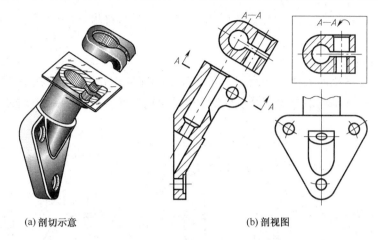

(a) 剖切示意　　　　　　　　　　(b) 剖视图

图 7-17　单一的投影面垂直平面剖切机件（斜剖）

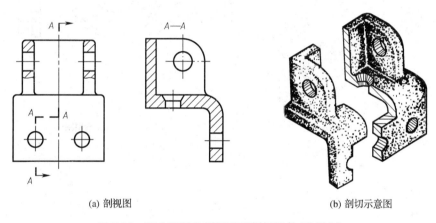

(a) 剖视图　　　　　　　　　　(b) 剖切示意图

图 7-18　两个平行的剖切平面剖切机件（阶梯剖）

画此类剖视图时应注意以下几点。

(1)在剖视图上不应画出剖切平面各转折处的投影，如图 7-19 所示。同时剖切平面转折处也不应与图中的轮廓线重合。

(2)在剖视图内不应出现不完整的结构要素如图 7-19(b)。仅当两个要素在图形上具有公共对称线或轴线时才可各画一半,此时应以对称线或轴线为分界线(图 7-20)。

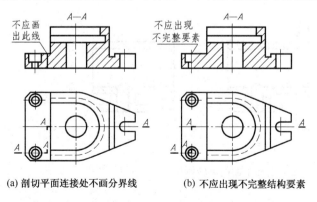

(a) 剖切平面连接处不画分界线　　　(b) 不应出现不完整结构要素

图 7-19　采用互相平行平面剖切时容易出现的错误

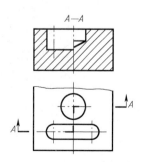

图 7-20　阶梯剖的对称画法

（3）画剖视图时，剖切平面的起讫和转折处应画出剖切符号，并注写同一字母，如图7-18所示。

3. 几个相交的剖切面

当机件的内部结构所处位置无法用上述两种剖切面来剖切时，可用几个相交的剖切面剖开机件。并将被剖开结构的有关部分旋转到与选定的非旋转部分同一投影面后再进行投射，如图 7-21 所示。

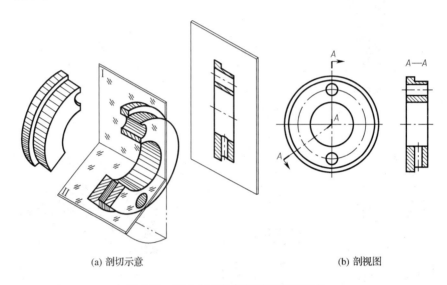

(a) 剖切示意　　　　　　　　　　　　　　(b) 剖视图

图 7-21　两个相交的剖切平面剖切机件

画此类剖视图时应注意以下几点：

（1）几个相交的剖切平面的交线必须垂直于某一投影面。

（2）应按"先剖切、后旋转"的方法绘制剖视图，如图7-22 所示。

（3）位于剖切面后面的结构（如图7-23 中的油孔），一般仍按原来的位置投射、绘制。

（4）当采用三个以上相交的剖切面剖开机件时，剖视图应采用展开方法绘制，如图 7-24所示。

用几个相交的剖切面剖切机件时，剖视图的标注如图7-21～图7-24 所示。

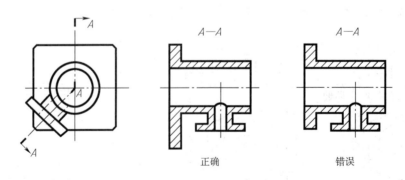

正确　　　　　　　　　　错误

图 7-22　两相交的剖切平面的旋转画法

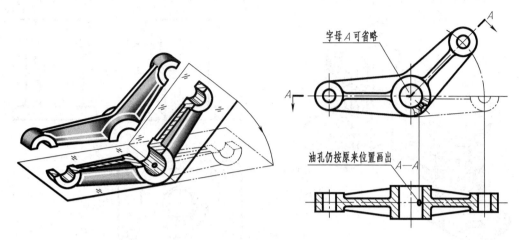

图 7-23　两相交剖切平面

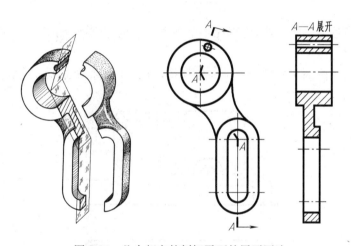

图 7-24　几个相交的剖切平面的展开画法

三、剖视图的种类

由于剖视图主要表达的是机件形状,某种程度上不得不舍去相同投射方向上机件外部结构形状的表达。为合理地解决机件内、外形的表达问题,国标规定:剖视图可画成全剖视图、半剖视图和局部剖视图三种。因此,在看、画剖视图时应根据机件的结构特点,结合国标的规定,综合考虑、合理地解决机件内、外形结构的取舍以及兼顾范围。

1. 全剖视图

用剖切面剖开机件完整地绘制所得的剖视图,称为全剖视图。全剖视图适用于表达外形比较简单而内部结构复杂且不对称的机件,如前面图例出现的剖视图都属于全剖视图。

2. 半剖视图

当机件具有对称平面时,以对称平面为界,一半画成剖视图,另一半画成视图,这种图形称为半剖视图。半剖视图适用于内外形状都需要表达的对称机件,如图 7-25 所示。

画半剖视图时,应注意以下几点:

(1)半个视图与半个剖视图的分界线是对称中心线而不应画成粗实线,如图 7-25 所示。

(2)在表示外形的半个视图中,一般不画虚线,但对于孔、槽应画出中心线位置。对于那些

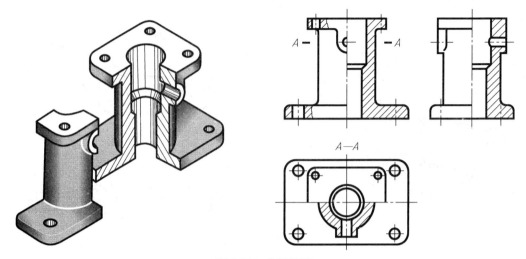

图 7-25　半剖视图

在半剖视图中未表达清楚的结构,可以在半个视图中作局部剖视,如图 7-25 的主视图所示。

3. 局部剖视图

用上述各种剖切面剖切机件局部地绘制所得的剖视图,称为局部剖视图,如图 7-26 所示。

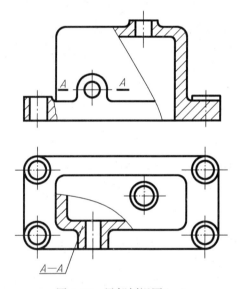

图 7-26　局部剖视图(一)

局部剖视图的剖切位置和剖切范围根据需要而定,是一种比较灵活的表达方法,运用得好可使图形表达的简洁清晰。

画局部剖视图时,应注意以下几点:

(1)画局部剖视图时,剖开部分与视图之间用波浪线分开。波浪线不应和其他图线重合,也不应超越被切开部分的外形轮廓线,如图 7-27 所示。

(2)如果对称机件轮廓线与对称中心线重合时,此时不宜采用半剖视图,应采用局部剖视图,如图 7-28 所示。

位置明显的采用单一剖切平面剖切的局部视图,可省略标注,如图 7-26 和图 7-28 所示。

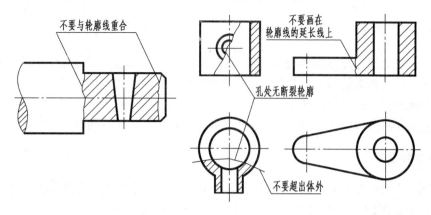

图 7-27　局部剖视图中波浪线的错误画法

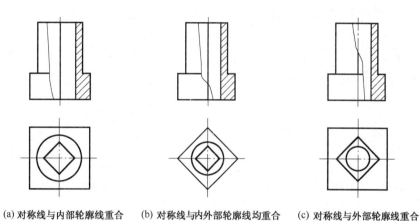

(a) 对称线与内部轮廓线重合　(b) 对称线与内外部轮廓线均重合　(c) 对称线与外部轮廓线重合

图 7-28　双称线与轮廓线重合时不宜采用半剖视图而采用局部剖视图

第三节　断　面　图

　　根据国标《机械制图》的规定,假想用剖切面剖开机件可得断面图和剖视图两种图形(图 7-29)。假想用剖切面剖开机件后,仅画出截断面的图形称为断面图,若将截断面和剖切面后机件的剩余部分一起向投影面投射所得图形称为剖视图。断面图主要用来表达机件某部分截断面的形状,如机件的肋、轮辐,轴的孔槽等。

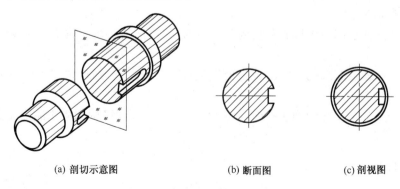

(a) 剖切示意图　　　　　(b) 断面图　　　　　(c) 剖视图

图 7-29　断面图与剖视图的区别

一、断面图的概念

断面图实际上就是使剖切平面垂直于结构要素的中心线（轴线或主要轮廓线）进行剖切，投射后只画出切口断面的形状，切口后面的投影不画。用这种方法表达机件上某一局部的断面形状更为清晰、简洁，便于标注尺寸。

断面图按其图形所画位置不同，分为移出断面图和重合断面图两种。

二、移出断面图

画在视图轮廓线外面的断面图形，称为移出断面图。移出断面图的轮廓线用粗实线绘制。

1．移出断面图的配置及标注

（1）移出断面图通常配置在剖切符号或剖切线的延长线上，如图 7-30（a）所示。必要时也可配置在其他适当的位置〔图 7-30(b) 中的 $A—A$ 和 $B—B$〕。

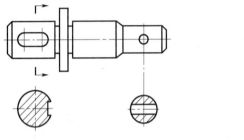

(a) 配置在剖切符号或剖切线的延长线上　　　(b) 配置在其他适当位置

图 7-30　移出断面图

（2）当断面图形对称时，移出断面图可配置在视图的中断处，如图 7-31 所示。

（3）剖切位置线应与剖切部位的轮廓线垂直（7-32）。

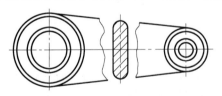　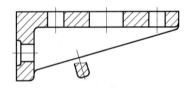

图 7-31　断面图画在基本视图的中断处　　　图 7-32　剖切部位与轮廓线垂直

（4）移出断面图在不致引起误解时，允许将图形旋转，如图 7-33(b) 所示。

2．移出断面图的画法

（1）当剖切面通过回转面形成的孔或凹坑的轴线时，这些结构应按剖视图绘制，如图 7-33(a) 所示。

（2）当剖切面通过非圆孔导致出现完全分离的两个断面时，则这些结构应按剖视图绘制，如图 7-33(b) 所示。

（3）由两个或多个相交的剖切平面剖切所得到的移出断面图中间应用波浪线断开绘制，如图 7-34 所示。

三、重合断面图

剖切后将断面图形重叠在视图上，这样得到的断面图称为重合断面图。

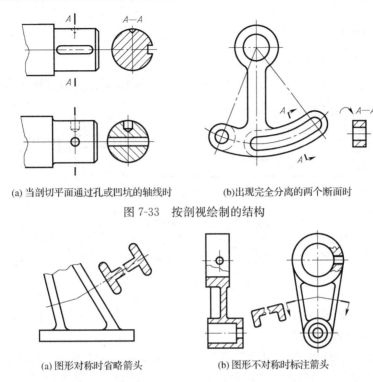

(a) 当剖切平面通过孔或凹坑的轴线时　　　(b) 出现完全分离的两个断面时

图 7-33　按剖视绘制的结构

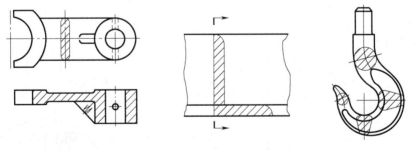

(a) 图形对称时省略箭头　　　　　　(b) 图形不对称时标注箭头

图 7-34　用两个相交的剖切平面剖切时断面图的画法

1. 重合断面图的画法

重合断面图的轮廓线用细实线绘制(图 7-35),当视图中轮廓线与重合断面图的图形重叠时,视图中的轮廓线仍应连续画出,不可间断,如图 7-35(b)所示。

2. 重合断面图的标注

对称的重合断面图一般不必标注如图 7-35(a)、(c)所示;不对称的重合断面图,在不致引起误解时可省略标注,如图 7-35(b)所示。

(a) 肋板的重合断面图　　　(b) 轮廓线必须连续画出,不可间断　　　(c) 图形对称可省略标注

图 7-35　重合断面的画法和标注

第四节　其他表达方法

为使图形清晰和画图简便,国家标准规定了局部放大图和简化画法。

一、局部放大图（GB/T 4458.1—2002）

机件上的某些细小结构，在视图中由于图形过小，而表达不清晰或不便于标注尺寸时，可将这些细小结构用大于原图形所采用的比例单独画出，称为局部放大图（图 7-36）。

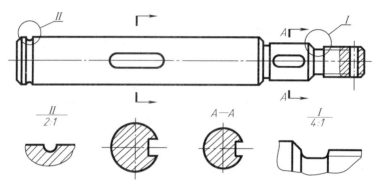

图 7-36　局部放大图

局部放大图可以画成视图、剖视图、断面图的形式，与被放大部分的表达形式无关，并应尽量配置在被放大部位的附近。

如图 7-36 所示，绘制局部放大图时，除螺纹牙型、齿轮和链轮的齿形外，应用细实线圈出被放大部位；当同一机件上有几个被放大的部分时，应用罗马数字依次标明被放大的部位，并在局部放大图的上方标注出相应的罗马数字和所采用的比例。

局部放大图上方所注的比例是指放大图形与机件实际大小之比，而不是与原图形之比。

二、简化画法（GB/T 16675.1—1996、GB/T 4458.1—2002）

为提高设计制图的效率和图样的清晰度，国家标准规定了简化技术图样的画法，现介绍几种常用的简化画法：

（1）剖视图中的简化画法。当回转体机件上均匀分布的肋、轮辐、孔等结构不处于剖切平面上时，可将这些结构旋转到剖切平面上画出（图 7-37）。

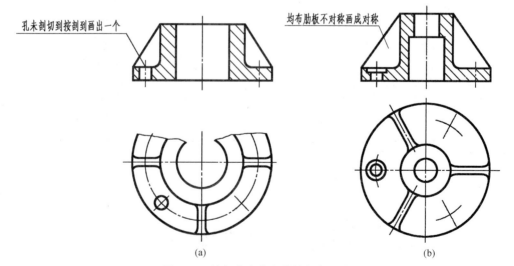

图 7-37　均匀分布孔和肋的规定画法

(2)相同结构要素的简化画法。当机件具有若干相同结构(如齿、槽等)时,只需画出几个完整的结构,其余用细实线连接,并注明该结构的总数,如图 7-37、图 7-38、图 7-39 所示。

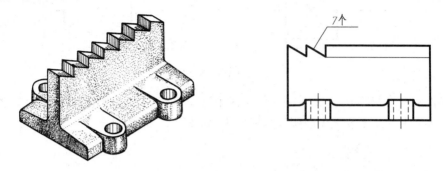

图 7-38 相同结构的简化画法(一)

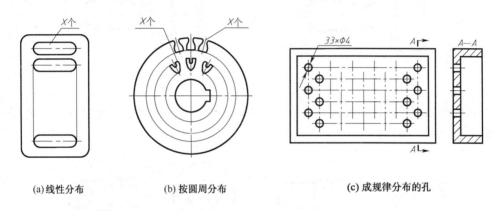

(a)线性分布   (b) 按圆周分布   (c) 成规律分布的孔

图 7-39 相同结构要素的简化画法(二)

(3)对称机件的视图可只画一半或 1/4,此时应在对称中心线的两端画出对称符号两条平行且与对称中心线垂直的细短画,如图 7-40 所示。也可画出略大于一半的图形如图 7-37(a)所示。

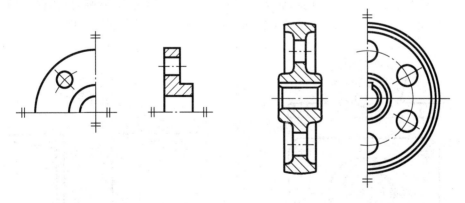

图 7-40 对称机件的局部视图

(4)当回转体机件上的平面在图形中不能充分表达时,可用两条相交的细实线表示这些平面,如图 7-41 所示。

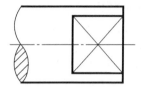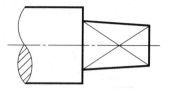

图 7-41　平面的简化画法

（5）机件上的滚花部分，通常采用在轮廓线附近用粗实线局部画出的方法表示，也可省略不画，而在零件上或技术要求中注明其具体要求，如图 7-42 所示。

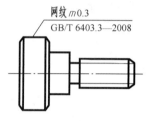

图 7-42　滚花的简化画法

（6）折断的画法。较长的机件（轴、杆、型材等）沿长度方向的形状一致或按一定规律变化时，可断开后缩短绘制（图 7-43）。

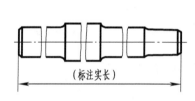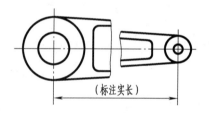

图 7-43　折断的规定画法

（7）倾斜角度小于或等于 30°的斜面上的圆或圆弧，其投影可用圆或圆弧代替（图 7-44）。

（8）型材（角钢、工字钢、槽钢等）中小斜度的结构，可按小端厚度画出（图 7-45）。

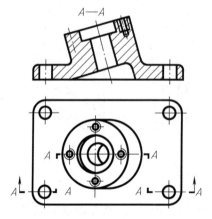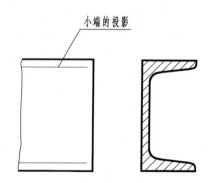

图 7-44　倾斜圆的规定画法　　　　　图 7-45　小斜度结构的规定画法

(9)相贯线、过渡线在不致引起误解时,可用圆弧或直线代替非圆曲线。相贯线也可采用模糊画法表示如图7-46(b),过渡线应用细实线绘制,且不宜与轮廓线相连,如图7-46(a)所示。

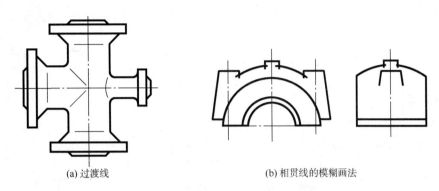

(a) 过渡线　　　　　　　　(b) 相贯线的模糊画法

图 7-46　过渡线和相贯线的简化画法

(10)机件上对称结构的局部视图,可按第三角投影绘制,如图7-47所示。

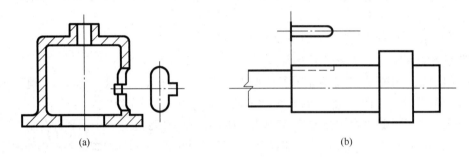

(a)　　　　　　　　　　(b)

图 7-47　按第三角画法配置的局部视图

习　　题

1. 基本视图与三视图的区别是什么?基本视图是否需要标注?
2. 什么是向视图?它与基本视图的区别是什么?
3. 什么是局部视图?什么情况下局部视图可以省略标注?
4. 什么是斜视图?符号⌒代表什么含义?
5. 简述剖视图的剖切方法、剖切位置和剖视图种类。
6. 局部放大图如何标注?简述局部放大图与机件的比例关系。
7. 断面图有几种?简述其特殊画法,什么情况下断面图可以省略标注?
8. 试述与相贯线有关的简化画法。

第八章

零 件 图

【学习目标】

1. 了解零件图的作用和内容,熟悉典型零件的表达方法。

2. 掌握识读零件图的方法,能正确识读中等复杂程度的零件图。

第一节　零件图概述

任何机器或部件都是由各种零件按一定要求装配而成的,图 8-1 所示为由 16 种零件装配而成的铣刀头装配轴测图。

图 8-2 所示是图 8-1 铣刀头中的 V 带轮零件图。

一张完整的零件图应具备以下内容:

1. 一组图形。用视图、剖视、断面及其他画法,将零件结构和形状正确、完整、清晰地表达出来。

2. 完整的尺寸。正确、完整、清晰、合理地注出零件所需的全部尺寸。

3. 技术要求。用规定的代号、数字、字母或另加文字注解简明、准确地给出零件在制造、检验或使用时应达到的各项技术要求及标准。如表面粗糙度、尺寸公差、形状与位置公差及热处理等。

4. 标题栏。标题栏一般应写明零件名称、材料、件数、比例以及设计、审核、批准人员签名和签名时间(年、月、日)等。

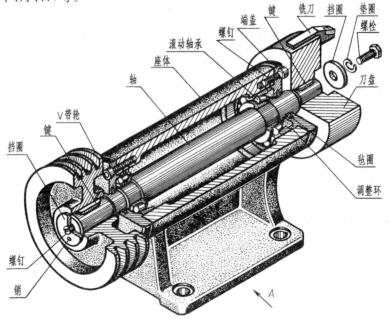

图 8-1　铣刀头的装配轴测图

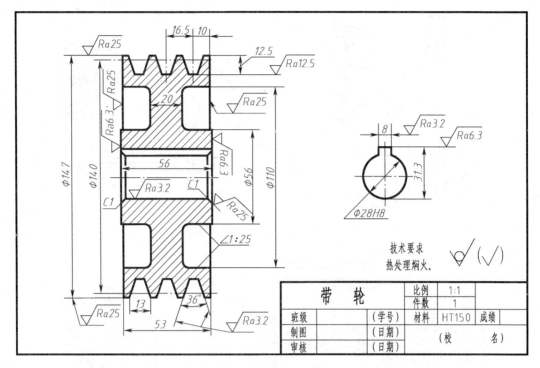

图 8-2 V 带轮零件图

第二节 零件图的视图选择

视图是零件图的主体内容,视图选择的正确与否直接影响着视图的表达效果和生产质量,因此在选择视图时要做到简明扼要,既满足生产上的需要,又便于画图和看图。在充分表达零件各部分结构、形状的条件下,尽量减少视图数量。为此,必须通过对零件的了解合理地选择主视图和其他视图,通过比较确定一个较好的表达方案。

一、主视图的选择

1. 形状特征原则

主视图是一组视图的核心,应选择形状特征信息量最多的那个视图作为主视图。选择时通常应先确定零件的安放位置,再确定主视图的投射方向。

2. 工作位置原则

选择主视图要尽量考虑零件在机器中的工作位置,这样能较容易地想象出该零件的工作情况,便于画图与看图。图 8-3 中的吊钩和前拖钩的主视图就是根据它们的形状特征和工作位置选择的。

3. 加工位置原则

盘盖、轴套等以回转体构形为主的零件,主要在车床或外圆磨床上加工,应尽量符合零件的主要加工位置,即轴线水平放置,此原则为加工位置原则。这样在加工时可以直接图、物对照,便于看图,如图 8-4 所示。

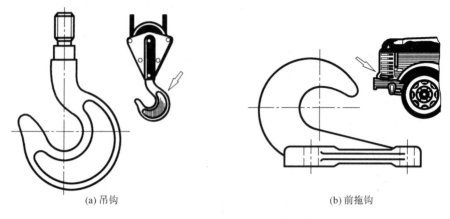

(a) 吊钩　　　　　　　　　　　　　　　(b) 前拖钩

图 8-3　吊钩与前拖钩主视图的选择

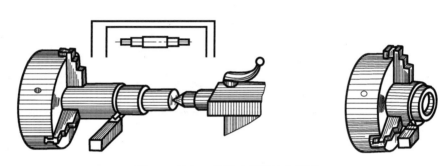

图 8-4　按加工位置选择轴的主视图

　　上述几条选择主视图的原则在实践中应灵活运用、综合考虑其他视图,一般原则是优先考虑基本视图,并在基本视图上作剖视图、断面图。根据零件内外形状的复杂程度,合理选用其他辅助视图(向视图、局部视图、斜视图等),所用的每一个视图都有其表达重点,在表达清楚、完整的情况下应采用较少的视图,选出最为合理的表达方案。

二、典型零件的表达特点

　　零件的种类很多,结构形状也千差万别,根据其结构和用途的特点,一般将零件分为轴(套)类、轮(盘)类、箱体类、叉架类四种典型零件。

　　1. 轴(套)类零件

　　这类零件主要有轴、套筒和衬套等。其基本形状为同轴回转体(曲轴例外),在轴上通常带有键槽、销孔、退刀槽等局部结构。轴套类零件主要由车床、镗床加工,按形状特征及加工位置原则,一般将主视图的轴线水平放置,再根据各部分的结构特点选用断面图、局部放大图等。

　　如图 8-5 所示为轴的零件图。其主视图按形状特征和加工位置的原则,将轴线水平放置,轴的直径尺寸数字前加"ϕ",即可表示出该轴的基本形状。对于轴上的两键槽则采用两个移出断面和一个局部视图来表达。

　　如图 8-6 所示为套类零件图。其结构一般比轴简单一些,表达方法与轴基本相同。

　　2. 盘盖类零件

　　盘盖类零件可起支承、定位和密封等作用。

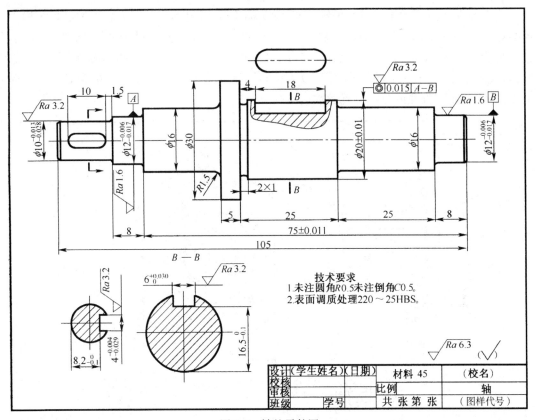

图 8-5　轴的零件图

技术要求
1.未注圆角R0.5未注倒角C0.5。
2.表面调质处理220～25HBS。

设计(学生姓名)	(日期)	材料 45	(校名)
校核		比例	轴
审核			
班级	学号	共张第张	(图样代号)

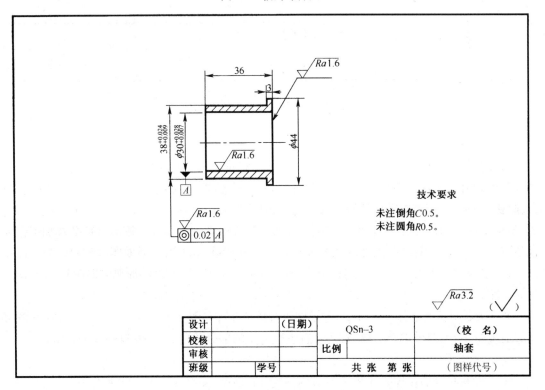

技术要求

未注倒角C0.5。
未注圆角R0.5。

设计		(日期)	QSn-3	(校　名)
校核			比例	轴套
审核				
班级	学号		共张 第张	(图样代号)

图 8-6　轴套的零件图

　　这类零件主要有齿轮、带轮、手轮、法兰盘及端盖等,其基本形状多为扁平的盘状结构。盘盖类零件主要在车床上加工,在机器中的工作位置也多为轴线呈水平状态。如图 8-7 所示为法兰盘的零件图,主视图按工作位置放置,用两个相交的剖切平面获得的全剖视图,表达零件的内、外部形状,加上一个局部放大图,以表达砂轮越程槽的结构及尺寸。左视图是个基本视图,表达法兰盘零件孔的分布位置及数量。

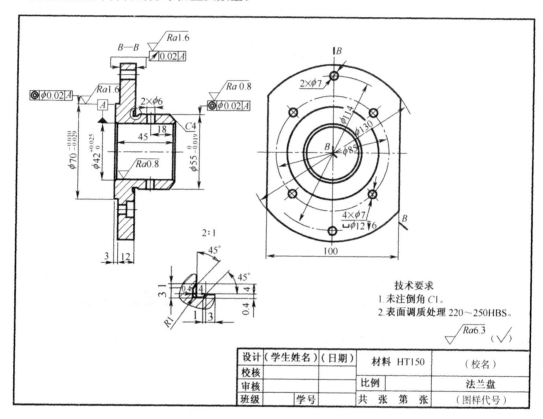

图 8-7　法兰盘的零件图

3. 箱体类零件

　　箱体类零件一般是机器的主体,起容纳、支承、定位、密封和保护等作用。这类零件主要有各种泵体、阀体、变速箱箱体、机座等,其结构形状比较复杂,一般为中空的壳体,并有轴孔、凸台、肋板、底板、连接盘类零件的螺孔等结构。箱体类零件毛坯多为铸件,需经多道工序加工而成,装夹位置不固定,因此一般按工作位置和形状特征原则来选择主视图。主视图常采用各种视图、全剖视图、半剖视图、局部剖视图等来表达主要结构,由于箱体类零件外形和内腔都很复杂,基本视图往往需采用多个,对于基本视图还没有表达清楚的结构,再配以局部视图等其他辅助视图来表达。

　　如图 8-8 所示为缸体的零件图,主视图为缸体的工作位置和形状特征的视图,俯视图采用局部剖视图,左视图采用全剖视图,还没有表达清楚的部分采用 A 向视图。

4. 叉架类零件

　　叉架类零件包括各种叉杆和支架,通常起传动、连接、支承等作用。此类零件形状不规则,外形比较复杂,常有弯曲或倾斜结构,并带有肋板、轴孔、耳板、底板、螺孔等结构。

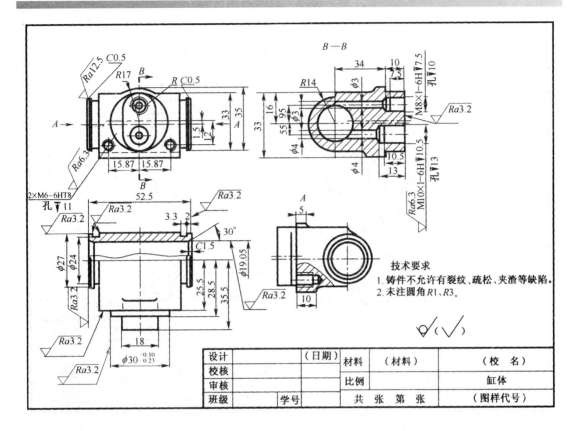

图 8-8 缸体的零件图

零件毛坯多为铸件或锻件,需经多种机械加工才能得到最终成品。所以其主视图主要按形状特征原则和工作位置或自然安放时的平稳位置画出。当工作位置倾斜或不固定时,也可将主视图摆正画出。主视图和其他基本视图大多用局部剖视图,兼顾表达叉架类零件的内、外形状,而倾斜结构常用斜视图或用不平行于基本投影面的平面剖切获得的斜剖视图和断面图来表达。

如图 8-9 所示为摇把的零件图,采用了主、俯两个基本视图,均采用了局部剖视,主视图还采用了重合断面来表达摇把杆断面的形状。

第三节　零件图上的尺寸标注

零件图上的尺寸是加工和检验零件的重要依据,因此尺寸标注是零件图中重要的内容之一。零件图尺寸标注的要求是完整、正确、清晰、合理。前面所讲的尺寸注法侧重于尺寸标注的完整、正确、清晰。本节着重介绍零件图中尺寸标注的合理性问题,即所标注的尺寸必须符合设计要求和生产工艺的要求。

一、尺寸基准的确定

零件的尺寸基准是指零件在设计、加工、测量和装配时,用来确定尺寸起始点的一些面、线或点。为了使零件图标注的尺寸既符合设计要求,又便于加工、测量,就需要恰当的选择尺寸

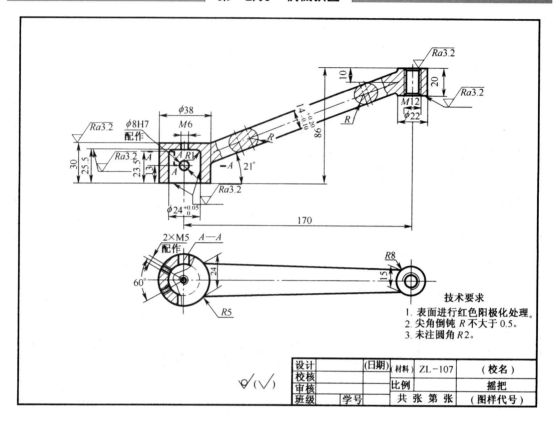

图 8-9　摇把的零件图

基准。根据尺寸基准的作用和性质的不同，一般将基准分为设计基准和工艺基准；主要基准和辅助基准。通常选择零件上一些重要的平面（如工作面、对称平面、主要）及主要轴线作为尺寸基准。

1. 设计基准和工艺基准

根据零件的结构和设计要求所选定的基准称为设计基准。通常选择零件结构中一些重要的几何要素作为设计基准，如中心线、轴线、端面、底面等。工艺基准是为便于零件结构的加工和测量而选定的基准。

如图 8-10 所示，轴承座选择底面作为高度方向的主要基准（设计基准），顶面作为辅助基准（工艺基准）。选择左右方向的对称平面作为长度方向设计基准，选择前后方向的对称平面作为宽度方向设计基准。

如图 8-11 所示的阶梯轴，在车床上加工外圆时，车刀的最终位置是以右端面为基准来测定的，因此，右端面即是轴向尺寸的工艺基准。

当然，最好能把设计基准与工艺基准统一起来。这样，既能满足设计要求，又能满足工艺要求。如两者不能统一，以保证设计要求为主。

2. 要注意的问题

(1)辅助基准与主要基准之间一定要有尺寸联系如图 8-10 中的尺寸 E。

(2)主要基准应尽量为设计基准。

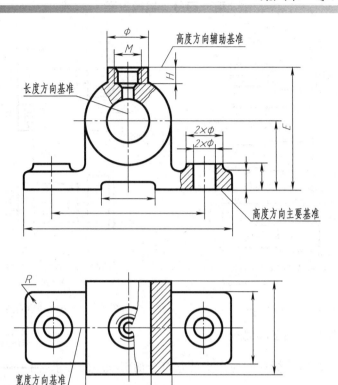

图 8-10 轴承座的尺寸基准

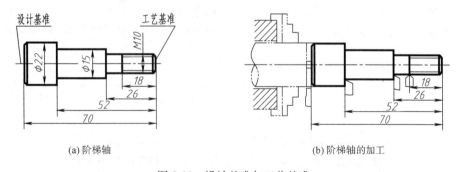

(a) 阶梯轴   (b) 阶梯轴的加工

图 8-11 设计基准与工艺基准

二、避免出现封闭尺寸链

在图 8-12 中,尺寸 A、B、C 与 L 互相衔接构成了一个封闭的尺寸链。在这个封闭的尺寸链中,总有一个尺寸是其他尺寸加工完毕后自然得到的尺寸,称为封闭环。其他各尺寸则称为组成环。如果图中 A、B、C 与 L 都注上尺寸而成为封闭形式,则称为封闭尺寸链。由于各段尺寸加工都有一定误差,如各组成环 A、B、C 的误差分别是 ΔA、ΔB、ΔC,则封闭环 L 的误差 $\Delta L = \Delta A + \Delta B + \Delta C$ 是各组成环误差的总和,而且封闭环的误差将随着组成环的增多而加大,导致不能满足设计要求。因此,通常将尺寸链中不重要的尺寸作为封闭环,不注尺寸或注上尺寸后加括号作为参考尺寸,使制造误差集中到封闭环上,从而保证重要尺寸的精度。

图 8-13(b) 中选择一段不重要的尺寸空出不注,使轴的尺寸避免注成封闭的尺寸链。

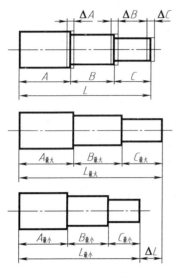

图 8-12　尺寸链分析

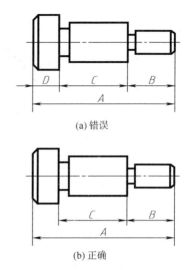

(a) 错误

(b) 正确

图 8-13　避免注成封闭的尺寸链

三、标注尺寸要便于加工和测量

凡属于加工的尺寸,在标注时应考虑使它符合加工顺序的要求,便于加工。同时还应满足便于测量的要求。

1. 按加工顺序标注尺寸

按加工顺序标注尺寸符合加工过程。如图 8-14 所示的低速轴,标注它的轴向尺寸时,先要考虑各轴段外圆的加工顺序,如图 8-15 所示。按照这个加工过程(从一端起,由大径到小径依次加工)注出的尺寸,既便于加工又便于测量。$\phi 35$ mm 的轴颈长度尺寸 17 mm 应单独注出,因为它与滚动轴承装配在一起,其长度与轴承宽度有关,这样标注可保证其尺寸精度,进而保证装配质量和精度。

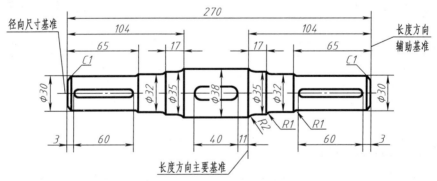

图 8-14　低速轴的尺寸标注

2. 按加工要求标注尺寸

图 8-16 所示的退刀槽,其宽度尺寸 3 mm 是由切槽刀的宽度决定的,所以应将该尺寸单独注出来。图 8-16(b) 中所注尺寸不便于退刀槽的加工。

3. 按测量要求标注尺寸

零件所注的尺寸,要考虑在加工过程中测量方便。图 8-17(a) 孔深尺寸的测量就很方便,而图 8-17(b) 的注法,使尺寸 A 难以测量故不合理。

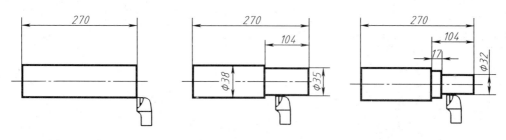

(a) 粗车外圆，车两端面，打中心孔　　(b) 粗、精车外圆φ38，车轴颈φ35　　(c) 精车轴颈φ32

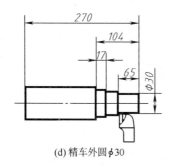

(d) 精车外圆φ30

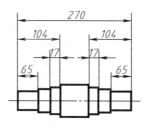

(e) 调头车另一端，加工顺序与上述步骤相同

图 8-15　低速轴的加工顺序和尺寸标注

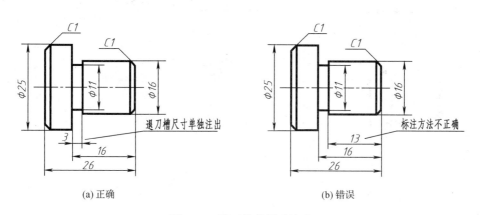

(a) 正确　　　　　　　　　　　　　　(b) 错误

图 8-16　退刀槽的尺寸注法

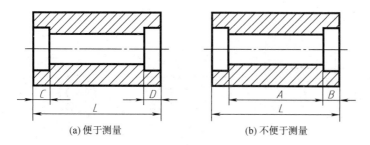

(a) 便于测量　　　　　　　　　　　　(b) 不便于测量

图 8-17　尺寸标注要便于测量

四、零件上常见结构要素的标注

零件上的螺孔、光孔、沉孔等结构的尺寸注法见表 8-1。

表 8-1　常见结构要素的尺寸注法

零件结构类型		标注方法	简化注法	说　明
光孔	一般孔	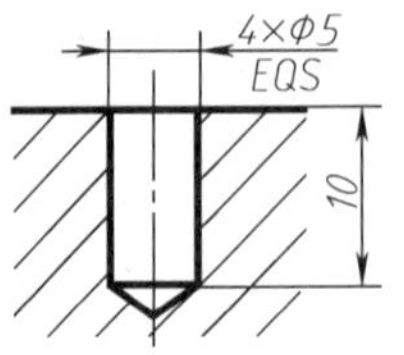 4×φ5 EQS（深10）	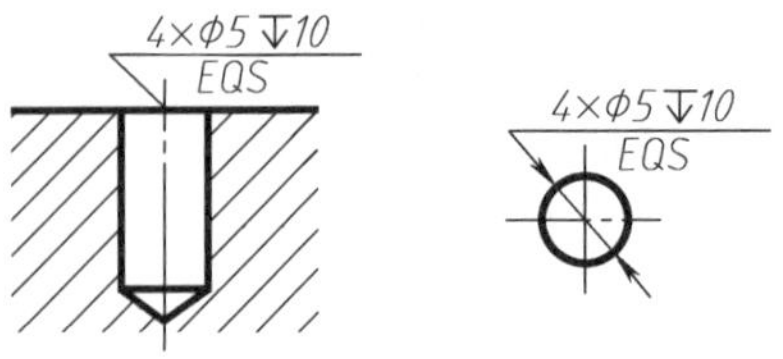 4×φ5▽10 EQS；4×φ5▽10 EQS	▽为深度符号；4×φ5 mm 表示有规律分布的 4 个直径为 5 mm 的光孔；孔深可与孔径连注，也可分开注出
	锥销孔	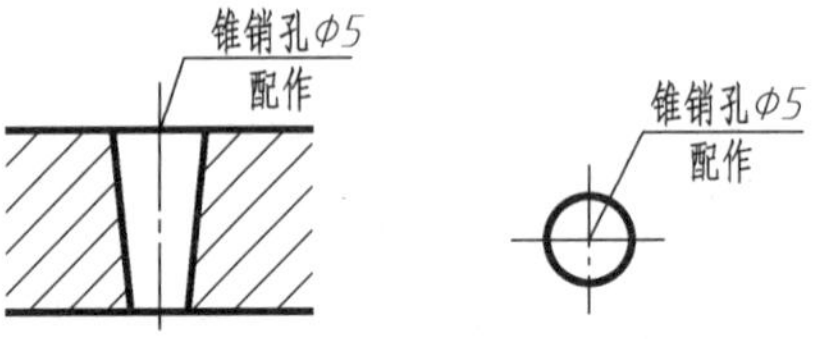 锥销孔φ5 配作	锥销孔φ5 配作	φ5 为与锥销孔相配的圆锥销的小头直径。锥销孔通常是相邻两零件装配后一起加工的
螺孔	通孔	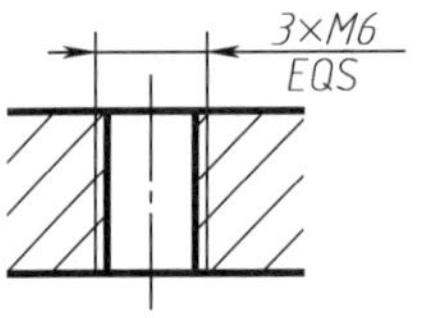 3×M6 EQS	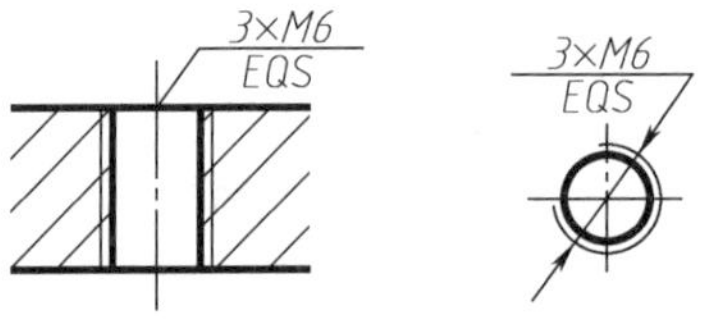 3×M6 EQS；3×M6 EQS	EQS 表示均布；3×M6 表示有规律分布的 3 个大径为 6 mm 的螺孔；可以旁注，也可直接注出
	不通孔	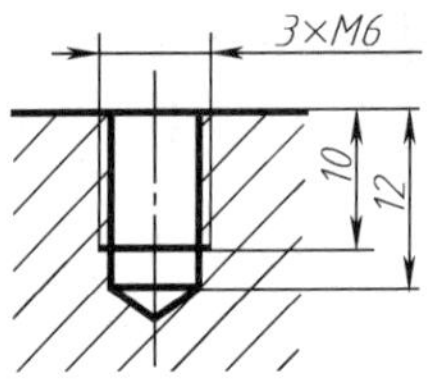 3×M6（10、12）	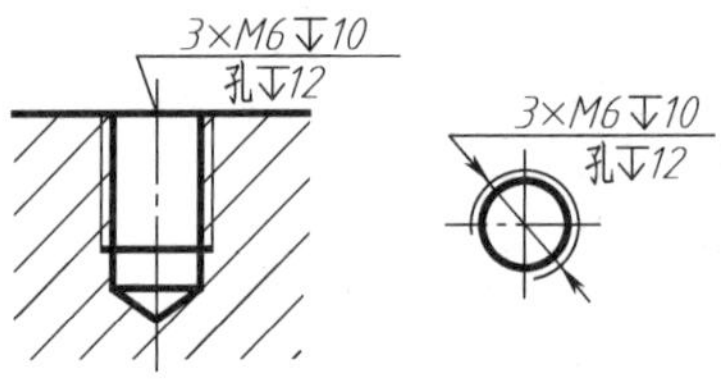 3×M6▽10 孔▽12；3×M6▽10 孔▽12	需要注出钻孔深时，应明确标注钻孔深尺寸
沉孔	锥形沉孔	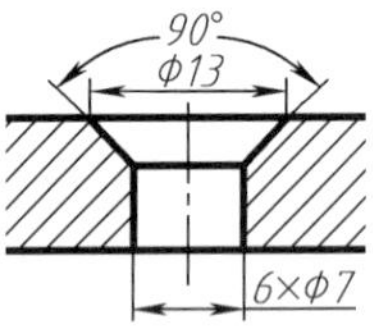 90° φ13 / 6×φ7	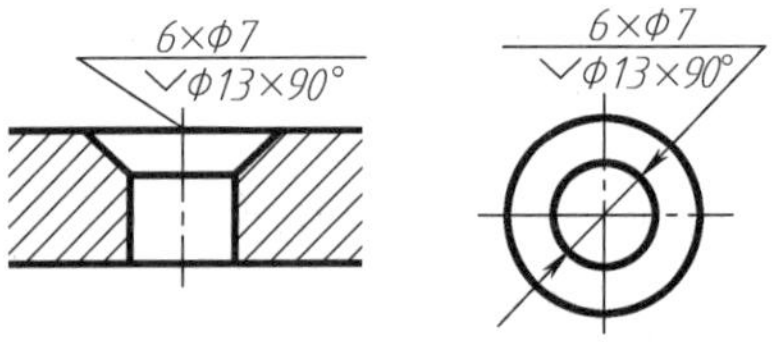 6×φ7 ▽φ13×90°；6×φ7 ▽φ13×90°	▽为埋头孔符号；6×φ7 mm 表示有规律分布的 6 个直径为 7 mm 的孔。锥形部分尺寸可以旁注；也可直接注出
	柱形沉孔	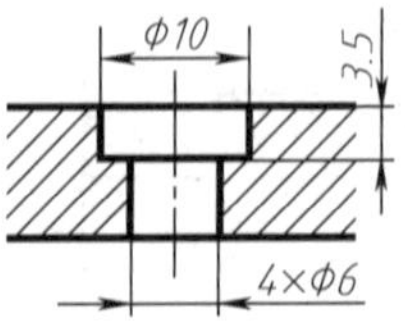 φ10、3.5、4×φ6	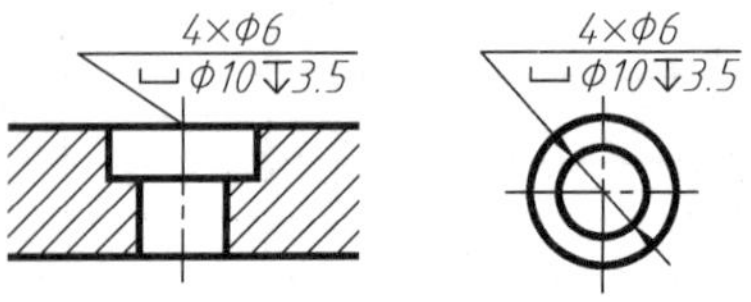 4×φ6 ⊔φ10▽3.5；4×φ6 ⊔φ10▽3.5	⊔为沉孔及锪平孔符号；4×φ6 mm 的意义同上。柱形沉孔的直径为 10 mm，深度为 3.5 mm，均需注出
	锪平面	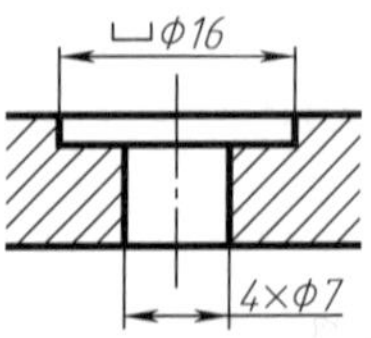 ⊔φ16、4×φ7	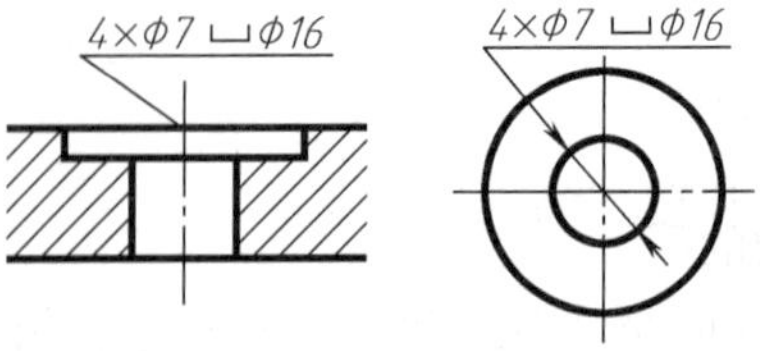 4×φ7 ⊔φ16；4×φ7 ⊔φ16	锪平孔φ16 mm 的深度不需标注，一般锪平到不出现毛面为止

第四节 零件图上的技术要求

零件图上除了表达零件结构形状与大小的视图和尺寸以外,还有制造零件应达到的精度和质量指标,称技术要求,以保证零件的制造精度,满足零件的使用性能。通过图 8-2 的零件图看到零件图中用代号、符号或文字注写的技术要求有:表面结构、极限与配合、形状与位置公差、材料的热处理及表面处理等。下面简要介绍技术要求的有关内容及其注写方法。

一、表面结构

1. 表面结构的基本概念

表面结构包括表面粗糙度、表面波纹度、表面缺陷、表面纹理、表面几何形状等多项技术指标,它们在零件的加工过程中,同时生成并存在于同一表面中,对零件的外观、加工成本以及使用(如零件的配合质量、耐磨性、抗腐蚀性、接触强度、抗疲劳强度、密封性等)都有直接和重要的影响。

表面结构在图样中的表示涉及以下参数:

(1)轮廓参数(与 GB/T 3505—2009 相关),包括 R 轮廓(粗糙度参数);W 轮廓(波纹度参数);P 轮廓(原始轮廓参数)。

(2)图形参数(与 GB/T 18618—2009 相关),包括粗糙度图形;波纹度图形。

(3)支承率曲线参数(与 GB/T 18778.1—2002 和 GB/T 18778.3—2003 相关)。

为了满足零件表面不同的功能要求,相关的国家标准规定了这些参数相应的评定指标。机械图样中常用的评定参数是 R 轮廓(粗糙度参数)中的两个高度参数 Ra 和 Rz。

2. Ra 和 Rz 参数

(1)轮廓算术平均偏差 Ra

如图 8-19 所示,在零件表面的一段取样长度(用于判别具有表面粗糙度特征的一段基准线长度)内,轮廓偏距绝对值 y(表面轮廓上的点至基准线的距离)的算术平均值,称轮廓算术平均偏差,用 Ra 表示。

(2)轮廓最大高度 Rz

如图 8-19 所示,在取样长度内轮廓峰顶线和轮廓谷底线之间的距离,称轮廓最大高度,用 Rz 表示。它在评定某些不允许出现较大加工痕迹的零件表面时有实用意义。

图 8-18 表面的微观几何形状

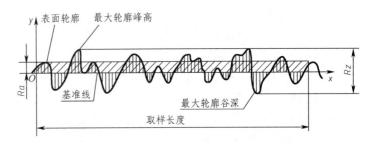

图 8-19 轮廓的形状曲线和表面精糙度参数

3. 标注表面结构的图形符号

GB/T 131—2006 规定了表面结构的图形符号。在技术产品文件中对表面结构的要求可用几种不同的图形符号表示。每种符号都有特定的含义。表 8-2 给出了表面结构图形符号的类型和含义。

表 8-2　表面结构图形符号的类型和含义

符　　　号	含义及说明
√	基本符号,仅用于简化代号标注。当不加注参数值或补充说明时,不能单独使用。若加注参数值或补充说明时,则表示获得指定表面的方法不定
√	扩展图形符号一。基本符号加一短画,表示指定表面是用去除材料的方法获得,如:车、铣、钻、刨、磨、剪切、抛光、腐蚀、电火花加工等
√	扩展图形符号二。基本符号加一内切圆,表示表面是用不去除材料的方法获得,如:铸、锻、轧、冲压等
√　　√　　√ (a)　　(b)　　(c)	完整图形符号。当要求标注表面结构特征的补充信息时,应在上述三个符号的长边上加一横线 在报告和合同文本中,用文字 APA 表示图(a)所示符号,MRR 表示图(b)所示符号,NMR 表示图(c)所示符号
√　　√　　√	当在图样某个视图上构成封闭轮廓的各部分有相同的表面结构要求时,应在完整图形符号上加一圆圈

4. 表面结构要求与图形符号的相对位置

为了明确表明结构要求,除了标注表面结构参数和极限值外,必要时应标注补充要求。补充要求包括传输带、取样长度、加工工艺、表面纹理及方向、加工余量等,它们在图形符号中的注写位置如图 8-20 所示,图中的字母含义如下:

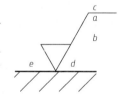

图 8-20　参数及补充要求的注写位置

a——注写单一表面的单一要求(即表面结构参数代号、极限值、传输带或取样长度);

b——注写表面结构的第二个或多个要求(表面结构参数代号、极限值、传输带或取样长度);

c——注写加工方法、表面处理、涂层或其他加工工艺要求(如车、铣、磨等);

d——注写表面纹理和方向符号;

e——注写加工余量(单位为毫米)。

5. 表面结构要求的标注

(1)表面结构要求的注写和读取方向应与尺寸的注写和读取方向一致,表面结构的符号应从材料外指向表面并接触表面,所标注的表面结构要求是对完工零件表面的要求。表面结构要求对每一表面一般只标注一次,可标注在可见轮廓线、尺寸界线、引出线或它们的延长线上,尽可能注在相应的尺寸及其公差的同一视图上,并尽可能靠近有关的尺寸线。必要时可用带箭头或黑点的指引线引出标注,如图 8-21 所示。

(2)在不致引起误解时,表面结构要求可标注在尺寸线上,也可标注在形位公差框格上方(图 8-22)。

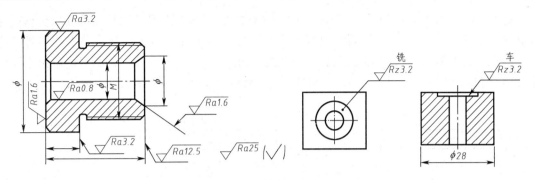

图 8-21 表面结构要求的标注

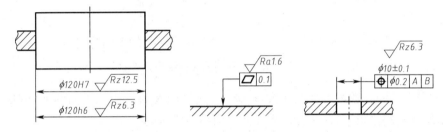

图 8-22 表面结构要求的标注

（3）圆柱和棱柱表面的表面结构要求只标注一次，如果每个棱面有不同的表面结构要求，则应分别单独标注（图 8-23）。

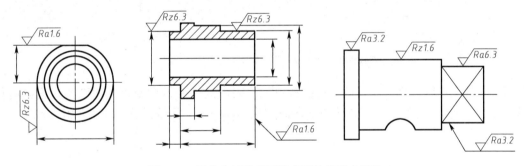

图 8-23 圆柱和棱柱表面的表面结构要求标注

（4）当图样的某个视图上构成封闭轮廓的各表面有相同的表面结构要求时，在不致引起误解的情况下，可在表面结构符号上加一圆圈，标注在视图的封闭轮廓线上，如图 8-24 所示。

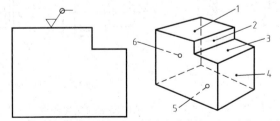

注：图示表面结构符号是指对图形中封闭轮廓的六个面的共同要求
（不包括前、后两个表面）

图 8-24 对周边各面有相同的表面结构要求的注法

(5)如果工件的多数(包括全部)表面有相同的表面结构要求,则其表面结构要求可统一标注在图样的标题栏附近。此时(除全部表面有相同要求的情况外),表面结构要求的符号后应有:在圆括号内给出无任何其他标注的基本符号,如图 8-25(a)所示,或在圆括号内给出不同的表面结构要求,如图 8-25(b)所示。不同的表面结构要求应直接标注在图形中。

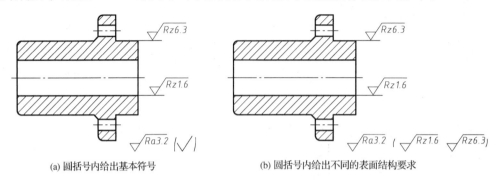

(a) 圆括号内给出基本符号　　　　　　(b) 圆括号内给出不同的表面结构要求

图 8-25　大多数表面有相同的表面结构要求的标注

也可用带字母的完整符号如图 8-26(a)所示,或只用表面结构符号如图 8-26(b),以等式形式,在图形或标题栏附近,简化标注有相同表面结构要求的表面。

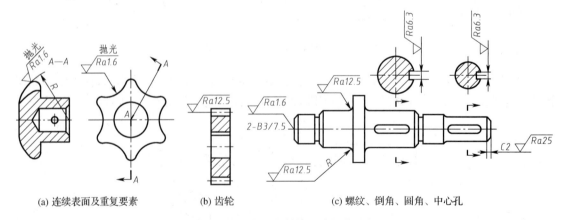

(a) 带字母的完整符号　　　　　　　　(b) 只用表面结构符号

图 8-26　多个表面有结构要求的简化标注

(6)零件上连续表面及重复要素(孔、槽、齿等)表面的表面结构要求可用细实线连接简化标注。螺纹、倒角、圆角、中心孔等标准结构的表面结构要求也可简化标注(图 8-27)。

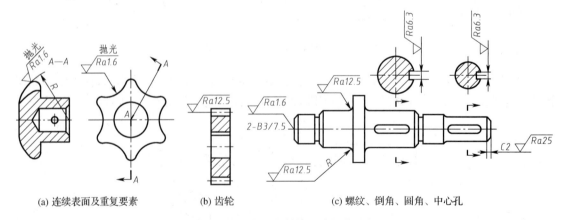

(a) 连续表面及重复要素　　(b) 齿轮　　(c) 螺纹、倒角、圆角、中心孔

图 8-27　多个表面有结构要求的简化标注

(7)由几种不同的工艺方法获得同一表面,并需要明确每种工艺方法的表面结构要求时,可分别标注如图 8-28 所示。

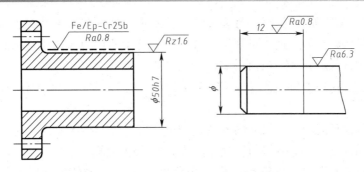

图 8-28　不同的工艺方法获得同一表面的表面结构要求的注法

二、极限与配合

在同一规格的一批零件中任取其一,不需任何挑选或附加修配就能装到机器上,达到规定的性能要求,这样的一批零件就称为具有互换性的零件。例如自行车、手表的零件,就是按互换性要求生产的。当手表或自行车零件损坏后,修理人员很快就可用同样规格的零件替换,恢复手表和自行车的性能。零件具有互换性,不但简化了机器的装配和修理工作,更重要的是为机器的专业化、批量化、标准化生产提供了可能性,使得机器的生产周期缩短、成本降低、生产率提高。

用什么方法可使零件具有互换性,或者说零件具有互换性的保证是什么呢? 简单地说就是公差与配合。

1. 公差的有关术语(图 8-29)

在零件的加工过程中,由于机床精度、刀具磨损、测量误差等因素的影响,不可能把零件的尺寸做得绝对准确。为保证互换性,需把零件尺寸的加工误差限制在一定范围内,规定出尺寸的变动量,零件尺寸的允许变动量就称为"公差"。

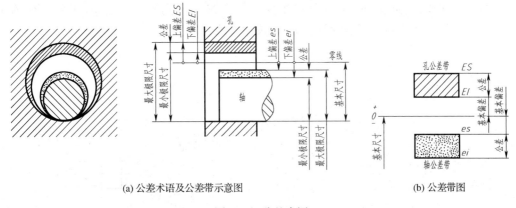

(a) 公差术语及公差带示意图　　　　　(b) 公差带图

图 8-29　公差术语

(1)基本尺寸。根据零件强度、刚度、结构和工艺要求,设计确定的尺寸。是计算极限尺寸和极限偏差的起始尺寸。

(2)实际尺寸。通过测量获得的尺寸。

(3)极限尺寸。允许尺寸变化的两个极限值。两个极限尺寸中较大的一个称为最大极限尺寸,较小的一个称为最小极限尺寸。

(4)尺寸偏差(简称偏差)。某一极限尺寸减其基本尺寸的代数差。最大极限尺寸减其基本尺寸的代数差称为上偏差;最小极限尺寸减其基本尺寸的代数差为下偏差;上、下偏差统称为极限偏差。偏差可以为正值、负值或零。

国家标准规定:孔的上偏差代号为 ES,下偏差代号为 EI;轴的上偏差代号为 es,下偏差代号为 ei。

(5)尺寸公差(简称公差)。尺寸的允许变动量。公差等于最大极限尺寸与最小极限尺寸的代数差的绝对值;也等于上偏差与下偏差的代数差的绝对值。

(6)公差带和公差带图。在公差带图中,由代表上、下偏差的两条直线所限定的一个区域,叫公差带。在国标中,公差带包括了"公差带大小"与"公差带位置"两个参数,前者由标准公差等级确定后者由基本偏差确定。

2. 公差带分析

为便于分析,将尺寸公差与基本尺寸的关系,按比例放大画成简图,称为公差带图,在公差带图中,上、下偏差的距离应成比例,公差带方框的左右长度则根据需要任意确定。一般用斜线表示孔的公差带,加点表示轴的公差带,如图 8-29(b)所示。

(1)公差等级及标准公差。确定尺寸精确程度的等级称作公差等级。国家标准将公差等级分为 20 级:IT01、IT0、IT1…IT18,从 IT01 至 IT18。IT 表示标准公差,公差等级代号用阿拉伯数字表示,等级依次降低,而相应的公差值依次增大。标准公差是基本尺寸的函数,对于一定的基本尺寸,公差等级愈高,标准公差值愈小,尺寸的精确程度愈高。国标把小于等于 500 mm 的基本尺寸范围分成 13 段,按不同的公差等级列出了各段基本尺寸的公差值,可从相关的国家标准中查取。

(2)基本偏差。用来确定公差带相对于零线位置的上偏差或下偏差,国标规定靠近零线的那个偏差为基本偏差。可总结出规律:当公差带位于零线上方时,基本偏差为下偏差;位于零线下方时,基本偏差为上偏差。

根据实际需要,国家标准分别对孔和轴各规定了 28 个不同的基本偏差,如图 8-30 所示。孔和轴的基本偏差数值表,可从相关的国家标准中查取。

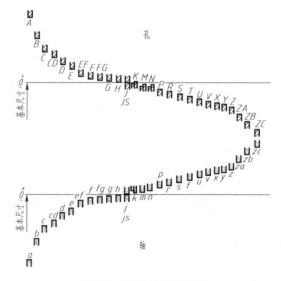

图 8-30　基本偏差系列图

从图 8-30 所示的基本偏差系列图中可知：

基本偏差用拉丁字母（一个或两个）表示，大写字母代表孔，小写字母代表轴。轴的基本偏差从 $a\sim h$ 为上偏差，从 $j\sim zc$ 为下偏差。js 的上下偏差分别为 $+IT/2$ 和 $-IT/2$。h 的基本偏差为零，用于基轴制的基准轴。

孔的基本偏差从 $A\sim H$ 为下偏差，从 $J\sim ZC$ 为上偏差。JS 的上下偏差分别为 $+IT/2$ 和 $-IT/2$。H 的基本偏差为零，用于基孔制的基准孔。

（3）公差计算示例。在基本偏差系列图中，仅封闭了公差带基本偏差的一端，因为公差带的位置已由基本偏差确定，公差带的另一端未封闭，因为它表示公差带的大小，其位置取决于标准公差等级和这个基本偏差的组合。称孔和轴的另一个偏差，可根据孔和轴的基本偏差和标准公差，按下列关系式计算：

轴的另一个偏差（上偏差或下偏差）：$es=ei+IT$ 或 $ei=es-IT$

孔的另一个偏差（上偏差或下偏差）：$ES=EI+IT$ 或 $EI=ES-IT$

（4）孔、轴的公差带代号的含义。由基本偏差与公差等级代号组成，并用相同大小的数字和字母书写。例如孔 50H8 和轴 50f7 的公差带代号（公差带的大小、位置要素）含义如下：

50H8
└─公差等级代号（公差带的大小要素），此例中为 8 级
└─孔的基本偏差代号（公差带的位置要素），此例中为 H（即基准孔）的孔
└─基本尺寸，此例中为 50

50f7
└─公差等级代号（公差带的大小要素），此例中为 7 级
└─轴的基本偏差代号（公差带的位置要素），此例中为 f
└─基本尺寸，此例中为 50

3. 配合及其基准制

在机器装配中，将基本尺寸相同的孔和轴装配在一起，其孔、轴公差带之间的关系称为配合。

（1）配合的基准制。国标对配合规定了两种基准制，即基孔制与基轴制。

基孔制——基本偏差为一定的孔的公差带，与具有不同基本偏差的轴的公差带形成各种配合。基孔制的孔为基准孔，如图 8-31(a) 所示。国标规定基准孔的下偏差为基本偏差，其值为零，基准孔的代号为"H"。

基轴制——基本偏差为一定的轴的公差带，与具有不同基本偏差的孔的公差带形成各种配合。基轴制的轴为基准轴，如 8-31(b) 所示。国标规定基准轴的上偏差为基本偏差，其值为零，基准轴的代号为"h"。

（2）配合种类。根据孔、轴公差带的相对位置不同或两配合零件间结合面的性质不同，配合分为三大类。

①间隙配合——孔的公差带完全在轴的公差带之上，任取其中一对孔和轴相配都成为具有间隙的配合（包括最小间隙为零的配合），如图 8-32(a) 所示。由于孔和轴有公差，所以实际间隙量的大小随孔和轴的实际尺寸而变化。孔的最大极限尺寸减轴的最小极限尺寸所得的代数差，称为最大间隙；孔的最小极限尺寸减轴的最大极限尺寸所得的代数差，称为最小间隙。

②过盈配合——孔的公差带完全在轴的公差带之下，任取其中一对孔和轴相配都成为具有过盈的配合（包括最小过盈为零的配合），如图 8-32(b) 所示。同理，实际过盈量也随着孔和

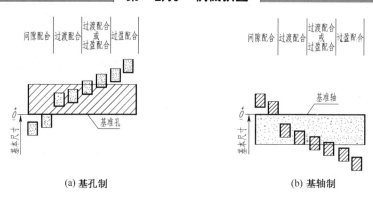

图 8-31　配合的基准制

轴的实际尺寸而变化。孔的最小极尺寸减轴的最大极限尺寸所得的代数差。称为最大过盈；孔的最大极限尺寸减轴的最小极限尺寸所得的代数差,称为最小过盈。

③过渡配合——孔和轴的公差带相互交迭,任取其中一对孔和轴相配,其配合可能具有间隙,也可能具有过盈,如图 8-32(c)所示。在过渡配合中,配合的极限情况是最大间隙和最大过盈。

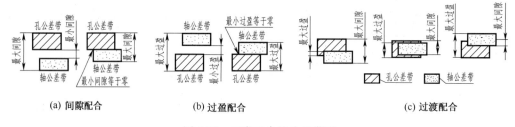

图 8-32　三类配合的公差带图

4. 公差与配合的标注

(1)在装配图中的标注。配合代号由两个相互配合的孔和轴的公差带代号组成,用分数形式表示,分子为孔的公差带代号,分母为轴的公差带代号,通用形式如图 8-33(a)所示。

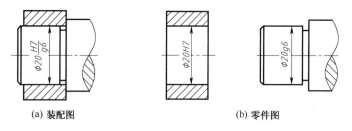

图 8-33　用代号标注公差配合

(2)在零件图中的标注。在零件图上公差的标注有三种形式:

①标注公差带代号如图 8-33(b)所示。这种标注形式常用于采用专用刀具和量具,批量加工和检验的零件图中,以适应大批量生产的需要。

②标注偏差值,如图 8-34(b)所示。上偏差注在基本尺寸的右上方,下偏差注在基本尺寸右下方,偏差的数字应比基本尺寸数字小一号,并使下偏差与基本尺寸在同一底线上。如果上偏差或下偏差数值为零时,可简写为"0",另一偏差仍标注在原来的位置上,如图 8-34(b)所

示。如果上、下偏差数值相同时,则在基本尺寸之后标注"±"符号,再填写一个偏差数值,这时,偏差数值与基本尺寸数值的数字同号,如图 8-35 所示。标注偏差值的形式主要用于少量或单件生产,由于标注的数值与量具(游标卡尺或千分尺)的读数一致,从而便于加工和检验以减少辅助时间。

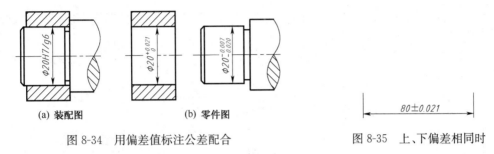

(a) 装配图   (b) 零件图   80±0.021

图 8-34   用偏差值标注公差配合   图 8-35   上、下偏差相同时

③同时标注公差带代号和偏差数值,如图 8-36(b)所示。

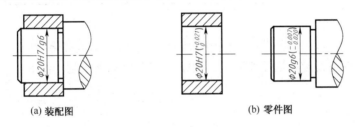

(a) 装配图   (b) 零件图

图 8-36   既标注代号又标注偏差值

(3)标准件、外购件与零件配合的标注。在装配图上标注标准件、外购件与零件配合时,通常只标注与其相配零件的公差带代号,如图 8-37 所示。

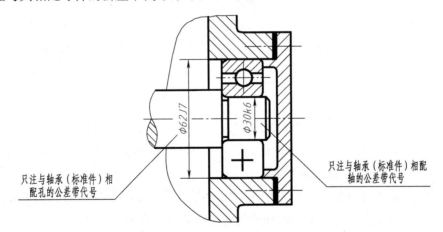

只注与轴承(标准件)相配孔的公差带代号   只注与轴承(标准件)相配轴的公差带代号

图 8-37   标准件与零件配合时的标注

三、形状与位置公差

在零件加工制造的过程中,除了要对零件的尺寸误差加以控制外,还要对零件形状和位置误差加以控制。

形状公差就是零件实际要素的形状对其理想形状所允许的变动量;位置公差就是零件实

际要素的位置对其理想位置所允许的变动量。形状与位置公差简称形位公差。形位公差特征项目的分类及符号见表 8-3。

表 8-3　形位公差的项目和符号（摘自 GB/T 1182—2008）

分类	项目	符号	分类		项目	符号	分类	项目	符号
形状公差	直线度	—	位置公差	定向	平行度	//	其他有关符号	最大实体要求	Ⓜ
	平面度	▱			垂直度	⊥		最小实体要求	Ⓛ
	圆度	○			倾斜度	∠		延伸公差带	Ⓟ
	圆柱度	⌭		定位	同轴度	◎		包容要求	Ⓔ
形状或位置公差	线轮廓度	⌒			对称度	⌯		基准目标的标注	$\frac{\phi 20}{A1}$
	面轮廓度	⌓			位置度	⌖			
				跳动	圆跳动	↗			
					全跳动	⌰			

1. 形位公差代号

如图 8-38(a)所示，形位公差的框格用细实线绘制，分两格或多格，框格高度是图中尺寸数字高度的两倍。框格长度根据需要而定。框格应水平或垂直绘制。图 8-38(b)是基准代号的画法。

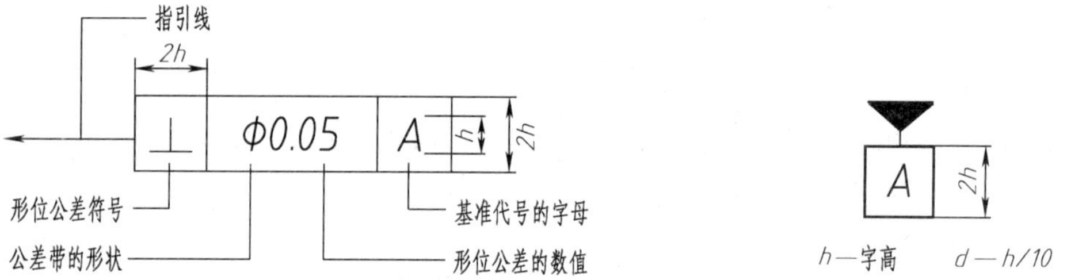

(a) 形位公差代号　　(b) 基准代号

图 8-38　形位公差代号及基准代号画法

2. 形位公差代号的标注示例

如图 8-39 所示，图中所标各项形位公差代号的含义如下：

[⌭ | 0.005]　$\phi 66^{-0.010}_{-0.029}$ 圆柱面的圆柱度误差为 0.005 mm，即该被测圆柱面必须位于半径差为公差值 0.005 mm 的两同轴圆柱面之间。

[◎ | ϕ0.03 | A]　ϕ54 的轴线对基准 A($\phi 66^{-0.010}_{-0.029}$)的轴线同轴度误差为 0.03mm，即被测圆柱面的轴线必须位于直径为公差值 ϕ0.03 mm，且与基准轴线 A 同轴的圆柱面内。

[◎ | ϕ0.03 | A]　$\phi 38^{+0.025}_{0}$ 的轴线对基准 A($\phi 66^{-0.010}_{-0.029}$)的轴线同轴度误差为 0.03 mm，即被测圆柱面的轴线必须位于直径为公差值 ϕ0.03 mm，且与基准轴线 A 同轴的圆柱面内。

[⊥ | 0.03 | A]　$\phi 66^{-0.010}_{-0.029}$ 的左台面对基准 A 的垂直度公差为 0.03 mm，即该被测面必须位于距离为公差值 0.03 mm，且垂直于基准线 A(基准轴线)的两平行平面之间。

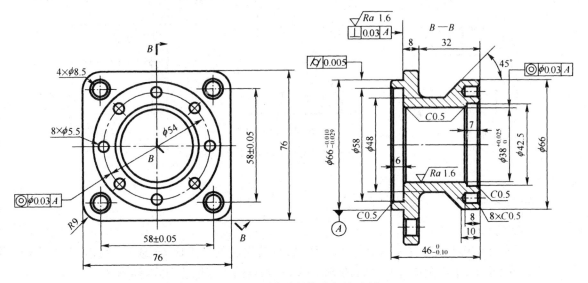

图 8-39 形位公差综合标注示例

第五节 零件上常见的工艺结构

零件的结构形状不仅要满足设计要求,同时还应满足加工工艺对零件结构的要求。

一、铸造工艺结构

1. 铸造圆角

为防止铸件浇铸时在转角处的落砂现象及避免金属冷却时产生缩孔和裂纹,铸件各表面相交的转角处都应做成圆角,圆角半径可取 $R3 \sim R5$。设计零件时圆角半径应从有关手册中查取。

2. 拔模斜度

造型时为便于拔模,铸件壁沿起模方向应设计出拔模斜度,拔模斜度一般为 3°左右,斜度不大的结构允许省略不画。

铸造圆角、拔模斜度示例如图 8-40 所示。

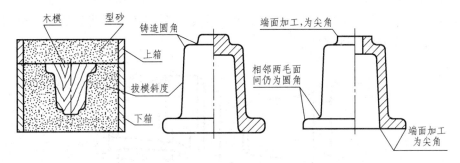

图 8-40 铸造圆角和拔模斜度

3. 铸件壁厚均匀

铸造零件设计时应尽量使其壁厚均匀,防止冷却速度不一致产生裂纹和缩孔。当必须有厚薄不同时应采用逐渐过渡的方式,如图 8-41 所示。

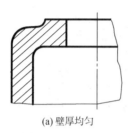

(a) 壁厚均匀

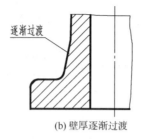

(b) 壁厚逐渐过渡

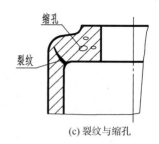

(c) 裂纹与缩孔

图 8-41　铸件壁厚要均匀

二、机械加工结构

1. 倒角和圆角

为了便于装配且保护零件表面不受损伤,常将其端面处加工成 45°或 30°倒角;在轴肩处为避免应力集中,采用圆角过渡,称为倒圆。倒角、圆角的尺寸标注形式,如图 8-42 所示。

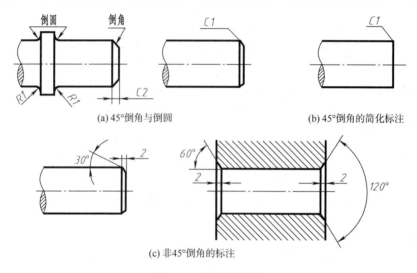

(a) 45°倒角与倒圆　　(b) 45°倒角的简化标注

(c) 非45°倒角的标注

图 8-42　倒角与倒圆

2. 退刀槽和砂轮越程槽

切削时(主要是轴、孔加工),为了便于退出刀具或砂轮,常在轴肩处预先车出退刀槽或砂轮越程槽,如图 8-43、图 8-44 所示。

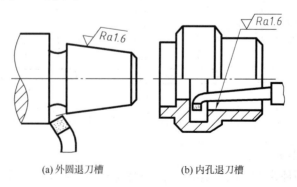

(a) 外圆退刀槽　　　　(b) 内孔退刀槽

图 8-43　零件上的退刀槽

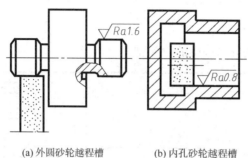

(a) 外圆砂轮越程槽　　　　　(b) 内孔砂轮越程槽

图 8-44　零件上的砂轮越程槽

3. 凸台和凹坑

为了使零件表面接触良好并减少加工面积,常在铸件上铸出凸台和凹坑或台阶孔,如图 8-45 所示。

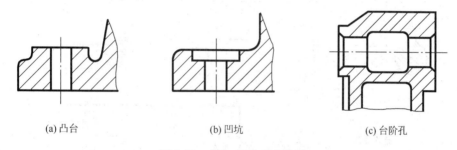

(a) 凸台　　　　　　　(b) 凹坑　　　　　　　(c) 台阶孔

图 8-45　凸台、凹坑和台阶孔

4. 钻孔结构

用钻头钻孔时应使钻头轴线尽量垂直于零件表面,否则会使钻头弯曲,甚至折断。在斜面上钻孔时应在孔端预制出与钻头垂直的凸台、凹坑或小平面,如图 8-46 所示。

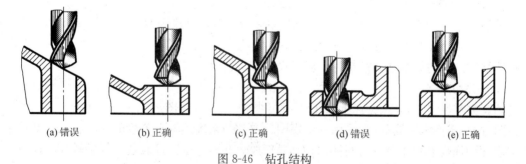

(a) 错误　　　(b) 正确　　　(c) 正确　　　(d) 错误　　　(e) 正确

图 8-46　钻孔结构

第六节　识读零件图

零件图是制造和检验零件的依据,是反映零件结构、大小及技术要求的载体。零件的形状虽然多种多样,但通过比较归纳可大体划分为以下几种典型零件:轴套类零件、盘盖类零件、叉架类零件、箱体类零件等。下面通过铣刀头中的典型零件来介绍识读零件图的方法和步骤。

一、轴套类零件

图 8-47 所示零件图是铣刀头中的阶梯轴。

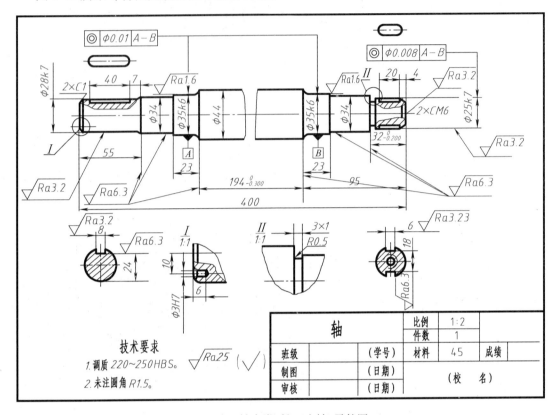

图 8-47　轴套类(铣刀头轴)零件图

1. 结构分析

轴的左端通过普通平键与 V 带轮连接,右端通过双键与铣刀盘连接。轴上有两个安装端盖的轴段和两个安装滚动轴承的轴段。同时轴上还加工有键槽、螺纹、挡圈槽、倒角、倒圆、中心孔等结构。这些局部结构都是为了满足设计和工艺上的要求。

2. 表达分析

轴套类零件多在车床、磨床上加工,为便于操作工人对照图纸加工,一般按加工位置确定主视图方向,零件水平放置,只采用一个视图(主视图)来表达轴上各段的形状特征。其他结构如键槽、退刀槽、中心孔等可用剖视、断面、局部放大和简化画法等表达。当轴较长时还可采用折断方法。

3. 尺寸分析

轴类零件的主要性能尺寸必须直接标注出来,其余尺寸可按加工顺序标注。轴类零件上的标准结构(如倒角、退刀槽、越程槽、键槽、中心孔等),其尺寸应根据相应的标准查表,按规定标注。

4. 技术要求分析

(1)有配合要求或有相对运动的轴段,都应给出具体的表面粗糙度、尺寸公差和形位公差的数值,如图 8-47 所示。此外,对需要特殊保证的尺寸,如两轴承定位的轴肩距离也应给出公差值。

(2)技术要求栏中应注明零件热处理的内容,如表面淬火、渗碳、渗氮以及调质处理等。

二、盘盖类零件

图 8-48 所示为铣刀头端盖的零件图,此零件具有盘盖类零件的典型结构。

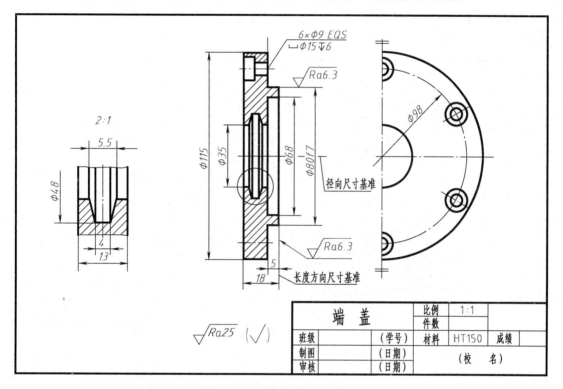

图 8-48 盘盖类(端盖)零件图

1. 结构分析

盘盖类零件一般包括法兰盘、端盖、盘座等。此类零件在机器中主要起支承、轴向定位及密封作用,其基本形状是扁平的盘状,有圆形、方形等多种形状。零件上常见的结构有凸台、凹坑、螺孔、销孔和肋板等。

2. 表达分析

大多数盘盖类零件在车床上加工,因此主视图应按加工位置选择。

盘盖类零件一般采用主、左(俯)两个视图,主视图一般采用全剖,左(俯)视图多表示其外形。零件上其他细小结构,常采用局部放大和简化画法(图 8-48)。

3. 尺寸分析

盘盖类零件主要是径向尺寸和轴向尺寸。径向尺寸的设计基准为轴线,轴向尺寸的设计基准为端面或经加工的较大结合面。零件各部分的定形尺寸和定位尺寸比较明显,标注尺寸时应注意同心圆上均布孔的标注和结构的内外形尺寸分开标注等。

4. 技术要求分析

(1)零件上有配合关系的表面(内、外表面)和起轴向定位作用的端面,其表面粗糙度的要求较高。

　　（2）零件上有配合关系的孔或轴的尺寸应给出相应的尺寸公差，如图 8-48 中的 φ80f7 示。同时，重要的端面与孔、轴中心线应给出垂直度要求，平行的两轴孔间还应给出平行度的要求。

三、叉架类零件

　　铣刀头中的支架与箱体成为一整体，为了对叉架类零件特点有所了解，现以图 8-49 所示的杠杆零件图为例说明。

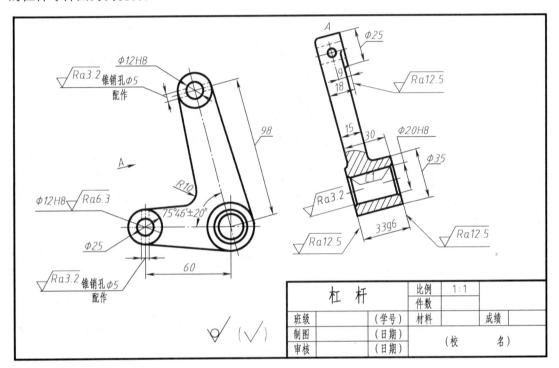

图 8-49　叉架类（杠杆）零件图

1. 结构分析

　　叉架类零件形式多样，结构较复杂，多为铸件、锻件，如拨叉、连杆和各种支架等。拨叉主要用在机床、内燃机等机构上，起操纵、调速作用。支架主要起支承和连接作用。

　　此类零件一般都有铸造圆角、拔模斜度、凸台、凹坑、圆孔和肋板等常见的工艺结构，如图 8-49 所示。

2. 表达分析

　　叉架类零件的加工位置难以分出主次，工作位置也不尽相同，因此在选主视图时，应将能较多地反映零件结构形状和相对位置的方向作为主视图的投射方向，一般将零件的主要结构正放。

　　视图一般采用两个以上，如图 8-49 所示杠杆的某些结构不平行于基本投影面，因此，采用 A 向斜视图（局部剖）反映形体的外形和局部内形。

3. 尺寸分析

　　叉架类零件的尺寸基准一般为孔的轴线、中心线、对称面，如图 8-49 所示。此类零件定形尺寸和定位尺寸较多，在标注尺寸时，应运用形体分析的方法合理地标注，同时还应考虑尺寸的精度与制模的方便。

4. 技术要求分析

叉架类零件，一般对表面粗糙度、尺寸公差、形位公差没有特别要求，但对孔径、某些角度或某部分的尺寸长度有一定的公差要求，如图 8-49 所示。

四、箱体类零件

图 8-50 所示零件是铣刀头座体为箱体类零件。

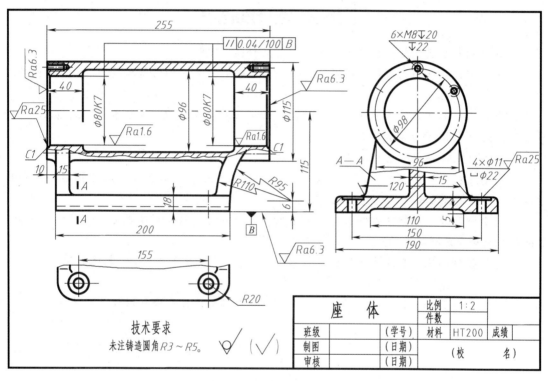

图 8-50　箱体类（铣刀头座体）零件图

1. 结构分析

箱体类零件的主要结构是由均匀的薄壁围成的不同形状的空腔，起容纳和支承作用。泵体、阀体、减速器的箱体等都属于这类零件。此类零件一般为铸件经机械加工而成，零件上有加强肋、凸台、凹坑、铸造圆角和拔模斜度等常见结构，如图 8-50 所示。

2. 表达分析

箱体类零件结构复杂，加工位置变化较多，所以一般以工作位置和最能反映形体特征的一面作为主视图。通常采用三个以上基本视图，并结合剖视、断面等表达方法，表达出零件的内外形状和结构。

3. 尺寸分析

箱体类零件长、宽、高三个方向的主要基准多为孔的轴线、零件的对称面和较大的加工平面。

箱体类零件定位尺寸多，各孔的中心线间距离应直接标注出来，箱体上与其他零件有配合关系或装配关系的尺寸应注意零件间尺寸的协调，如底板上安装孔的中心距、座体与端盖的六个螺孔的中心距等,如图8-50所示。

4. 技术要求分析

(1)对于铸造的箱体类零件,其铸件毛坯都要进行时效处理。

(2)轴孔是箱体类零件进行机械加工的重点部位,因此,零件图上应标注或写清楚对表面粗糙度、尺寸公差、形位公差的具体要求。

习　　题

1. 零件图在生产中起什么作用?它应该包括哪些内容?

2. 典型零件按其结构形状大致可分为哪几类?分别简述它们的结构特点、表达特点和尺寸标注的特点。

3. 零件上一般常见的工艺结构有哪一些?试述零件上的倒角、退刀槽、沉孔、螺孔、键槽等常见结构的作用、画法和尺寸注法。

4. 什么是表面结构?它有那些符号?分别代表什么意义?

5. 什么叫公差?什么叫偏差?什么叫标准公差?什么叫基本公差?公差带由哪两个要素组成?公差带代号由哪两个代号组成?

6. 什么叫配合?配合分为哪三类?是根据什么分类的?配合制度规定有哪两种基准制?这两种基准制是怎样定义的?

7. 怎样按轴和孔的基本尺寸和公差带代号,通过设计手册等工具,确定优先配合的轴和孔的极限偏差数值?

8. 什么是形状和位置公差?形状和位置公差各有哪些项目?分别用什么符号表示?

第九章

装 配 图

【学习目标】

1. 了解装配图的作用和内容,熟悉装配图的规定画法与特殊表达方法。

2. 掌握识读装配图的方法,能准确阅读中等以上复杂程度的装配图。

第一节 装配图的内容和表示法

一、装配图的内容

从图 9-1 所示铣刀头装配图可以看出,一张完整的装配图包括以下五项基本内容:

1. 一组视图 用来表达装配体的构造、工作原理、零件间的装配与连接关系以及主要零件的结构形状。

2. 必要的尺寸 标注出装配体各零件间的配合、连接关系及装配体规格、外形尺寸等。

3. 技术要求 用文字或符号说明装配、检验、调整、试车等方面的要求。

4. 零部件序号 为了便于管理和读图,装配图中各零件的编号。

5. 标题栏和明细表 标题栏用来填写装配体的名称、比例、重量和图号及设计者姓名和设计单位。明细表用来记载零件名称、序号、材料、数量及标准件的规格、标准代号等。

二、装配图画法的基本规定和特殊画法

零件图中的视图、剖视图、断面图的各种表示法,同样适用于装配图,但装配图着重表达装配体的结构特点、工作原理以及各零件间的装配关系。因此,国家标准对装配图的表达方法又做了一些其他规定,如基本的画法规定和特殊的画法规定。

1. 装配图画法的基本规定

(1)接触面与配合面的画法

两相邻零件的接触面和配合面只画一条线,非配合、非接触表面不论间隙大小都必须画出两条线,如图 9-2 所示。

(2)实心件和标准件的画法

装配图中的实心件(如轴、手柄、连杆、球等)和标准件(如螺栓、螺钉、螺母、键、销等),若按纵向剖开,且剖切平面通过其基本轴线时,则这些零件均按不剖绘制,如图 9-1 所示。

当实心件上有些结构形状和装配关系需要表明时,可采用局部剖视来表达,如图 9-3 所示。

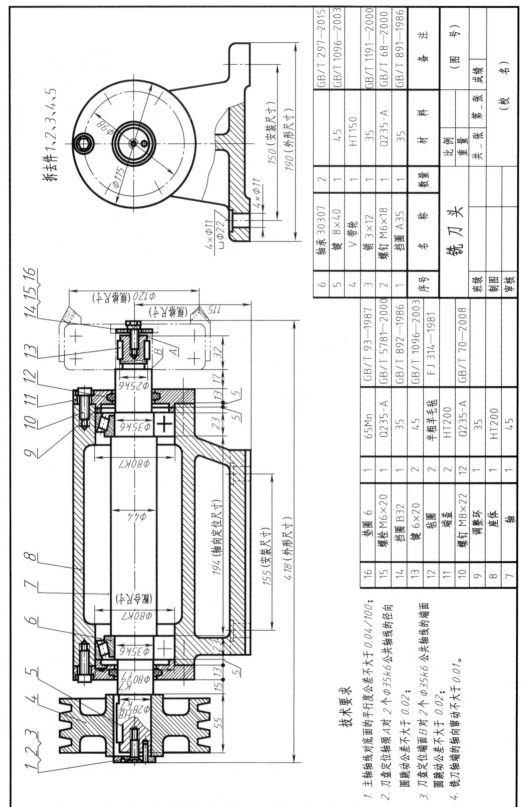

图9-1　铣刀头装配图

技术要求

1. 主轴轴线对底面的平行度公差不大于 0.04/100；
2. 刀盘定位轴颈 A 对 2 个 Φ35k6 公共轴线的径向圆跳动公差不大于 0.02；
3. 刀盘定位端面 B 对 2 个 Φ35k6 公共轴线的端面圆跳动公差不大于 0.02；
4. 铣刀轴的轴向窜动不大于 0.01。

16	垫圈 6	1	65Mn		GB/T 93—1987
15	螺栓 M6×20	1	Q235-A		GB/T 5781—2000
14	挡圈 B32	1	35		GB/T 892—1986
13	键 6×20	2	45		GB/T 1096—2003
12	毡圈	2	半粗羊毛毡		FJ 314—1981
11	端盖	2	HT200		
10	螺钉 M8×22	12	Q235-A		GB/T 70—2008
9	调整环	1	35		
8	座体	1	HT200		
7	轴	1	45		
6	轴承 30307	2			GB/T 297—2015
5	键 8×40	1	45		GB/T 1096—2003
4	V 带轮	1	HT150		
3	销 3×12	1	35		GB/T 1191—2000
2	螺钉 M6×18	1	Q235-A		GB/T 68—2000
1	挡圈 A35	1	35		GB/T 891—1986
序号	名　称	数量	材　料		备　注

铣 刀 头

比例		（图　号）
重量	第_张	

共_张　第_张　（校　名）

班级　成绩

制图

审核

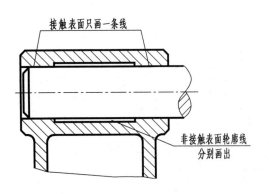

图 9-2 接触表面与非接触表面的画法

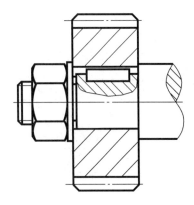

图 9-3 实心件和标准件的画法

(3)剖面线的画法

①同一个零件的剖面线在各个剖视图、断面图中应保持方向相同、间隔相等。

②相邻零件的剖面线倾斜方向应相反,如图 9-4(a)所示。

③三个零件相邻时,其中两个零件的剖面线方向相反,第三个零件要采用不同的剖面线间隔并与同方向的剖面线错开,如图 9-4(b)所示。

④当零件厚度小于或等于 2 mm 时,允许以涂黑代替剖面符号,如图 9-4(c)所示。

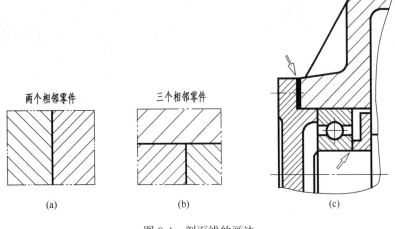

图 9-4 剖面线的画法

2. 装配图的特殊画法

(1)拆卸画法

如图 9-1 所示,可将某些零件拆卸后绘制,拆卸后需加以说明时,可注上"拆去××等"。图 9-1 中所示的左视图拆去了 1~5 号零件,露出端盖、座体的外形。

(2)假想画法

对部件中某些零件的运动范围、极限位置或中间位置,可用双点画线画出其轮廓,如图 9-5 所示。对于与本部件有关但不属于本部件的相邻零部件,可用双点画线表示其与本部件的连接关系。如图 9-1 所示,铣刀头右端安装的铣刀盘不属于该装配体,由用户自配,因此铣刀盘用双点画线画出。

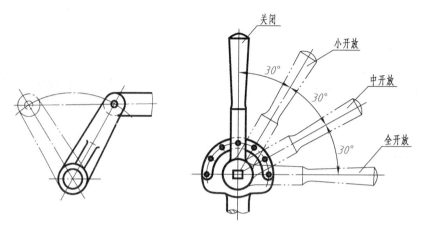

图 9-5 零件运动范围的画法

(3)简化画法

①对于装配图中的螺栓连接等若干相同零件组,允许仅详细地画出一组,其余用细点画线表示出中心位置即可,如图 9-1 中的螺钉画法。

②装配图中的滚动轴承允许采用图 9-6 所示的规定画法和特征画法。同一轴上相同型号的轴承,在不致引起误解时可只完整地画出一个(图 9-7)。

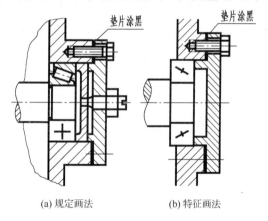

(a) 规定画法   (b) 特征画法

图 9-6 装配图中轴承画法

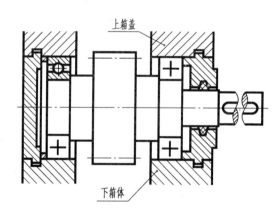

图 9-7 同一轴上相同型号滚动轴承画法

(4)夸大画法

在装配图中,为了清楚地表达较小的间隙与薄垫片等,在无法按其实际尺寸画出时,允许适当加以夸大画出,即将薄部加厚,细部加粗,间隙加宽;对于厚度、直径不超过 2 mm 的被剖切的薄、细零件,其剖面线可以涂黑表示,如图 9-6 中所示的垫片。

第二节 装配图中的尺寸标注、零部件序号和明细表

一、装配图中的尺寸标注

装配图上标注尺寸与零件图标注尺寸的目的不同,装配图主要表示机器(或部件)中零件之间的装配关系和工作原理,并用来指导装配工作,因此装配图中不需标注零件的全部尺寸,

而只需注出下列几种必要的尺寸：

1. 规格(性能)尺寸

表示机器、部件规格或性能的尺寸，是设计和选用部件的主要依据，如图9-1中铣刀盘的尺寸115。

2. 装配尺寸

表示零件之间装配关系的尺寸，如配合尺寸和重要相对位置尺寸。如图9-1中V带轮与轴的配合尺寸 $\phi 28H8/k7$。

3. 安装尺寸

表示将部件安装到机器上或将整机安装到基座上所需的尺寸。如图9-1中铣刀头座体的底板上四个沉孔的定位尺寸155和150。

4. 外形尺寸

表示机器或部件外形轮廓的大小，即总长、总宽和总高尺寸。外形尺寸为包装、运输、安装所需的空间大小提供依据。

除上述尺寸外，有时还要标注其他重要尺寸，如主要零件的重要结构尺寸等。

二、装配图中的零部件序号和明细表

1. 零部件序号及其编排方法(GB/T 4458.2—2003)

为了便于看图和管理图样，装配图中所有的零部件都必须编写序号。相同的零部件编一个序号，并只标注一次。序号应注写在视图外明显的位置上，如图9-1所示。

序号的编排形式有三种，如图9-8所示。

①在指引线的一端画水平线(细实线)，序号注写在上面。此种方法简单、醒目。

②在指引线的一端上画圆(细实线圆)，引线的延长线通过圆心，序号注写在圆内。

③在指引线的一端附近直接注写序号，此种方式序号的字号必须比尺寸数字大两号。

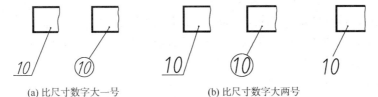

(a) 比尺寸数字大一号　　　　　(b) 比尺寸数字大两号

图9-8 序号的编写方式

序号的字号应比该图样中所注尺寸数字的字号大一号或两号。编注零部件的序号应按顺时针(或逆时针)方向整齐地顺次排列。

在装配图中指引线画法规定如下：

①指引线应自所指部分的可见轮廓内引出，并在末端画一圆点，如图9-8所示。若所指部分(很薄的零件或涂黑的剖面)内不便画圆点时，可在指引线的末端画出箭头，并指向该部分的轮廓，如图9-9(a)所示。

②指引线互相不能相交，当通过剖面区域时，指引线不应与剖面线平行。指引线可以画成折线，但只能曲折一次，如图9-9(a)所示。

对一组紧固件以及装配关系清楚的零件组，可采用公共指引线，如图9-9(b)所示。

2. 标题栏和明细表

对于装配图所用的标题栏及明细表的格式和内容，在制图作业中建议采用图9-10的格式。

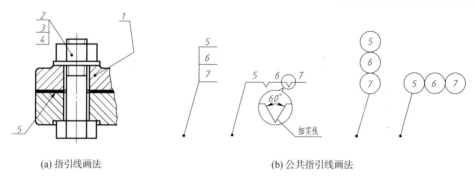

(a) 指引线画法　　　　　　　　　　　(b) 公共指引线画法

图 9-9　指引线画法

明细表序号应按零件序号顺序自下而上填写,以便在发现有漏编零件时可继续向上补填。为此,明细表最上面的边框线规定用细实线绘制。明细表表格向上位置不够时,可以延续放在标题栏的左边,如图 9-1 所示。

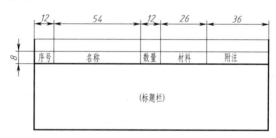

图 9-10　标题栏和明细表(供学校画图时参考)

三、技术要求

装配图中一般应注写以下几方面的要求:

(1)部件装配后应达到的性能要求,如图 9-1 中技术要求所示。

(2)部件装配过程中的特殊加工要求。例如有的表面需在装配后加工,有的孔需要将有关零件装好后配作,类似这些要求都需要在装配图中注明。

(3)检验、试验方面的要求。

(4)对产品的维护、保养、使用时的注意事项及要求。

上述各类技术要求,并不是每张装配图都要注全,究竟应该注哪些,应根据需要而定。技术要求通常注写在图纸的右方或下方空白处,也可编成技术文件,作为图纸的附件。

第三节　常见装配结构简介

在设计和绘制装配图的过程中,应重视装配结构的合理性,以保证机器或部件的性能,并给零件的加工、装配与拆卸带来方便。确定合理的装配结构需主要考虑以下几点。

一、装配结构的合理性

1. 单向接触一次性原则

两零件在同一方向接触面只能有一个,否则因尺寸加工的误差无法满足装配要求,如图 9-11 所示。

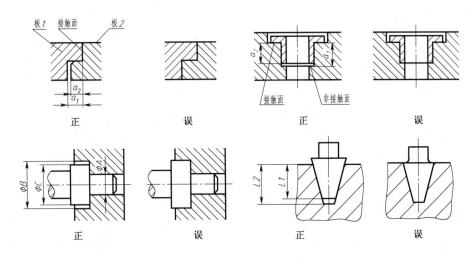

图 9-11　零件接触面数量的要求

2. 孔边倒角或轴根切槽原则

为了保证零件之间相邻两接触面良好接触,可将孔边加工出适当倒角(或倒圆);或将轴根处加工出槽(退刀槽或越程槽),如图 9-12 所示。

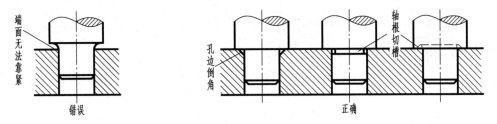

图 9-12　轴肩与孔口接触的画法

二、装拆的合理结构

(1)考虑到装拆的方便与可能,应留出扳手的转动空间,并考虑足够的安装和拆卸紧固件的空间,如图 9-13 所示。

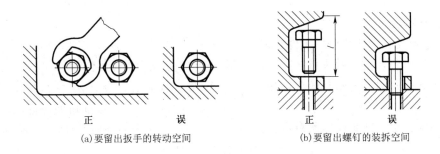

(a)要留出扳手的转动空间　　　　(b)要留出螺钉的装拆空间

图 9-13　装拆的合理结构

(2)滚动轴承的安装与拆卸应考虑方便性和合理性,如图 9-14 所示。

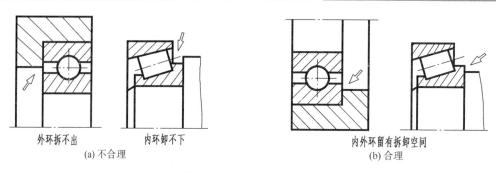

外环拆不出　　内环卸不下
(a) 不合理

内外环留有拆卸空间
(b) 合理

图 9-14　轴承拆卸方便结构

三、其他装配结构

1. 防松装置

机器运行时,由于受到震动或冲击,螺纹连接件可能发生松动。因此,在机器中需要设计连接件的防松装置。图 9-15 所示为几种常见的防松装置。

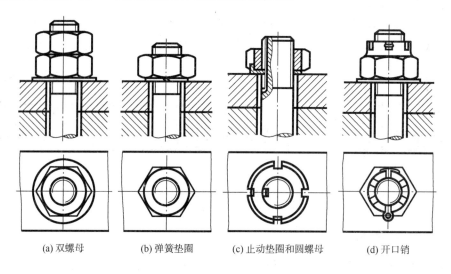

(a) 双螺母　　(b) 弹簧垫圈　　(c) 止动垫圈和圆螺母　　(d) 开口销

图 9-15　防松装置

2. 密封装置

机器中需要润滑或防漏的机件必须进行密封。常见的密封装置如图 9-16 所示。

(1)垫片密封。常在两零件之间加垫片密封,同时也改善了接触性能〔图 9-16(a)〕。

(2)密封圈密封。将密封圈放在槽内,受压后贴紧机体表面,从而起到密封作用〔图 9-16(a)〕。

(3)填料密封。在阀体内制有空腔,内装填料,当压紧填料压盖时,就起到了防漏密封的作用〔图 9-16(b)〕。

画图时,填料压盖不要画成压紧的极限状态,即与阀体端面之间应留有空隙,以保证将填料压紧。

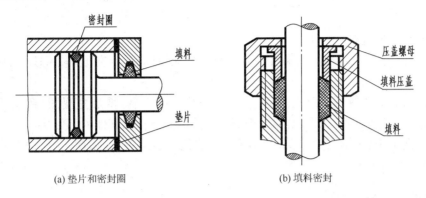

(a) 垫片和密封圈　　　　　　　　　　(b) 填料密封

图 9-16　密封装置

第四节　画装配图的方法与步骤

测绘机器或部件时应先画出零件草图,再依据零件草图拼画成装配图。

画装配图与画零件图的方法步骤类似。画装配图时,先要了解装配体的工作原理、各种零件的数量及其在装配体中的功能以及零件间的装配关系。现以铣刀头为例,说明画装配图的方法与步骤。

一、了解和分析装配体

铣刀头是安装在铣床上的一个专用部件,其作用是安装铣刀,铣削零件。由图 9-1 可知,该部件由 16 种零件组成(其中标准件 10 件)。

铣刀头中主要零件有铣刀轴、V 带轮和座体,为了清楚表达铣刀头装配图的工作原理和装配关系,常使用简单的线条和符号形象地画出装配示意图,供画装配图时参考。图 9-17 所示为铣刀头装配示意图。

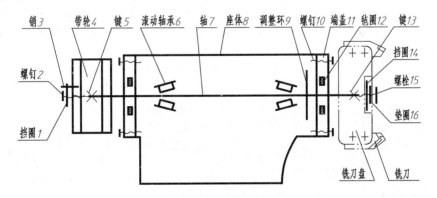

图 9-17　铣刀头装配示意图

二、确定表达方案

1. 主视图的选择

主视图应能反映部件的主要装配关系和工作原理。如图 9-1 所示,铣刀头座体水平放置,符合工作位置,主视图采用全剖视图,并在轴两端画局部剖视图,清楚地表示出铣刀头的装配干线。

2. 其他视图的选择

其他视图用于补充主视图尚未表达清楚的部分,同时应重点突出,采用较少的视图,避免表达内容重复。

如图 9-1 所示,主视图确定后,为了表达完整座体的形状,增加左视图,在左视图中采用"拆卸画法"拆去零件 1~5,同时增加局部剖视反映出安装孔和其他内部形状。

视图中的铣刀盘不属于这个部件,为了表达它们的装配关系,采用了"假想画法",用双点画线画出铣刀盘大致形状。

三、画装配图的一般步骤

选定视图表达方案后就可以绘制装配图了。先确定合适的比例和图幅,然后从主要零件、主要视图开始画底稿,逐步绘制完所有零件的视图。在画图时要考虑和解决有关零件的定位和相互遮挡的问题,一般先画可见零件,而被遮挡的零件可省略不画。

现以图 9-1 铣刀头为例,简述画图步骤如下:

(1)画出作图基准线(座体底面线),量取 115 画出传动轴中心线(装配干线),在左视图上画出轴的对称中心线(图 9-18)。

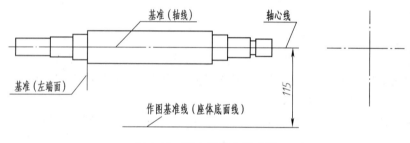

图 9-18　画中心线和传动轴

(2)画出各视图的主要轮廓。首先画出传动轴主视图(图 9-18),再画出滚动轴承和座体的视图(图 9-19)。轴承靠轴肩左端面定位,画座体时应以此端面为控制基准;根据装配时左端盖压紧轴承这个要求,就可以确定座体的位置(见图中文字说明)。

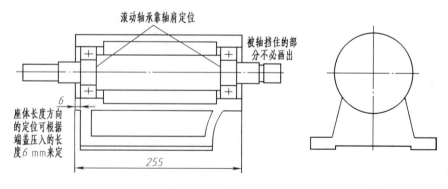

图 9-19　画轴承和座体

(3)画出端盖、皮带轮,再画出部件的次要结构和其他零件,如调整环、键连接、挡圈、螺钉连接等,完成细部结构(图 9-20)。

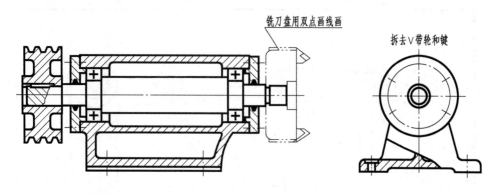

铣刀盘用双点画线画

拆去V带轮和键

图 9-20　画 V 带轮、端盖等零件

（4）视图检查和修改后加深轮廓线，注上尺寸和公差配合，画剖面线，标注序号，填写标题栏和明细表，写明技术要求，完成装配图。

第五节　读装配图和拆画零件图

一、读装配图

在设计、制造、安装维修机器设备以及进行技术革新和技术交流时，都需要读装配图，因此，工程技术人员均应掌握阅读装配图及由装配图拆画零件图的方法。

1. 读装配图的基本要求

（1）了解部件的名称、用途、性能及工作原理。

（2）了解部件中各零件间的相对位置、装配关系、连接方式以及装拆顺序。

（3）弄清各零件（特别是主要零件）的结构形状和作用。

2. 读装配图的方法和步骤

现以图 9-21 开关杠杆装配图为例，说明读装配图的一般方法和步骤。

（1）概括了解

首先由标题栏了解部件的名称和用途，由明细表中了解零件的名称、种类、数量，从外形尺寸了解装配体的大小，从视图中可大致估计出部件的繁简程度。

由图 9-21 中标题栏和明细表中得知，部件名称为"开关杠杆"，共由 8 种零件组成，它的外形尺寸为 $40 \times 26 \times 43$。从视图可看出此部件是较简单的部件。

（2）分析视图

首先了解装配图选用了哪些视图，搞清楚各视图间的投影关系以及每个视图表达的主要内容。

图 9-21 中共选用了三个基本视图。主视图采用了局部剖视，清楚地反映出杠杆轴与支座、杠杆轴与杠杆的连接情况。

（3）了解工作原理和装配关系

开关杠杆是用在液压系统中控制流体接通或截止的杠杆机构，开关由连杆带动杠杆摆动来进行工作，如图 9-22 所示。

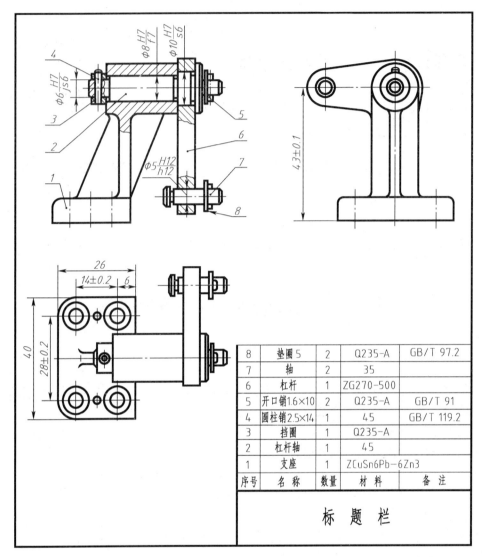

8	垫圈5	2	Q235-A	GB/T 97.2
7	轴	2	35	
6	杠杆	1	ZG270-500	
5	开口销1.6×10	2	Q235-A	GB/T 91
4	圆柱销2.5×14	1	45	GB/T 119.2
3	挡圈	1	Q235-A	
2	杠杆轴	1	45	
1	支座	1	ZCuSn6Pb-6Zn3	
序号	名　称	数量	材　料	备　注

标　题　栏

图 9-21　开关杠杆装配图

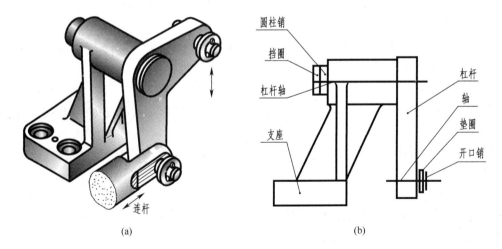

(a)　　　　　　　　　　　　　　(b)

图 9-22　开关杠杆轴测图及装配简图

从装配图中可看出杠杆轴有三处配合尺寸：

①杠杆轴与挡圈 $\phi 6H7/js6$；

②杠杆轴与支座孔 $\phi 8H7/f7$；

③杠杆轴与杠杆孔 $\phi 10H7/s6$。

同时,杠杆 6 与轴 7 配合尺寸为 $\phi 5H12/h12$。

（4）归纳总结

通过装配图三个视图的分析,可看出装配体主要由支座 1、杠杆轴 2、杠杆 6 组装而成。对这些主要零件间的装配关系和零件的结构形状、尺寸及技术要求进行综合归纳,从而对整个装配体有一个完整的概念,为下一步拆画零件图打下了基础。

支座、杠杆轴零件图如图 9-23、图 9-24 所示。

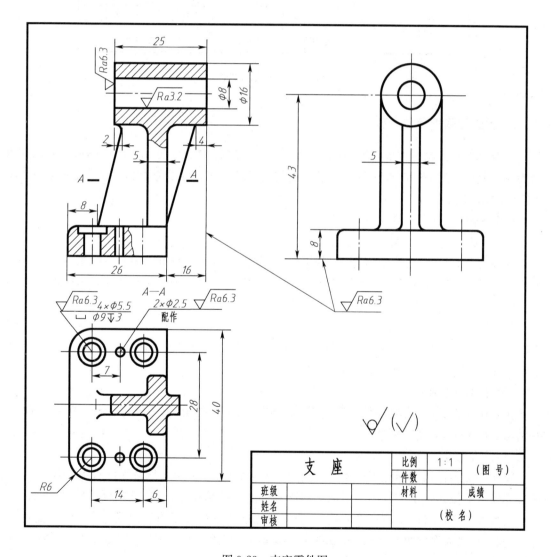

图 9-23 支座零件图

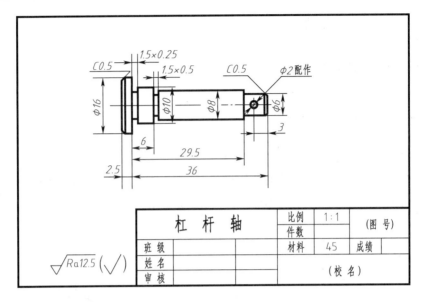

图 9-24　杠杆轴零件图

二、由装配图拆画零件图

根据装配图拆画零件图(简称拆图)是产品设计过程中的重要工作。拆图应在看懂装配图的基础上进行。拆图前,要全面了解该装配体的设计意图,弄清楚装配关系、技术要求和每个零件的结构形状。

1. 拆画零件图的步骤

(1)确定视图表达方案

零件图与装配图表达的内容与目的不同,因此拆画零件图时可以参考装配图的表达方案,但不能照搬。同时应对所拆零件做全面分析,并按零件的视图表达要求重新安排视图。

(2)画所拆零件的视图

装配图的视图表达方案主要是从表达装配关系和整个部件情况考虑的。对所拆分出的零件的视图不应简单照抄,而应该根据零件的结构形状、零件图的视图选择原则重新考虑。但在通常情况下,零件的主视图方向与装配图保持一致较好。

(3)补全工艺结构

在装配图上,往往省略零件的细小工艺结构,如倒角、圆角、退刀槽等。拆画零件图时,这些结构应该补全,并使其标准化。

(4)补齐尺寸、注写技术要求

装配图上零件尺寸标注不完全,因此在拆画零件图时,除抄注与该零件有关的尺寸外,其余各部尺寸应按比例从装配图中量取。对于零件的标准结构与工艺结构应查阅相关手册。

技术要求在零件图上占有重要地位,它直接影响零件的加工质量。零件的表面粗糙度、尺寸公差、形位公差和热处理等,涉及到许多专业知识,初学者可参照同类产品的相应零件图用类比法确定。

2. 拆画零件图举例

下面以拆画图 9-21 中的杠杆为例说明拆画零件图的方法和步骤。

（1）确定零件的结构形状

在装配图（图 9-21）中的主、左视图上可清楚地看出杠杆的结构形状、尺寸与位置。

（2）选择表达方案

经过分析，杠杆属于叉架类零件，主视图采用外形视图，左视图采用全剖视图，从剖视图中可反映出杠杆的厚度、孔径及位置。

（3）尺寸标注

应直接注出装配图上已给定的尺寸，可直接量取的一般尺寸。对于杠杆中不太清楚的形状尺寸和细小结构尺寸，可参照轴测图，并结合杠杆的功用及制造方法确定。为安装方便，避免装配时碰伤杠杆轴 2 和轴 7 的圆柱面，杠杆上的孔应有倒角。

（4）注写技术要求

①表面粗糙度的确定。在一般情况下有相对运动和配合要求的表面，表面粗糙度 Ra 的上限值应小于 3.2 μm；非配合表面 Ra 的上限值应大于 25 μm；不重要的结合面的上限值一般可取 12.5 μm。

②配合孔的极限偏差值的确定。首先从装配图中查出孔的配合代号，然后查表求出极限偏差值。例如：$\phi10H7$ 查表可得 $\phi10^{+0.015}_{0}$。

③形位公差和热处理的确定。在零件加工时，某些零件无需标注形位公差（此公差可由加工机床来保证）。需要标注形位公差和热处理时，可参阅有关同类产品的资料。

按以上步骤，绘出杠杆零件图，如图 9-25 所示。

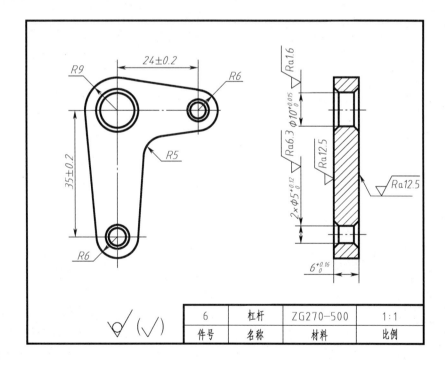

图 9-25 杠杆零件图

1. 装配图在生产中起什么作用? 它应该包括哪些内容?

2. 装配图有哪些规定画法和特殊画法?

3. 在装配图中,一般应标注哪几类尺寸?

4. 编注装配图中的零、部件序号,应遵守哪些规定?

5. 为什么在设计和绘制装配图的过程中,要考虑装配结构的合理性? 试根据书中的图例举例说明一些常见的合理装配结构。

*第十章
其他图样简介

【学习目标】

1. 了解金属焊接图的表达方法。
2. 掌握电气工程图的绘制方法。

第一节　焊　接　图

焊接是一种不可拆的连接。由于焊接工艺简单、连接可靠,因此被广泛应用于机械、化工、电子及建筑等现代工业生产中。通过焊接而成的零件和部件统称为焊接件。焊接图就是利用图形和代号,明确地表示零部件的焊接结构和工艺技术的图样。

一、焊缝的表示方法

1. 焊缝的图示法

常见的焊接接头形式有对接、T 形接、角接和搭接等四种,如图 10-1 所示。

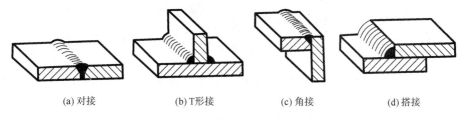

(a) 对接　　　　(b) T形接　　　　(c) 角接　　　　(d) 搭接

图 10-1　焊接的连接形式

工件经焊接后所形成的接缝为焊缝。通常采用 GB/T 324—2008 和 GB/T 12212—2012 规定的焊缝符号来表示焊缝;如需在图中简易地绘制焊缝,可用视图、剖视图或断面图表示,也可用轴测图示意性地表示。

在视图中,焊缝用一系列细实线段(允许徒手绘制)表示,也允许采用粗线(宽度为粗实线的 2～3 倍)表示,但在同一图样中只允许采用一种画法。在剖视图或断面图上,焊缝的金属熔焊区通常应涂黑表示。焊缝的规定画法如图 10-2 所示。

必要时可将焊缝部位放大表示,并标注有关尺寸,如图 10-3 所示。

2. 焊缝符号

焊缝分布比较简单时,可不必画出焊缝,只需在焊缝处标注焊缝符号。

焊缝符号一般由基本符号与指引线组成,必要时还可加上辅助符号、补充符号和焊缝尺寸符号。

(1)基本符号

基本符号是表示焊缝横截面形状的符号。常用的焊缝基本符号见表 10-1。

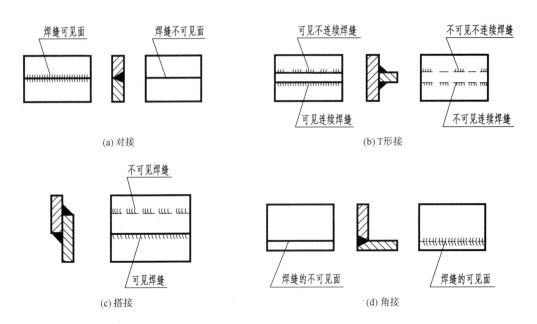

图 10-2　焊缝的规定画法

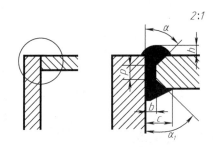

图 10-3　焊缝的局部放大图

表 10-1　常用焊缝的基本符号(摘自 GB/T 324—1988)

名称	示意图	符号	名称	示意图	符号
I 形焊缝		‖	单边 V 形焊缝		V
V 形焊缝		V	单钝边 V 形焊缝		Y
带钝边 U 形焊缝		Y	点焊缝		○
角焊缝		△			

（2）辅助符号

辅助符号是表示焊缝表面形状特征的符号，见表 10-2。如不需要确切地说明焊缝表面形状，可以不用辅助符号。

表 10-2 辅助符号及标注示例

名　称	符　号	符 号 说 明	焊 缝 形 式	标注示例及其说明
平面符号	 —	焊缝表面平齐		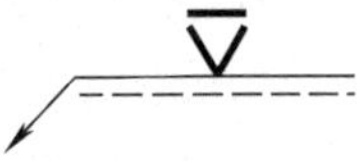 平面 V 形对接焊缝
凹面符号	⌣	焊缝表面凹陷	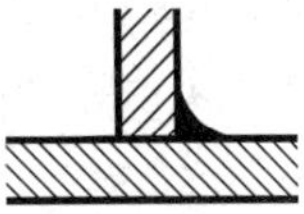	 凹面角焊缝
凸面符号	 ⌢	焊缝表面凸起		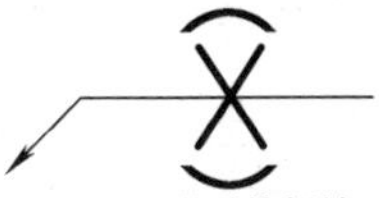 凸面 X 形对接焊缝

（3）补充符号

补充符号是为了补充说明焊缝的某些特征而采用的符号，见表 10-3。

表 10-3 补充符号及标注示例

名　称	符　号	符 号 说 明	一般图示法	标注示例及其说明
带垫板符号	▭	表示焊缝底部有底板		 V 形焊缝的背面底部有垫板
三面焊缝符号	⊏	表示三面带有焊缝，开口的方向应与焊缝开口的方向一致	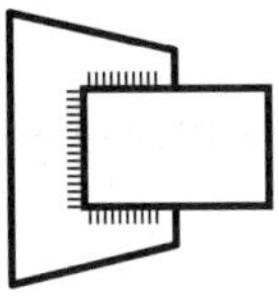	 工件三面有焊缝 "111"表示手工电弧焊
周围焊缝符号	 ○	表示环绕工件周围均有焊缝	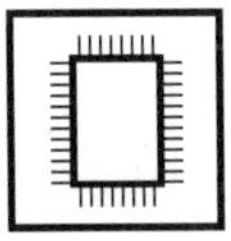	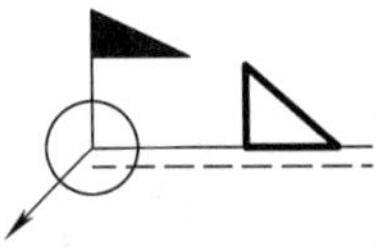 表示在现场沿工件周围施焊
现场符号	 ▶	表示在现场或工地上进行焊接		
尾部符号	<	在该符号后面，可以参照 GB/T 5185 标注焊接工艺方法以及焊缝条数等		
交错断续焊接符号	 Z	表示焊缝由一组交错断续的相同焊缝组成	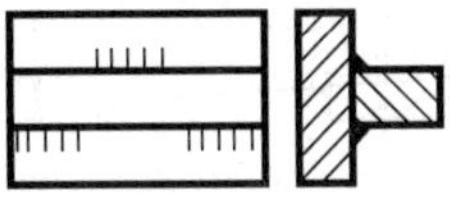	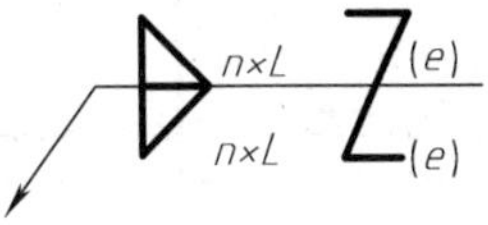 表示有 n 段长度为 l、间距为 e 的交错断续角焊缝

（4）指引线

指引线由带箭头的箭头线和基准线两部分组成，如图 10-4 所示。基准线由两条相互平行的细实线和细虚线组成。基准线一般与标题栏的长边平行；必要时，也可与标题栏的长边垂直。箭头线用细实线绘制，箭头指向相关焊缝处，必要时允许箭头线折弯一次。当需要说明焊接方法时，可在基准线末端增加尾部符号，如图 10-7 所示。

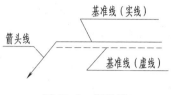

图 10-4　指引线

（5）焊缝尺寸符号

焊缝尺寸符号见表 10-4。焊缝尺寸符号是用字母表示对焊缝的尺寸要求。

表 10-4　常用的焊缝尺寸符号

符号	名 称	示 意 图	符号	名 称	示 意 图	符号	名 称	示 意 图
δ	板材厚度		k	焊角高度		c	焊缝宽度	
α	坡口角度		l	焊缝长度		h	余高	
p	钝边高度		e	焊缝间距		s	焊缝有效厚度	
b	根部间隙		n	焊缝段数		H	坡口深度	
R	根部半径		d	熔核直径		β	坡口面角度	

二、焊缝的标注方法

1. 箭头线与焊缝位置的关系

箭头线相对焊缝的位置一般没有特殊要求，箭头线可以标在有焊缝的一侧，也可以标在没有焊缝的一侧，如图 10-5 所示。但在标注 V 形、Y 形、U 形焊缝时，箭头线应指向带有坡口一侧的工件。

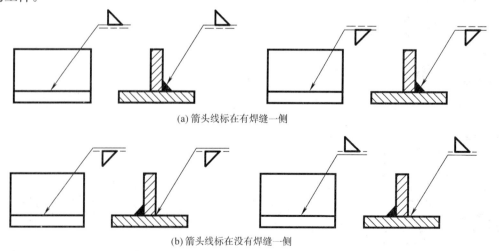

(a) 箭头线标在有焊缝一侧

(b) 箭头线标在没有焊缝一侧

图 10-5　基本符号相对基准线的位置（一）

2. 基本符号在指引线上的位置

为了在图样上能确切地表示焊缝的位置,国家标准中将基本符号相对于基准线的位置做了如下规定:

(1)如果箭头指向焊缝的施焊面,则基本符号标在基准线的实线一侧,如图 10-5(a)所示。

(2)如果箭头指向焊缝的施焊背面,则将基本符号标在基准线的虚线一侧,如图 10-5(b)所示。

(3)标注对称焊缝和双面焊缝时,基准线中的虚线可以省略不画,如图 10-6 所示。

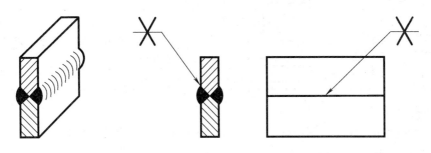

图 10-6　基本符号相对于基准线的位置(二)

3. 焊缝尺寸符号及数据的标注

焊缝尺寸符号及数据的标注原则,如图 10-7 所示。

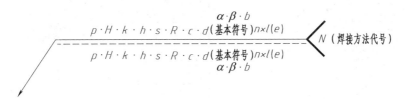

图 10-7　焊缝尺寸的标注原则

(1)焊缝横截面上的尺寸标在基本符号的左侧。

(2)焊缝长度方向尺寸标在基本符号的右侧。

(3)坡口角度、坡口面角度、根部间隙等尺寸标在基本符号的上侧或下侧。

(4)相同焊缝数量符号标在尾部。

(5)当需要标注的尺寸数据较多又不易分辨时,可在数据前面增加相应的尺寸符号。当箭头线方向变化时,上述原则不变。

确定焊缝位置的尺寸不在焊缝符号中给出,而是标注在图样上;在基本符号的右侧无任何标注及其他说明时,意味着焊缝在工件的整个长度上是连续的;在基本符号的左侧无任何标注及其他说明时,表示对接焊缝要完全焊透。

焊缝的标注示例见表 10-5。

表 10-5 焊缝的标注示例

图 示 法	标 注 示 例	说 明
		有 N 条相同的 V 形焊缝,坡口角度为 α,根部间隙为 b,每条焊缝有 n 段,长度为 l
		表示在现场装配时进行焊接 表示双面角焊缝,焊角高度为 K
		表示有 n 段断续双面角焊缝,每段焊缝长 l,焊缝间距为 e

4. 焊接图示例

图 10-8 为支座的焊接图,图中除了一般零件图应具备的内容外,还有与焊接有关的说明、标注和构件的明细表。

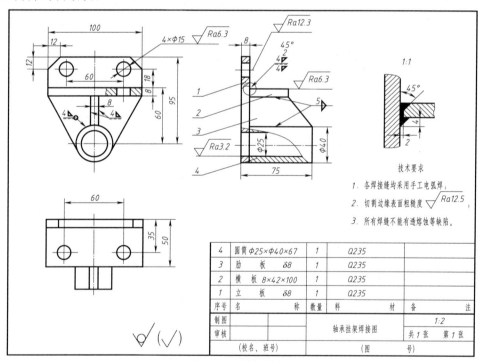

技术要求

1. 各焊接缝均采用手工电弧焊。

2. 切割边缘表面粗糙度 $\sqrt{Ra12.5}$。

3. 所有焊缝不能有透熔蚀等缺路。

4	圆筒 φ25×φ40×67	1	Q235	
3	肋 板 δ8	1	Q235	
2	横 板 8×42×100	1	Q235	
1	立 板 δ8	1	Q235	
序号	名 称	数量	材 料	备 注
制图				1:2
审核		轴承挂架焊接图		共1张 第1张
(校名、班号)		(图 号)		

图 10-8 轴承挂架

第二节 电 气 制 图

一、电气图的分类及特点

1. 电气工程的分类

电气工程应用十分广泛,分类方法有很多种。电气工程图主要用来表现电气工程的构成和功能,描述各种电气设备的工作原理,提供安装接线和维护的依据。从这个角度来说,电气工程主要可以分为以下几类。

(1)电力工程

电力工程又分为发电工程、变电工程和输电工程三类,分别介绍如下:

①发电工程

根据不同电源性质,发电工程主要可分为火电、水电、核电这三类。发电工程中的电气工程指的是发电厂电气设备的布置、接线、控制及其他附属项目。

②变电工程

变电工程分升压变电站和降压变电站。升压变电站将发电站发出的电能升压,以减少远距离输电的电能损失;降压变电站将电网中的高电压降为各级用户能使用的低电压。

③输电工程

用于连接发电厂、变电站和各级电力用户的输电线路,包括内线工程和外线工程。内线工程指室内动力、照明电气线路及其他线路;外线工程指室外电源供电线路,包括架空电力线路、电缆电力线路等。

(2)电子工程

电子工程主要是指应用于家用电器、广播通信、计算机等众多领域的弱电信号设备和线路。

(3)工业电气

工业电气主要是指应用于机械、工业生产及其他控制领域的电气设备,包括机床电气、工厂电气、汽车电气和其他控制电气。

(4)建筑电气

建筑电气工程主要是应用于工业和民用建筑领域的动力照明、电气设备、防雷接地等,包括各种动力设备、照明灯具、电器以及各种电气装置的保护接地、工作接地、防静电接地等。

2. 电气图的分类

电气图根据其所表达的信息类型和表达方式,主要有以下几类:系统图或框图、电路图、接线图或接线表、位置图、逻辑图和功能表图等。

(1)系统图或框图

系统图或框图是一种用符号或带注释的图框概略地表示系统、分系统、成套装置或设备等的基本组成、相互关系及其主要特征的简图。

(2)电路图

电路图也叫电气原理图,是用图形符号按照工作原理顺序排列,详细表示电路、设备或成套装置的组成和连接关系,而不考虑实际位置的一种简图。

(3)接线图或接线表

接线图或接线表是表示成套装置、设备或装置连接关系的一种简图或表格。接线图或接线表可以分为:单元接线图或单元接线表;互连接线图或互连接线表;端子接线图或端子接线表;电缆图或电缆表。

(4)位置图

位置图是表示成套装置、设备或装置中各个项目的具体位置的一种简图。

(5)逻辑图

逻辑图是用连线把二进制逻辑单元图形符号按逻辑关系连接起来而绘制成的一种简图。

(6)功能表图

功能表图是表示控制系统的作用和状态的一种简图。

3. 电气工程的电气图构成

一般而言,一项电气工程的电气图通常由以下几部分构成。

(1)目录和前言

目录包括序号、图名、图纸编号、张数、备注等。前言包括设计说明、图例、设备材料明细表、工程经费概算等。

(2)电气系统图和框图

电气系统图和框图主要表示整个工程或者其中某一项目的供电方式和电能输送的关系,亦可表示某一装置各主要组成部分的关系。如电气一次主接线图、建筑供配电系统图、控制原理框图等。

(3)电路图

电路图主要表示某一系统或者装置的工作原理。如电动机控制回路图、继电保护原理图等。

(4)接线图

接线图主要表示电气装置的内部各元件之间以及与其他装置之间的连接关系,用于设备的安装、调试及维护。

(5)电气平面图

电气平面图主要表示某一电气工程中的电气设备、装置和线路的平面布置。它一般是在建筑平面的基础上绘制出来的。常见的电气平面图主要有线路平面图、变电所平面图、弱电系统平面图、照明平面图、防雷与接地平面图等。

(6)设备布置图

设备布置图主要表示各种设备的布置方式、安装方式及相互间的尺寸关系,主要包括平面布置图、立面布置图、断面图、纵横剖面图等。

(7)设备元件和材料表

设备元件和材料表是把某一电气工程所需设备、元件、材料和有关的数据列成表格,表示其名称、型号、规格和数量等。

(8)大样图

大样图主要表示电气工程某一部件的结构,用于指导加工与安装,其中一部分大样图为国家标准图。

(9)产品使用说明书用电气图

电气工程中选用的设备和装置,其生产厂家往往随产品使用说明书附上相关的电气图。

(10)其他电气图

在电气工程图中,电气系统图、电路图、接线图和平面图是最主要的图样。在一些较复杂的电气工程中,为了补充和详细说明某一方面,还需要一些特殊的电气图,例如逻辑图、功能图、曲线图、表格等。

4. 电气图的特点

(1)图形符号、文字符号和项目代号是电气图的基本要素

一个电气系统或装置通常由许多部件、组件构成,这些部件、组件或者功能模块称为项目。项目一般由简单的符号表示,即图形符号。通常每个图形符号都有相应的文字符号。在同一个图上,为了区别同类的设备,必须加上设备编号。设备编号和文字符号一起构成项目代号。

(2)简图是电气图的主要表现形式

简图是用图形符号和带注释的图框或简单外形图表示系统或设备中各组成部分之间相互关系的一种图。电气工程图绝大多数都采用简图的形式。

（3）元件和连接线是电气图描述的主要内容

在电气图中，电气装置主要由电气元件和连接线组成。无论电路图、系统图，还是接线图和平面图都是以电气元件和连接线作为描述的主要内容。

（4）功能布局法和位置布局法是电气图的基本布局方法

功能布局法是指电气图中元件符号的位置，只考虑便于表述它们所表示的元件间的功能关系而不考虑实际位置的一种布局方法。如电气工程中的系统图、电路图等。

位置布局法是指电气图中元件符号的布置对应于该元件实际位置的布局方法。如电气工程中的接线图、平面图等。

（5）电气图具有多样性

对能量流、逻辑流、信息流、功能流等的不同描述方式，构成了电气图的多样性。如描述能量流和信息流的电气图有系统图、电路图、框图、接线图等；描述逻辑流的电气图有逻辑图等；描述功能流的电气图有功能表图、程序图等。

二、电气制图的一般规定

国家标准 GB/T 6988—2016《电气制图》规定了电气技术领域中各种图样的编制方法与画法规则等。

电气制图的图纸幅面、代号及格式应遵守 GB/T 14691—2008《技术制图》的规定。其中箭头符号、指引线、连接线画法如下。

1. 图线及箭头

（1）图线

电气图中绘图所用的各种线条统称为图线。

①线宽

根据用途，图线宽度应根据图样的类型和尺寸大小，从下列线宽中选用：

0.18 mm、0.25 mm、0.35 mm、0.5 mm、0.7 mm、1.0 mm、1.4 mm、2.0 mm。

图形对象的线宽应尽量不多于两种，且线宽间的比值应不小于 2。

②图线间距

平行线（包括阴影线）之间的最小间距不小于粗线宽度的两倍，建议不小于 0.7 mm。

③图线线型

根据绘制电气图的需要，一般使用如表 10-6 所示的图线。若在特殊领域使用其他形式的图线时，按惯例必须在有关图上用注释加以说明。

表 10-6　常用的图线线型

序号	图线名称	图线形式	图线宽度	图线应用
1	粗实线	——————————	$b=0.5\sim2$ mm	电气线路(主回路、干线、母线)
2	细实线	——————————	约 $b/3$	一般线路、控制线
3	虚线	- - - - - - - - - - - -	约 $b/3$	屏蔽线、机械连线、电气暗敷线、事故照明线等
4	点画线	— · — · — · — · —	约 $b/3$	控制线、信号线、边界线等
5	双点画线	— · · — · · — · · —	约 $b/3$	辅助边界线、36 V 以下线路等
6	加粗实线	▬▬▬▬▬▬	约 $2\sim3b$	汇流排(母线)
7	较细实线	——————————	约 $b/4$	轮廓线、尺寸线等

（2）箭头

电气图中使用的箭头有两种。一种是开口箭头，另一种是实心箭头，电气图中的箭头形式及意义见表 10-7。

表 10-7 箭头形式及应用

箭头名称	箭头形式	箭头应用
开口箭头	 →	用于信号线、信息线、连接线，表示电气能量、电气信号的传输方向，即能量流、信息流的流向，单向传动，单向流动
实心箭头	 →	用于表示非电过程中材料或介质的流向
	 →	用于表示运动或力的方向，也用作可变性限定符号、指引线和尺寸线的一种末端

2. 字体

电气图中的字体，应采用长仿宋体，并采用国家正式公布的简化字。

常用的文字高度可在下列尺寸中选择：

2.5 mm、3.5 mm、5 mm、7 mm、10 mm、14 mm、20 mm。

字母和数字可写成直体，亦可写成斜体。斜体字向右倾斜，与水平方向成 75°。

文字高度视图纸幅面而定，其最小字符高度见表 10-8。

各行文字间的行距不应小于 1.5 倍的字高。

表 10-8 最小字符高度

字符高度（mm）	图幅				
	A0	A1	A2	A3	A4
汉字	5	5	3.5	3.5	3.5
数字和字母	3.5	3.5	2.5	2.5	2.5

3. 比例

比例是指所绘图形与实物大小的比值，通常使用缩小比例系列，前面的数字为 1，后面的数字为实物尺寸与图形尺寸的比例倍数。电气工程图的常用比例有 1∶10、1∶20、1∶50、1∶100、1∶200、1∶500 等。无论采用何种比例，在图样中所标注的尺寸数值必须是实物的实际尺寸，而不是图形尺寸。

设备布置图、平面图、结构图按比例绘制，而系统图、电路图、接线图等通常不需按比例绘制。

三、常用电气图形符号

图形符号是用于电气图或其他文件中表示项目或概念的一种图形记号或符号，是电气技术领域中最基本的工程语言。在电气图中，各元件、设备及线路都是以图形符号、文字符号和项目符号的形式出现的。常用电气图形符号见表 10-9。

表 10-9 常用电气图形符号

名称	图形符号	名称		图形符号
一般三极电源开关	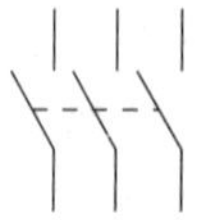	按钮	停止	

续上表

名 称		图形符号	名 称		图形符号
低压断路器		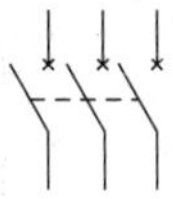	按钮	启动	
行程开关	常开触头			复合	
	常闭触头		接触器	线圈	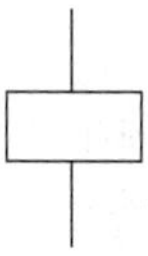
	复合触头	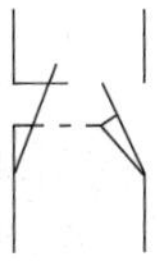		主触头	
	转换开关	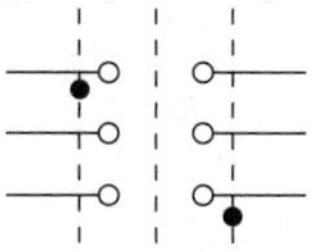		常开辅助触头	
速度继电器	常开触头	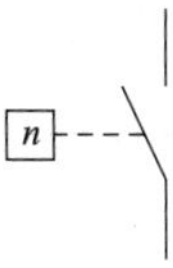		常闭辅助触头	
	常闭触头	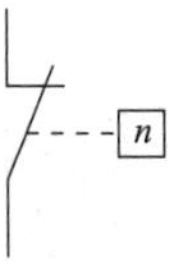	继电器	欠电流继电器线圈	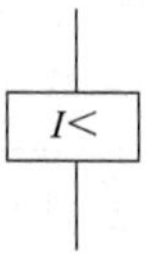 $I<$
时间继电器	线圈	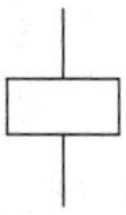		常开触头	
	延时闭合常开触头			常闭触头	

名　称		图形符号	名　称		图形符号
时间继电器	延时断开常闭触头		熔断器		
	延时闭合常闭触头		熔断器式开关		
	延时断开常开触头		热继电器	热元件	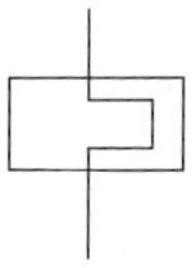
	通电延时线圈	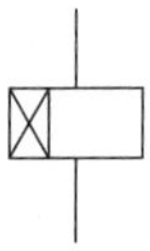		常闭触头	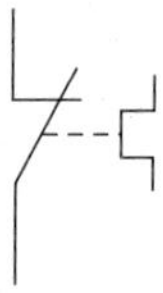
	断电延时线圈	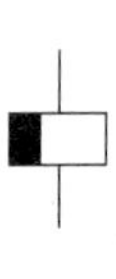	桥式整流器		
继电器	中间继电器线圈	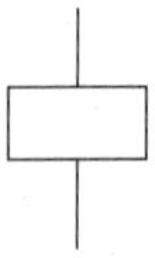	蜂鸣器		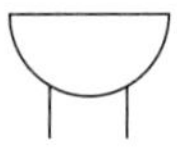
	欠电压继电器线圈	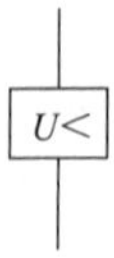 $U<$	信号灯		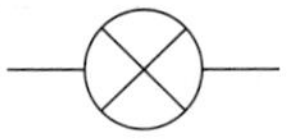
	过电流继电器线圈	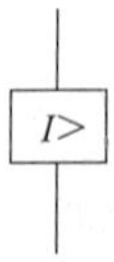 $I>$	电阻器		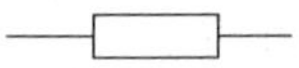

续上表

名　称	图形符号	名　称	图形符号
接插器		单相变压器	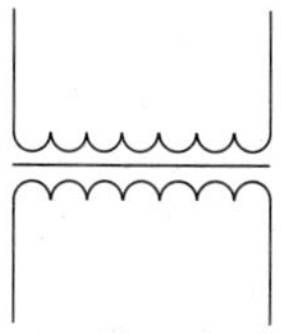
电磁铁	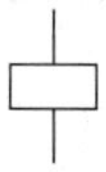	整流变压器	
串励直流电动机	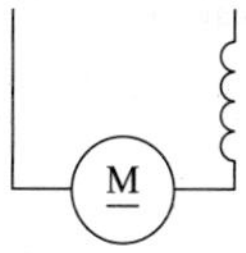	照明变压器	
带滑动触点的电阻器	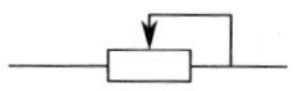	控制电路电源的变压器	
复励直流电动机	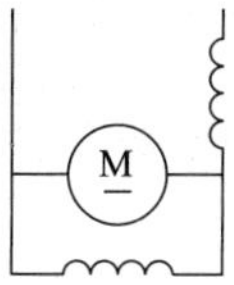	三相笼型异步电动机	
PNP 型三极管		NPN 型三极管	
三相绕线转子异步电动机		晶闸管(阳极侧受控)	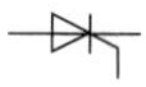
		半导体二极管	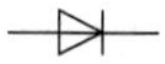
他励直流电动机	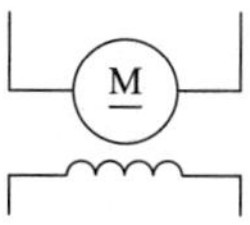	接近敏感开关动合触头	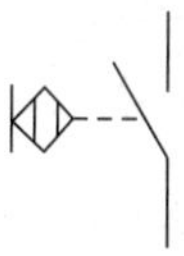
并励直流电动机	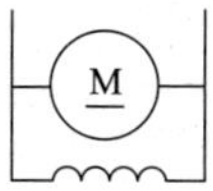	磁铁接近时动作的接近开关动合触头	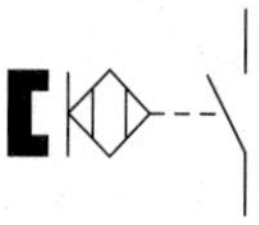

续上表

名　称	图形符号	名　称	图形符号
接近开关动合触头	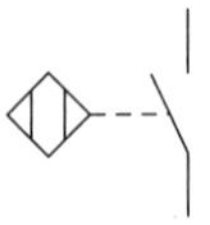	直流发电机	 Ⓖ
带滑动触点的电阻器	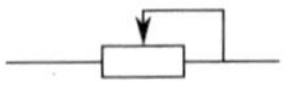		

习　　题

1. 手工电弧焊的焊条有哪几种？
2. 试述焊接接头的形式和类型。
3. 画图表示焊缝符号箭头线与焊缝位置的关系。
4. 简述电气工程图的作用及其分类。
5. 电气制图的常用线型与机械制图有无区别？

第二部分　机械基础

　　机械是现代社会进行生产和服务的五大要素（即人、资金、能量、材料和机械）之一。任何现代产业和工程领域都需要应用机械以减轻或替代人的劳动,提高劳动生产率,人类在长期的生产和生活实践中创造和发展了机械,越来越多地应用各种机械,如汽车、自行车、钟表、照相机、洗衣机、冰箱、空调机、吸尘器等等。

　　本部分介绍组成机器的常用机构及通用零部件。通过分析通用零部件、常见机构和常用机械传动的组成机构、工作原理、基本特点、应用场合等,使学生掌握零件与传动的基本知识、基本理论和基本分析技能。

第十一章

平面机构概述

所有构件在同一平面或相互平行的平面内运动的机构称为平面机构,平面机构应用广泛。分析机构时,通常运用规定的一些简单符号和线条绘制出机构运动简图,将具体的机器抽象成简单的运动模型,来表示机构的运动关系。

第一节 运动副及其分类

一、构件自由度

在空间自由运动的一个物体(构件)可能具有 6 个独立运动,如图 11-1(a)所示,这 6 个运动分别是绕 x、y、z 轴的转动运动和沿 x、y、z 轴的移动运动;而一个在平面上运动的物体最多有 3 个独立运动,如图 11-1(b)所示,这 3 个运动分别是沿 x、y 轴两个方向的移动运动和绕 xOy 平面内任意点的转动运动。物体具有的独立运动数目称为物体运动的自由度。所以,在空间自由运动的物体具有 6 个自由度,而在平面上自由运动的物体则具有 3 个自由度。

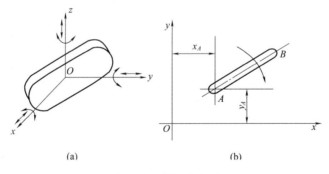

(a)   (b)

图 11-1 构件自由度

二、构成运动副的要素

1. 两构件要直接接触

机构中任何一个构件总是以一定的方式与其他构件相互接触,组成运动副。

2. 有约束但至少保留一个以上相对运动的自由度

两构件组成运动副后,限制了两构件间的相对运动,称为约束,约束使构件的运动自由度减少。而机构正是靠构件间的约束才有了不确定的运动形式。

三、平面运动副

如果只允许相互连接的两构件在同一平面或相互平行的平面内做相对运动,这样的运动副称为平面运动副。运动副不外乎是通过点、线、面接触来实现的。根据组成运动副两构件之间的接触特性,运动副可分为低副、高副两大类。

1. 低副

两构件通过面接触组成的运动副称为低副。平面机构中的低副引入两个约束,仅保留一个自由度。平面低副按其运动形式又分为转动副和移动副。

(1)转动副

组成运动副的两构件之间只能绕某一轴线作相对转动,也叫做铰链。平面机构中的转动副将产生两个方向的移动约束,保留一个转动自由度。

如图 11-2 所示各构件的连接就是转动副及其机构运动简图的基本符号。如果转动副的两构件之一是固定不动的,则该转动副称为固定铰链,简图符号如图 11-2(b)所示,其中画有斜线的构件代表固定构件(机架)。若组成转动副的两构件都可转动,则该转动副称为活动铰链,简图符号如图 11-2(c)所示。图 11-2(d)表示转动副位于两构件之一的中部。

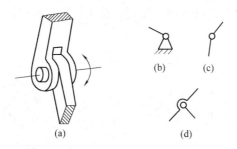

图 11-2　转动副

(2)移动副

组成运动副的两构件只能作相对直线移动。平面机构中的移动副将产生一个方向的移动约束和转动约束,保留一个方向的移动自由度。图 11-3 所示两构件组成的运动副就是移动副及其机构运动简图的基本符号,其中图 11-3(b)所示的基本符号其构件之一是固定不动的。组成移动副的两构件有可能都是运动的,但两构件只能做相对移动。运动简图符号如图 11-3(c)所示。图 11-4 所示是转动副和移动副的实际应用。

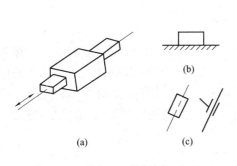

图 11-3　移动副

图 11-4　转动副和移动副的实际应用

2. 高副

两构件通过曲面或曲线相切形成点或线接触的运动副称为高副。构成平面机构中的高副将产生一个方向的移动约束,保留了另一个方向的移动自由度和转动自由度。图 11-5 所示的火车车轮与钢轨、凸轮与从动杆、轮齿与轮齿啮合都是高副,其简图符号如图 11-11 所示。

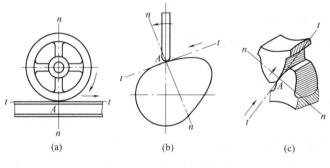

(a)   (b)   (c)

图 11-5　高副

常用的运动副中螺旋副(图 11-6)和球面副(图 11-7)都属于空间运动副,即两构件的相对运动为空间运动。

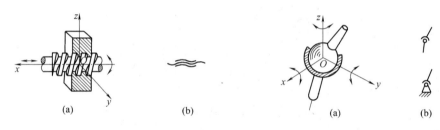

(a)   (b)   (a)   (b)

图 11-6　螺旋副及其简图符号   图 11-7　球面副及其简图符号

第二节　平面机构运动简图

一、机构运动简图

在研究机构运动传递情况和结构特征时,不考虑构件和运动副的实际形状结构和尺寸大小,只考虑与运动有关的运动副的数目、类型及相对位置,用简单线条和符号表示构件和运动副。并按一定的比例确定运动副的相对位置以及与运动有关的尺寸,这种用简单线条和符号表示机构组成和实际机构运动情况的简单图形,称为机构运动简图。

1. 构件的表示方法

可用一条线段或一个三角表示一个构件,如图 11-8(a)、(b)所示;可用矩形表示一个称为滑块的构件,如图 11-8(c)所示;用一条带半圆弧的线段表示一个构件,半圆弧处和另一个构件组成转动副,如图 11-8(d)所示;可用一个圆表示一个齿轮或凸轮构件,如图 11-8(e)所示;可用一个圆弧表示一个构件如图 11-8(f)所示;在图 11-8(g)中,两条线段有焊点(涂黑处)连成一个整体,也可表示一个构件。

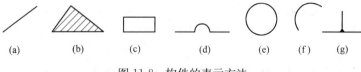

(a)   (b)   (c)   (d)   (e)   (f)   (g)

图 11-8　构件的表示方法

2.转动副的表示方法

转动副的表示方法如图 11-9 所示,其中图 11-9(a)、(b)、(c)表示两个构件组成的一般转动副;图 11-9(d)、(e)、(f)、(g)表示一个构件与机架组成的转动副。

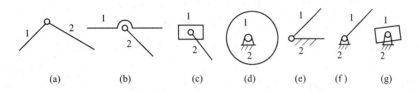

图 11-9　转动副的表示方法

3.移动副的表示方法

移动副的表示方法如图 11-10 所示,其中图 11-10(a)、(c)、(e)表示两个构件组成的一般移动副;图 11-10(b)、(d)、(f)表示一个构件与机架组成的移动副方法。

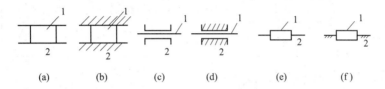

图 11-10　移动副的表示方法

4.高副的表示方法

高副的表示方法如图 11-11 所示,其中图 11-11(a)、(b)表示凸轮机构;图 11-11(d)、(f)表示齿轮机构;图 11-11(c)、(e)表示一个构件与机架组成的高副。

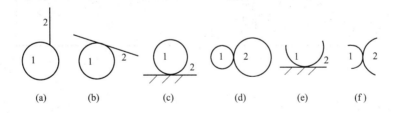

图 11-11　高副表示方法

二、识读机构运动简图

识读机构运动简图就是通过阅读一个机构的运动简图,能够正确了解该机构的构件数目、转动副、移动副的数目和高副的数目;能够了解该机构大概的运动状况。确定机构运动简图构件数目时,一般都是由原动件开始逐一地确定构件数目,并加以编号,防止重数和漏数,最后落在机架上;转动副的特征就是两个构件组成的小圆圈;移动副的特点是有滑块或机架上有开槽;高副的特征是两个构件以轮廓曲线或直线相切。下面举例说明机构运动简图的识读方法。

图 11-12 为一个机构运动简图,机构多处画有斜线的构件都可代表固定构件(机架),但注意:一个机构中机架只有一个。该机构的圆形构件 1(凸轮表示方法)是原动件,该构件上的箭

头就是原动件的标志;小轮子为构件 2;带有半圆弧的线段为构件 3;矩形构件(滑块)为构件 4;与滑块组成移动副的长杆,穿过滑块两段线段表示的是一个构件(称为导杆)为构件 5;顺序的可以数出构件 6、7、8、9;机架是构件 10。构件 1 与 10,2 与 3,3 与 10,3 与 4,4 与 6,6 与 7,7 与 10,5 与 10,5 与 8,8 与 9 等组成 10 个转动副;构件 4 与 5,9 与 10 组成 2 个移动副;构件 1 与 2 组成 1 个高副。

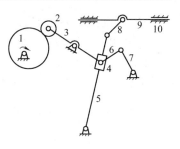

图 11-12　机构运动简图

该机构的运动状况为:凸轮做转动;构件 3、构件 5、构件 7 等做往复摆动;构件 9 做往复移动;其他构件做复杂的周期性运动。

常用机构运动简图符号见表 11-1。

表 11-1　常用机构运动简图符号

在机架上的电机		齿轮齿条传动	
带传动		圆锥齿轮传动	
内啮合圆柱齿轮传动		棘轮机构	

三、绘制机构运动简图

机构运动简图应满足以下条件:
(1)构件数目与实际相同;
(2)运动副的性质、数目与实际相符;
(3)运动副之间的相对位置以及构件尺寸与实际机构成比例。

绘制机构运动简图时,首先去掉与运动无关的结构部分,把运动部分抽象为刚性杆件,然后弄清机构的实际构造和运动状况,找出机构的原动件、从动件和机架,并沿着传动路线弄清其他构件的作用和各运动副的性质。在此基础上选择能够表达构件运动关系的视图平面,用运动副的符号和表示构件的线条,以适当的比例尺绘出机构运动简图。为了使图形简单清晰,绘图时应当注意,只绘制与运动有关的结构。下面举例说明机构运动简图的绘制方法。

【例 11-1】　绘制图 11-13(a)所示翻斗车的机构运动简图。

解:图 11-13(a)所示翻斗车的自动卸料机构由车身 1、翻斗 2、活塞杆 3 和液压缸 4 组成,各构件之间都是低副,有 1 个移动副和 3 个转动副。机构运动简图如 11-13(b)所示。

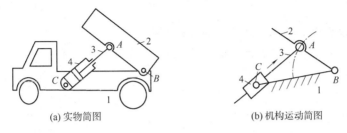

(a) 实物简图　　　　(b) 机构运动简图

图 11-13　翻斗车及其机构运动简图

【例 11-2】　绘制图 11-14(a)所示的单缸内燃机机构运动简图。

解: 单缸内燃机机构由连杆机构、齿轮机构和凸轮机构三个机构组成。齿轮 9、齿轮 10、机架 1 三个构件组成齿轮机构。活塞 4、连杆 3、曲轴 2(齿轮 10)、机架 1 四个构件组成平面四杆机构。凸轮 8(齿轮 9)、进排气阀推杆 7、机架 1 三个构件组成凸轮机构。机构运动简图如图 11-14(b)所示。

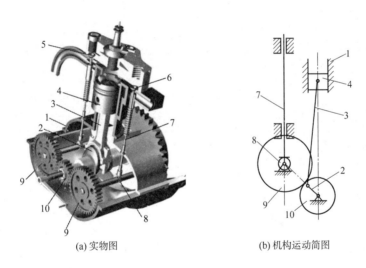

(a) 实物图　　　　(b) 机构运动简图

图 11-14　单缸内燃机

习　题

一、填空题

1. 构件在＿＿＿＿＿＿的平面内做相对运动的机构称为平面机构。

2. 组成运动副的两构件只能作相对＿＿＿＿＿＿的运动副称为移动副。

3. 组成运动副的两构件之间只能绕某一轴线作＿＿＿＿＿＿的运动副称为转动副。

4. 两构件通过＿＿＿＿＿＿相切而接触的运动副称为高副。

二、判 断 题

1. 两构件通过点或线接触组成的运动副称为高副。　　　　　　　　　　　　　(　　)

2. 组成运动副的两构件只能做相对转动,这种运动称为移动副。　　　　　　　(　　)

三、简 答 题

1. 试述机构运动简图应满足的条件。

2. 简述运动副的分类。

第十二章
平面连杆机构

　　在生产和现实生活中平面连杆机构有着诸多的应用。它是由构件和低副连接而成的平面机构。平面连杆机构的优点是：低副是面接触，承载较大；接触面积大，磨损慢；形状简单，易于加工；改变各个构件的相对长度和取不同的构件为机架，可以得到不同的运动规律和不同类型的机构，从而满足不同的运动要求。缺点是：低副中存在间隙，机构运动精度不高；运动不易控制，难以实现复杂的运动；从动件通常为变速运动，存在惯性力，不适宜高速场合。

　　平面连杆机构常以其所含的构件(杆)数命名，如四杆机构、五杆机构等等。最基本、最简单的平面连杆机构是由 4 个构件组成的平面四杆机构，四杆机构虽然运动简单，但应用却极为广泛，而且是多杆机构的基础。

　　平面四杆机构可分为铰链四杆机构和滑块四杆机构两大类，前者是平面四杆机构的基本形式，后者由前者演化而来。

　　平面连杆机构在生产和生活中的实际应用，如吊车、天平、铲车、门窗等，如图 12-1 所示。

(a) 吊车　　　　　　　　　　　　　(b) 天平

(c) 铲车　　　　　　　　　　　　　(d) 门窗

图 12-1　平面连杆机构的实际应用

第一节　铰链四杆机构

四个构件是用四个转动副依次连接的平面四杆机构,称为铰链四杆机构,如图 12-2 所示。它由三个活动构件和一个固定构件(机架)组成。

一、铰链四杆机构概念

图 12-2 中的 AD 杆 4 是机架,相对静止;与机架组成转动副 A 和 D 的构件 AB 杆 1 和 CD 杆 3 称为连架杆,其运动是绕转动副 A 和 D 做定轴转动;与连架杆组成转动副的 BC 杆 2 称为连杆,做复杂的平面运动。

能绕与机架组成转动副的回转中心做整周转动的连架杆称为曲柄,只能做往复摆动的连架杆称为摇杆,两连架杆均可做原动件。

二、铰链四杆机构的类型

根据铰链四杆机构中曲柄的数目可分为三种类型。

1. 曲柄摇杆机构

在铰链四杆机构中,若有一个连架杆为曲柄,另一个连架杆为摇杆,则称该机构为曲柄摇杆机构,如图 12-3 所示。在曲柄摇杆机构中,曲柄转动一周,摇杆往复摆动一次。该机构的主动件可实现曲柄的整周转动与摇杆的往复摆动互换。如图 12-4 所示的颚式碎矿机,当主动件曲柄 AB 整周转动时,通过连杆 BC,使摇杆 CD 和固定斜板之间的夹角产生变化,达到破碎矿石的目的。图 12-5 为汽车前窗的刮雨器,当主动曲柄 AB 回转时,从动摇杆 CD 作往复摆动,利用摇杆的延长部分实现刮雨动作。图 12-6 所示的雷达天线机构,当主动件曲柄 1 转动时,通过连杆 2,使与摇杆 3 固结的抛物面天线作一定角度的摆动,以调整天线的俯仰角度。曲柄摇杆机构也可以是摇杆为主动件做往复摆动转换为曲柄的从动整周转动。如图 12-7 所示的缝纫机踏板机构,就是将脚踏板 CD 的往复摆动转化为大带轮 AB 的整周转动。

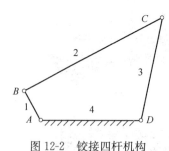

图 12-2　铰接四杆机构

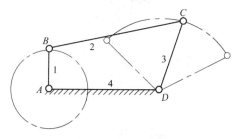

图 12-3　曲柄摇杆机构

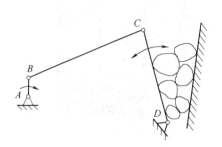

图 12-4　颚式碎矿机机构

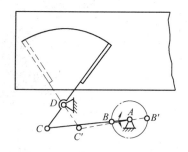

图 12-5　汽车前窗刮雨器机构

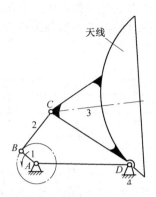

图 12-6　雷达天线机构

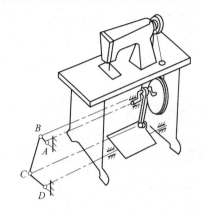

图 12-7　缝纫机踏板机构

2. 双曲柄机构

在铰链四杆机构中,若两个连架杆都能做整周转动,即两连架杆均为曲柄,则称该机构为双曲柄机构,如图 12-8 所示。

一般的双曲柄机构,当主动曲柄以等角速度转动一周时,从动曲柄忽快忽慢地以变角速度转动一周,即两曲柄转动的角速度不相等。如图 12-9 所示的惯性筛机构就是利用从动曲柄变速产生的惯性,使物料来回抖动,从而提高了筛选效率。

在双曲柄机构中,若两对边平行并且相等,且两曲柄转动方向相同,则称为平行双曲柄机构,如图 12-10 所示。平行双曲柄机构的主动曲柄与从动曲柄的运动状态完全相同,瞬时角速度恒相等,且连杆 BC 做平行移动。图 12-11 所示的摄影车座斗机构就是平行四边形机构的实际应用,由于两曲柄作等速同向转动,连杆做平行移动从而保证机构的平稳运行;图 12-12所示

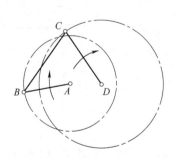

图 12-8　双曲柄机构

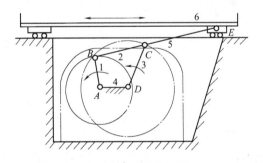

图 12-9　惯性筛机构

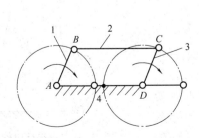

图 12-10　平行双曲柄机构

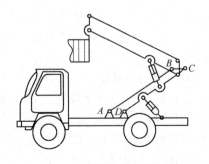

图 12-11　摄影车座斗机构

的蒸汽机车车轮联动机构,就是利用平行双曲柄机构,将固定于曲柄上的三个蒸汽机车车轮全部变成主动轮,使它们的转动状况完全相同;图12-13所示的天平机构利用平行双曲柄机构的连杆做平行移动,使天平盘始终处于水平位置。

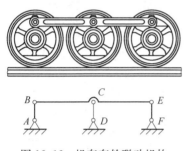

图12-12 机车车轮联动机构

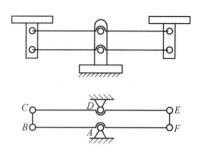

图12-13 天平机构

机车车轮联动机构,是平行双曲柄机构的应用实例。平行双曲柄机构在双曲柄和机架共线时,可能由于某些偶然因素的影响而使两个曲柄反向回转。机车车轮联动机构采用三个曲柄的目的就是为了防止其反转。

当双曲柄机构对边都相等,但互不平行,则称其为反向双曲柄机构,如图12-14(a)所示。反向双曲柄的旋转方向相反,且角速度也不相等。车门启、闭机构中,当主曲柄转动时,通过连杆使从动曲柄朝反向转动,从而保证两扇车门能同时开启和关闭,如图12-14(b)所示。

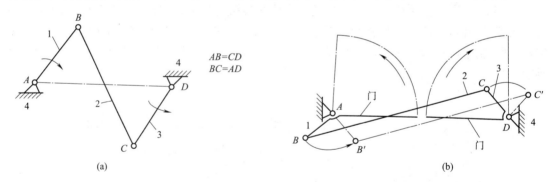

图12-14 反平行四边形机构

3. 双摇杆机构

在铰链四杆机构中,若两个连架杆均为摇杆,则称为双摇杆机构,如图12-15所示。在双摇杆机构中,主动摇杆摆动一次,从动摇杆也摆动一次,其应用也很广泛。如图12-16所示的鹤式起重机机构,当摇杆AB摆动时,另一摇杆CD随之摆动,使得悬挂在E点重物能沿水平直线的方向移动。图12-17是电风扇摇头机构,电机装在摇杆上,铰链B处装有一个与连杆固结在一起的蜗轮。电机转动时,电机轴上的蜗杆带动蜗轮迫使连杆绕B点作整周转动,从而使两个连架杆作往复摆动,达到风扇摇头的目的。图12-18所示为飞机起落架中所用的双摇杆机构,图中实线表示起落架放下时的位置,虚线表示起落架收起时的位置。图12-19所示的汽车前轮

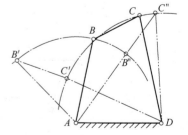

图12-15 双摇杆机构

转向操纵机构,是两摇杆长度相等的等腰梯形机构。车轮分别固连在两摇杆上,当推动摇杆时,两前轮以不同的速度转动,使汽车转弯时,两轮能与地面作纯滚动,减小了轮胎的磨损。

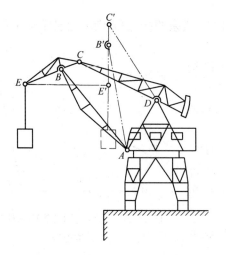

图 12-16 鹤式起重机机构

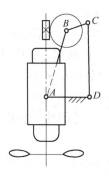

图 12-17 电风扇摇头机构

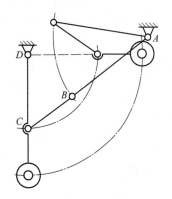

图 12-18 飞机起落架机构

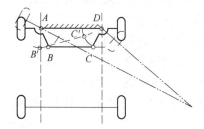

图 12-19 汽车前轮转向操纵机构

三、铰链四杆机构曲柄存在的条件

上述铰链四杆机构三种形式的区别在于机构中曲柄的数目。铰链四杆机构是否有曲柄,由各杆相对长度来决定,铰链四杆机构的杆长是指每个杆上两个转动副中心之间的距离。如图 12-2 所示的杆 1、2、3、4 的 AB、BC、CD 和 AD 的距离。

1. 铰链四杆机构曲柄的存在条件

被判定的连架杆如果满足:

(1)该连架杆或机架杆是四个杆长中的最短杆(最短条件)。

(2)四个杆长的最短杆与最长杆长度之和小于或等于其余两杆长度之和(杆长条件)。

则该连架杆是曲柄,否则是摇杆。

2. 铰链四杆机构曲柄存在条件的推论

(1)若四杆机构中最短杆与最长杆长度之和小于或等于其余两杆长度之和,则:

①当最短杆为连架杆时为曲柄摇杆机构；

②当最短杆为机架时为双曲柄机构；

③当最短杆为连杆时为双摇杆机构。

（2）若四杆机构中最短杆与最长杆长度之和大于其余两杆之和，则不论取任何杆为机架都是双摇杆机构。

【例 12-1】 在图 12-20 所示的铰链四杆机构中，已知连杆 $BC=500$ mm，连架杆 $CD=400$ mm，机架 $AD=300$ mm。当该机构是曲柄摇杆机构、双曲柄机构、双摇杆机构时，求：杆 AB 的长度范围。

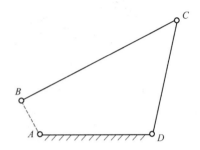

图 12-20   求铰链四杆机构 AB 杆的长度范围

解：杆 AB 长度最短有 $AB>0$；最长有 $AB<AD+CD+BC=300+400+500=1\,200$ mm。在杆 AB 长度区间 $(0,1\,200)$ 范围中，连架杆 AB 长度有三种可能性：

（1）如果连架杆 AB 是最短杆长，最长杆长是连杆 BC。

如果满足杆长条件有：$AB+500\leqslant300+400$，

得：$AB\leqslant200$，这时机构是曲柄摇杆机构。

如果不满足杆长条件有：$AB+500>300+400$，

得：$AB>200$，这时机构是双摇杆机构。

（2）如果连架杆 AB 是中间杆长，最短杆长是机架杆 AD，最长杆长是连杆 BC。

如果满足杆长条件有：$300+500\leqslant AB+400$，

得：$AB\geqslant400$，这时机构是双曲柄机构。

如果不满足杆长条件有：$300+500>AB+400$，

得：$AB<400$，这时机构是双摇杆机构。

（3）如果连架杆 AB 是最长杆长，最短杆长是机架杆 AD。

如果满足杆长条件有：$AB+300\leqslant500+400$，

得：$AB\leqslant600$，这时机构是双曲柄机构。

如果不满足杆长条件有：$AB+300>500+400$，

得：$AB>600$，这时机构是双摇杆机构。

综合上述结果可得：AB 杆长在 $[0,200]$ 区间内是曲柄摇杆机构；AB 杆长在 $[200,400]$ 区间内是双摇杆机构；AB 杆长在 $[400,600]$ 区间内是双曲柄机构；AB 杆长在 $[600,1\,200]$ 区间内是双摇杆机构。

第二节   其他四杆机构

图 12-21 是 4 个构件用三个转动副和一个移动副依次连接组成的一个移动副四杆组合。与滑块构件 3 组成移动副的构件 4 称为导杆。在此组合中取不同的构件作为机架可得到不同的四杆机构。

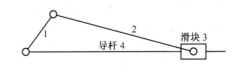

图 12-21   单移动副四杆组合

一、曲柄滑块机构

在图 12-21 中取导杆 4 为机架组成的机构称为曲柄滑块机构,如图 12-22 所示。机构的连架杆 AB 为曲柄做整周转动;连杆 BC 做复杂的平面运动;滑块做往复直线移动。曲柄转动一周,滑块往复直线移动一次。曲柄回转中心到滑块导路中心的距离 e 称为偏心距,如果 $e=0$ 则称为对心曲柄滑块机构,如图 12-22(a)所示;如果 $e>0$ 则称偏置曲柄滑块机构,如图 12-22(b) 所示。曲柄滑块机构中滑块的两极限位置 C_1 和 C_2 间的距离 H 称为机构的行程。

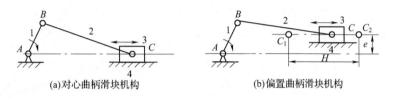

(a)对心曲柄滑块机构　　　　　　(b)偏置曲柄滑块机构

图 12-22　曲柄滑块机构

曲柄滑块机构的曲柄存在条件是:曲柄长与偏心距的和小于或等于连杆长。曲柄滑块机构可将曲柄的主动整周转动转换为滑块的从动往复移动,如图 12-23 所示的自动送料装置;图 12-24 所示为爬杆机器人,这种机器人模仿尺蠖的动作向上爬行,其爬行机构就是曲柄滑块机构。曲柄滑块机构也可将滑块的主动往复移动转换为曲柄的从动整周转动,如第 11 章图 11-14所示的单缸内燃机中的四杆机构。

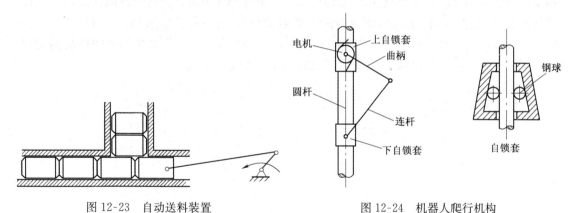

图 12-23　自动送料装置　　　　　　图 12-24　机器人爬行机构

二、导杆机构

在图 12-21 中取与导杆组成转动副的构件 1 为机架组成的机构称为导杆机构,即导杆与机架组成转动副。导杆机构连架杆是曲柄做整周转动(一般它是主动构件),滑块做复杂平面运动。根据导杆(一般它是从动构件)的运动状况导杆机构可以分为:

1. 转动导杆机构

当连架杆长≥机架杆长,导杆可以做整周转动,称为转动导杆机构,如图 12-25(a)所示。

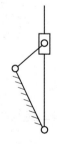

(a)转动导杆机构　　(b)摆动导杆机构

图 12-25　导杆机构

2. 摆动导杆机构

当连架杆长＜机架杆长,导杆只能做往复摆动,称为摆动导杆机构,如图12-25(b)所示。

图12-26所示为牛头刨床中所用的摆动导杆机构,图12-27所示为小型刨床用的转动导杆机构。

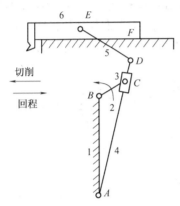

图12-26 牛头刨床中的摆动导杆机构

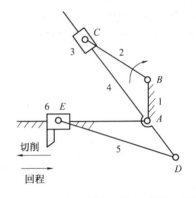

图12-27 小型刨床中的转动导杆机构

三、摇块机构

在图12-21中取与滑块组成转动副的构件2为机架组成的机构称为摇块机构,即滑块与机架组成转动副,如图12-28所示。摇块机构的连架杆经常是摇杆为从动件做往复摆动,滑块做往复摆动(经常做油缸),导杆做复杂的平面运动为主动件(经常做活塞杆)。图12-29所示的汽车自动翻转卸料机构就是摇块机构的实际应用;图12-30的液压泵也是摇块机构的应用,这时连架杆是曲柄1为主动件,导杆4是从动件做复杂的平面运动。

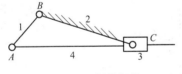

图12-28 摇块机构

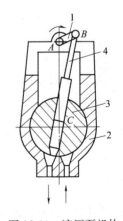

图12-30 液压泵机构

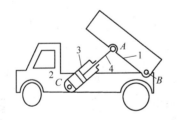

图12-29 汽车自动翻转卸料机构

四、定块机构

在图12-21中取滑块3为机架组成的机构称为定块机构,如图12-31所示。该机构的连架杆2是摇杆做往复摆动,连杆1是主动件做复杂的平面运动,导杆4是从动件做往复的直线移动。图12-32所示的手压泵机构就是定块机构的实际应用。

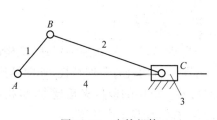

图 12-31　定块机构

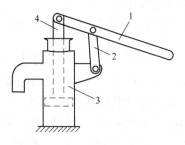

图 12-32　手压泵机构

第三节　平面四杆机构的传动特性

平面四杆机构在传递运动和动力时所显示的传动特性在平面四杆机构的实际应用中有着重要的意义。

一、平面四杆机构的位置和极位夹角

在图 12-33 所示的曲柄摇杆机构中,铰链 B 的轨迹,是以铰链 A 的转动中心为圆心,曲柄 AB 的长度为半径的圆周称为曲柄圆;铰链 C 的轨迹,是以铰链 D 的转动中心为圆心,摇杆 CD 的长度为半径的圆弧称为摇杆弧。当曲柄为主动构件时,摇杆作往复摆动。以 A 为圆心,连杆 BC 和曲柄 AB 之和为半径交摇杆弧于 C_2 点就是摇杆的右极限位置 C_2D,这时曲柄与连杆伸展共线;以 A 为圆心,连杆 BC 和曲柄 AB 之差为半径交曲柄圆于 C_1 点就是摇杆的左极限位置 C_1D,这时曲柄与连杆重叠共线。摇杆的两极限位置 C_1D 和 C_2D 所夹锐角称为摇杆摆角,用 ψ 表示;摇杆的两极限位置 C_1D 和 C_2D 所对应

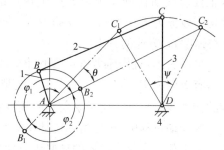

图 12-33　四杆机构的急回特性

的两曲柄位置 AB_1 和 AB_2 所夹锐角称为极位夹角,用 θ 表示。因此,平面四杆机构(包括摆动导杆机构和曲柄滑块机构)的原动件曲柄做整周连续转动时,从动件做往复摆动和往复移动的两个极限位置称极位,所对应的曲柄两位置所夹锐角称为该机构的极位角。

二、急回特性

平面四杆机构中往复运动的从动件"来"、"去"平均速度不相等的特性称为机构的急回特性。

以图 12-33 曲柄摇杆机构为例分析,当曲柄以等角速度 ω 由 AB_1 顺时针转过 $\varphi_1 = 180° + \theta$ 到达 AB_2 时,摇杆由 C_1D 摆到 C_2D,经历的时间为 $t_1 = \dfrac{\varphi_1}{\omega}$,摇杆的平均速度为 $v_1 = \dfrac{C_1C_2}{t_1}$;当曲柄等角速度 ω 再由 AB_2 顺时针转过 $\varphi_2 = 180° - \theta$ 到达 AB_1 时,摇杆又由 C_2D 摆到 C_1D,经历的时间为 $t_2 = \dfrac{\varphi_2}{\omega}$,摇杆的平均速度为 $v_2 = \dfrac{C_1C_2}{t_2}$。因 $\varphi_1 > \varphi_2$,所以 $t_1 > t_2$,$v_1 < v_2$,即摇杆摆回

速度比摆去速度快。

为了说明机构急回特性的程度,引入机构的行程速比系数,用 K 表示,即:

$$K = \frac{快速}{慢速} = \frac{v_2}{v_1} = \frac{t_1}{t_2} = \frac{\varphi_1}{\varphi_2} = \frac{180° + \theta}{180° - \theta} \geqslant 1$$

机构有无急回特性取决于机构的极位夹角 θ。当 $\theta = 0$, $K = 1$,快速 = 慢速,机构没有急回特性,如对心式曲柄滑块机构就是 $\theta = 0$;当 $\theta \neq 0$, $K > 1$,机构就有急回特性,如曲柄摇杆机构、偏置曲柄滑块机构和摆动导杆机构等都具有急回特性。机构的极位夹角越大,机构的急回特性越明显。机构的急回特性可以减少机器的空行程时间,提高生产效率。

三、传动角和压力角

在机构的从动件上,主动力作用点的速度方向与主动力方向所夹锐角,称为机构压力角,用 α 表示。机构压力角 α 的余角 $\gamma = 90° - \alpha$ 称为机构的传动角。在图 12-34 所示的曲柄摇杆机构中,曲柄 1 为主动件,摇杆 3 为从动件。曲柄 1 通过连杆 2,作用于摇杆 3 的主动力作用点是铰链 C 点;该点的速度方向 v_C 垂直于摇杆 CD;该点受到的主动力 F 沿连杆 BC 方向。力 F 与速度 v_C 所夹锐角就是机构压力角 α。真正推动从动摇杆克服阻力产生转动的力是机构有效分力 $F_t = F\cos\alpha = F\sin\gamma$,它是主动力 F 在速度 v_C 方向的分力。

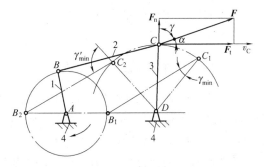

图 12-34   曲柄摇杆机构的传动角和压力角

可以看出:机构压力角 α 越小(传动角 γ 越大),有效分力 F_t 越大,机构传力性能越好,机构的传动效率越高。由于 γ 角便于观察和测量,工程上常以传动角来衡量机构的传力性能。在机构运动过程中,压力角和传动角的大小是随机构位置而变化的,传动角变动范围必有最大角和最小角。为保证机构的良好传力性能,设计时通常都使 $\gamma_{min} \geqslant 40°$。

四、机构死点

机构运动到某一位置时,机构的压力角 $\alpha = 0°$(传动角 $\gamma = 0°$)称为机构的死点位置。在图 12-35 所示的曲柄摇杆机构中,若摇杆 CD 为原动件,曲柄 AB 为从动件,当摇杆 CD 摆到 C_1D 和 C_2D 极限位置,对应的曲柄两个位置 AB_1 和 AB_2,从动曲柄上的传动角 $\gamma = 0°$,此位置就是机构的死点位置。

机构在死点位置其有效分力 $F_t = 0$,则不论主动力多大都不能使从动件产生运动,会出现从动件卡死不动或运动不确定的现象。在曲柄滑块机构中,以滑块为主动件、曲柄为从动件时,死点位置是连杆与曲柄伸展和重叠的两个共线位置;摆动导杆机构中,导杆为主动件、曲柄为从动件时,死点位置是导杆与曲柄垂直的两个位置。

在机构传动中,为了使机构能够顺利地通过死点,继续正常运转,可利用构件自身或飞轮的惯性使机构顺利通过死点,如图 12-7 所示的缝纫机踏板机构就是利用带轮的惯性通过死点。也可采用两组机构错位排列,使两组机构的死点相互错开,如图 12-36 所示的机车的联动机构,左右两侧机构曲柄位置相错 90°。

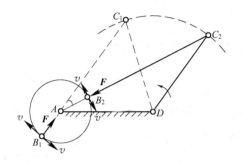

图 12-35　四杆机构的死点位置

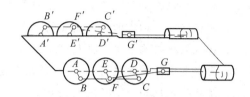

图 12-36　机车的联动机构

对有夹紧或固定要求的机构,则可在设计中利用死点的特点来达到目的。如图 12-37 所示的飞机起落架,当机轮放下时,BC 杆与 CD 杆共线,机构处在死点位置,地面对机轮的力不会使 CD 杆转动,使飞机降落可靠。图 12-38 所示的夹具,工件夹紧后 BCD 成一条线,工作时工件的反力再大,也不能使机构反转,使夹紧牢固可靠。

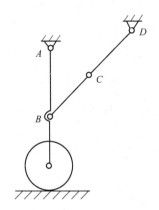

图 12-37　飞机起落架机构

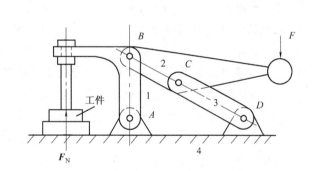

图 12-38　工件夹紧机构

习　题

一、填 空 题

1. 在铰链四杆机构中与机架组成_____的构件称为连架杆。

2. 由 4 个构件和_____依次相连接所组成的机构称为铰链四杆机构。

3. 如果能够做_____的连架杆称为曲柄。

4. 只能做_____的连架杆称为摇杆。

5. 在铰链四杆机构中曲柄最多是_____个,摇杆最少数目是_____个。

6. 铰链四杆机构的三种类型是_____、_____和_____机构。

7. 曲柄摇杆机构中最短杆是_____杆。

二、判 断 题

1. 在铰链四杆机构中两连架杆都做往复摆动则称为双曲柄机构。 （　　）

2. 双曲柄机构中两个曲柄的角速度恒相等。 （　　）

3. 曲柄摇杆机构中曲柄一定是主动件。 （　　）

4. 在双摇杆机构中主动摇杆可以做往复摆动也可以做整周转动。 （　　）

5. 曲柄滑块机构曲柄转动一周,滑块往复运动一次。 （　　）

6. 摆动导杆机构一定具有急回特性。 （　　）

7. 压力角越大,有效动力越大,机构动力传递性越好,效率越高。 （　　）

8. 滑块主动,曲柄从动的曲柄滑块机构必有死点位置。 （　　）

三、选 择 题

1. 能够把整周转动变成往复摆动的铰链四杆机构是＿＿＿＿＿＿机构。

　　A. 曲柄摇杆　　　　B. 双曲柄　　　　C. 双摇杆

2. 在曲柄摇杆机构中最短杆应是＿＿＿＿＿＿。

　　A. 连架杆　　　　B. 连杆　　　　C. 机架

3. 在双摇杆机构中,最短杆应是＿＿＿＿＿＿。

　　A. 摇杆　　　　　B. 连杆　　　　C. 机架

4. 能够实现整周转动与往复直线移动运动互换的是＿＿＿＿＿＿机构。

　　A. 曲柄摇杆　　　　B. 曲柄滑块　　　　C. 导杆

5. 具有急回特性四杆机构的行程速比系数 K 应是＿＿＿＿＿＿。

　　A. $K>1$　　　　B. $K=0$　　　　C. $0 \leqslant K \leqslant 1$

6. 机构在死点位置时压力角 $\alpha=$＿＿＿＿＿＿

　　A. $\alpha<0°$　　　　B. $\alpha=0°$　　　　C. $\alpha=90°$

7. 机构克服死点位置的方法是＿＿＿＿＿＿。

　　A. 利用惯性　　　　B. 加大主动力　　　　C. 提高安装精度

四、识 图 题

写出图 12-39 中所列机构的名称。

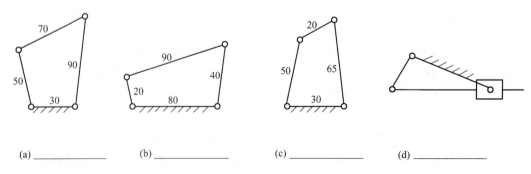

(a) ＿＿＿＿＿＿　　(b) ＿＿＿＿＿＿　　(c) ＿＿＿＿＿＿　　(d) ＿＿＿＿＿＿

图　12-39

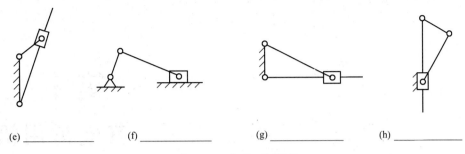

(e) _____ (f) _____ (g) _____ (h) _____

图 12-39 各种四杆机构

第十三章
其他常用机构

实际中的常用机构有多种类型,包括平面连杆机构、凸轮机构、螺旋机构、间歇运动机构及齿轮机构,还有由这些基本机构复合而成的各种机构。这些机构在生产和生活中都有着不同的用途。

第一节　凸　轮　机　构

平面连杆机构一般只能近似地实现给定的运动规律,而且设计较为复杂,在各种机器中,特别是自动化机械设备、仪表和自动控制装置中,为实现各种复杂的运动要求常采用凸轮机构。

一、凸轮机构概述

1. 凸轮组成及应用

凸轮机构由凸轮、从动件和机架组成,凸轮、从动件与机架构成低副,凸轮与从动件是以点或线接触构成平面高副,故凸轮为高副机构。凸轮是具有曲线轮廓的构件,在凸轮机构中一般凸轮是主动构件。

当凸轮运动时,通过凸轮与从动件的接触带动从动件产生预期的周期性运动规律。即从动件的运动规律(指位移、速度、加速度等)取决于凸轮轮廓的曲线形状;因此,按机器的工作要求给定从动件的运动规律之后,可合理地设计出凸轮的曲线轮廓。

图 13-1 所示为内燃机的配气机构,当凸轮 1 转动时,推动气阀杆 2 上下移动,从而使气阀有规律地开启或关闭。气阀的运动规律则取决于凸轮轮廓的曲线形状。

图 13-2 所示为自动车床靠模机构。拖板带动从动刀架 2 沿靠模凸轮 1 运动时,刀刃走出手柄外形轨迹。手柄的曲线形状取决于凸轮轮廓的曲线形状。

图 13-3 所示为自动送料机构,当带凹槽的圆柱凸轮 1 回转时,凹槽中的滚子带动从动件 2 作往复摆动,将工件推送至指定的位置。推送工件的时间间隔及工件的精确位置的运动规律,则取决于圆柱凸轮凹槽轮廓的曲线形状。

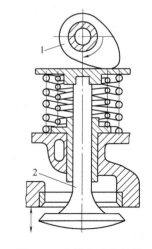

图 13-1　内燃机配气机构

2. 凸轮机构特点

凸轮与连杆机构相比,主要优点是只要正确地设计凸轮曲线轮廓,就能使从动件准确地实现任意给定的运动规律;构件数目少,结构简单紧凑;工作可靠。缺点是凸轮与从动件之间为点或线接触,接触应力较大,承载不大;不易实现较理想的润滑;易于磨损,寿命相对较短;凸轮制造困难;高速传动可能产生较大冲击。因此凸轮机构多用于传力不大的轻载机构、控制机构和调节机构。

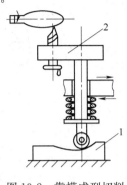

图 13-2　靠模成型切削

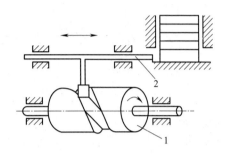

图 13-3　自动送料机构

二、凸轮机构分类

1. 按凸轮的形状

(1)盘形凸轮

盘形凸轮与机架组成转动副,它的外形是一个由转动中心到曲线轮廓距离有变化的盘形构件,如图 13-1 所示。盘形凸轮是凸轮的最基本类型属于平面凸轮。

(2)移动凸轮

移动凸轮与机架组成移动副,它也是具有曲线轮廓的盘形构件也属于平面凸轮,如图 13-2 所示。

(3)圆柱凸轮

圆柱体的外表面具有一定曲线轮廓凹槽或在圆柱体的端面上有一定的曲线轮廓,且绕轴线转动的凸轮就是圆柱凸轮。圆柱凸轮与从动件之间的相对运动为空间运动属于空间凸轮机构,如图 13-3 所示。

2. 按从动件的运动形式

(1)直动从动件

从动件与机架组成移动副做往复直线移动,如图 13-4(a)～(d)所示。直动从动件的导路中心线通过凸轮回转中心时称为对心从动件凸轮机构,否则称为偏置从动件凸轮机构。

(2)摆动从动件

从动件与机架组成转动副做往复摆动运动,如图 13-4(e)～(h)所示。

3. 按从动件与凸轮接触端部的结构

(1)尖顶从动件

从动件的端部以尖顶与凸轮曲线轮廓接触,如图 13-4(a)、(e)所示。尖顶从动件结构简单,尖顶能与任何复杂的凸轮轮廓接触,可精确地反映出凸轮曲线轮廓所带来的运动规律。但由于尖顶与凸轮接触面甚小,接触应力过大,受力小,易磨损,只适用于受力不大的低速凸轮机构。

(2)滚子从动件

从动件的端部安装一小滚轮,小滚轮与凸轮曲线轮廓相切接触,使从动件与凸轮形成滚动摩擦,如图 13-4(b)、(f)所示。滚动摩擦减小了从动件与凸轮间的摩擦,减轻了磨损,还增大了接触面积,所以可承受较大的载荷应用最为广泛。但滚子从动件结构较复杂,尺寸、重量较大,不易润滑且轴销强度较低。

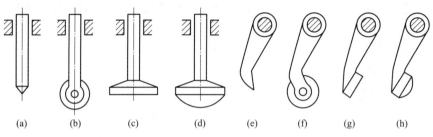

图 13-4 从动件的不同形式

(3)平底从动件

从动件的端部以一平面与凸轮曲线轮廓相切接触,如图 13-4(c)、(g)所示。平底从动件与凸轮接触易形成楔形油膜,润滑较好,传动平稳,噪声小,磨损小。如果不计摩擦时,凸轮对从动件的作用力始终垂直于平底,传动效率较高,接触面积也较大。故常用于高速、承载大的场合,但不能用于具有内凹轮廓的凸轮。

(4)球面底从动件

从动件的端部有凸球面,如图 13-4(d)、(h)所示。球面底从动件可避免因安装位置偏斜或不对中而造成的表面应力和磨损都增大的缺点,并兼有尖顶和平底从动件的优点。

4.按锁合方法

为使凸轮机构正常工作,必须使从动件与凸轮始终保持高副接触状态,这样的状态称为凸轮与从动件的锁合,能产生锁合的方法如下。

(1)外力锁合

依靠重力、弹簧力或其他外力使从动件与凸轮保持接触,如图 13-5 所示。

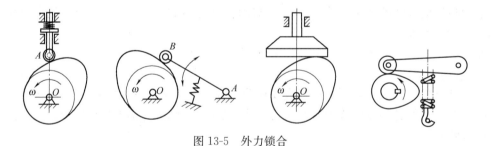

图 13-5 外力锁合

(2)几何锁合

依靠凸轮和从动件的特殊几何形状的约束使从动件与凸轮保持接触,如图 13-6 所示。

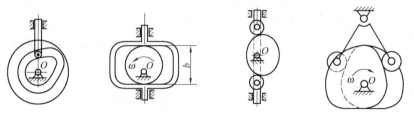

图 13-6 几何锁合

第二节　间歇运动机构

当主动构件作连续的运动,带动从动件做时动时停的周期性间歇运动的机构,称为间歇运动机构。

一、棘轮机构

1. 棘轮机构组成及工作原理

棘轮机构是间歇运动机构中的一种,典型的棘轮机构如图13-7所示。棘轮机构由棘轮1、摇杆2、棘爪3和机架组成。一般摇杆为主动件,棘轮为从动件。棘轮、摇杆与机架组成同轴转动副;棘爪与摇杆组成转动副。

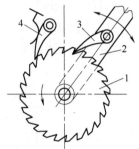

由图13-7可以看出,当摇杆2向左摆动时,装在摇杆上的棘爪3嵌入棘轮的齿槽内推动棘轮1转过一个角度;当摇杆向右摆动时,棘爪3只能在棘轮1的齿背上滑过,棘轮1静止不动。止回棘爪4就是为了防止摇杆向右摆动时,棘轮跟随摇杆反转而设置的。这样当摇杆2连续往复摆动时,通过棘爪带动棘轮,可以产生时转时停的单方向间歇转动。

图13-7　外齿棘轮机构

2. 棘轮机构分类

(1)按棘轮机构的啮合方式

外齿棘轮机构。棘轮的轮齿在圆柱体外表面上,如图13-7所示。

内齿棘轮机构。棘轮的轮齿在外圆孔内表面上,如图13-8所示。

(2)按棘轮的运动方式

单动式棘轮机构。摇杆向一个方向摆动时,棘轮沿同方向转过某一角度;而摇杆反向摆动时,棘轮静止不动,如图13-7所示。

双动式棘轮机构。当摇杆往复摆动时都能使棘轮沿某一方向转动,如图13-9所示。

图13-8　内齿棘轮机构

图13-9　双动式棘轮机构

(3)按棘轮可以转动的方向

单向转动棘轮。棘轮只能朝一个方向转动,如图13-7所示。

双向转动棘轮。棘轮可以产生两个方向的转动,如图13-10所示。当棘爪1在图示位置时,棘轮2沿逆时针方向间歇运动;若将棘爪提起(销子拔出),并绕本身轴线转180°后放下(销子插入),则可实现棘轮沿顺时针方向间歇运动。双向式的棘轮一般采用矩形齿。

3. 摩擦式棘轮机构

图 13-11 所示为摩擦式棘轮机构,它的工作原理与轮齿式棘轮机构相同,只不过用偏心扇形块代替棘爪,用摩擦轮代替棘轮。当摇杆 1 逆时针方向摆动时,扇形块 2 楔紧摩擦轮 3 成为一体,使摩擦轮 3 也一同逆时针方向转动,这时止回扇形块 4 打滑;当摇杆 1 顺时针方向转动时,扇形块 2 在摩擦轮 3 上打滑,这时止回扇形块 4 楔紧,以防止摩擦轮 3 倒转。这样当摇杆 1 作连续反复摆动时,摩擦轮 3 便得到单向的间歇运动。

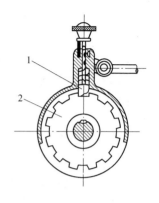

图 13-10 双向转动棘轮机构

图 13-12 所示是常用的滚珠摩擦式棘轮机构,当构件 1 顺时针方向转动时,由于摩擦力的作用使滚子 2 楔紧在构件 1、3 的狭隙处,从而带动构件 3 一起转动;当构件 1 逆时针方向转动时,滚子松开,构件 3 静止不动。

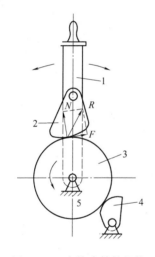

图 13-11 摩擦式棘轮机构

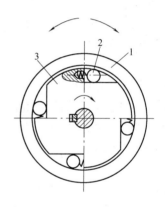

图 13-12 滚珠摩擦式棘轮机构

4. 棘轮机构特点和应用

棘轮机构可实现送进、制动、超越和转位等运动要求,结构简单,运转可靠,棘轮的转角可实现有级调速。但棘齿易磨损且在传动过程中有噪声和冲击,平稳性较差,故棘轮机构适用于低速、轻载的间歇运动。

图 13-13 所示为起重设备安全装置中的棘轮机构,当起吊重物时,如果机械发生故障,重物有可能出现自动下落的危险,这时棘轮机构的棘爪卡在轮齿中起到防止棘轮倒转的作用。

如图 13-14 所示的自行车后轴上的飞轮就是一个内啮合棘轮机构,飞轮 2 的外圈是链轮齿,内圈是棘轮,棘爪 3 安装于后轴上。当链条带动飞轮 2 逆时针转动时,棘轮通过棘爪 3 带动后轴 1 转动;当链条停止时,飞轮也停止转动,此时,后轴因自行车的惯性作用将继续转动,棘爪 3 将沿棘轮的齿面滑过,后轴与飞轮脱开,从而实现了从动件转速超过主动件转速的超越作用。

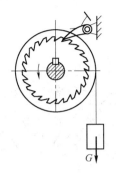

图 13-13　起重机安全装置

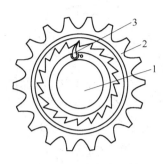

图 13-14　自行车飞轮

二、槽轮机构

1. 槽轮机构组成及工作原理

槽轮机构也是间歇运动机构中的一种,典型的槽轮机构如图 13-15 所示。它是由带圆销的主动曲柄 1、带径向槽的从动槽轮 2 和机架组成。曲柄、槽轮与机架组成转动副,曲柄与槽轮组成高副。当曲柄上的圆销 A 未进入槽轮的径向槽时,由于槽轮的内凹锁止弧与曲柄的外凸锁止弧锁住,槽轮不动,如图 13-15(a)所示;当曲柄上的圆销 A 进入槽轮的径向槽时,锁止弧被松开,槽轮被圆销 A 带动,回转一个角度,然后圆销由径向槽内脱出,如图 13-15(b)所示。曲柄连续转动,圆销 A 再次进入槽轮径向槽,带动槽轮转动;圆销 A 离开槽轮,槽轮又静止。这样当曲柄连续转动时,通过曲柄圆销带动槽轮,可以产生时动时停单方向的间歇转动。

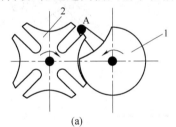

(a)

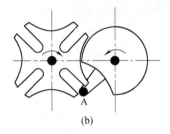

(b)

图 13-15　单圆销外槽轮机构

2. 槽轮机构分类

(1)按槽轮与曲柄转动方向

外槽轮机构。曲柄与槽轮的转动方向相反,如图 13-15 所示。

内槽轮机构。槽轮与曲柄的转动方向相同,如图 13-16 所示。

(2)按曲柄圆销的数目

可分为单圆销外槽轮机构(图 13-15)和双圆销外槽轮机构(图 13-17)。

3. 槽轮机构特点和应用

槽轮机构结构简单,机械效率高,运动较平稳,在自动化机械中应用很广。图 13-18 所示为电影机中的槽轮机构,槽轮 2 上有 4 个径向槽,当曲柄转动一周,圆销将拨动槽轮转过 1/4 周,影片移过一个幅面,并停留一定的时间,以满足人眼视觉需要暂留图像的要求。图 13-19 中的自动传送链装置,运动由主动构件 1 传给槽轮 2,再经一对齿轮 3、4 使与齿轮 4 固连的链轮 5 作间歇转动,从而得到传送链 6 的间歇移动,传送链上装有装配夹具的安装支架 7,故可满足自动线上流水作业的要求。

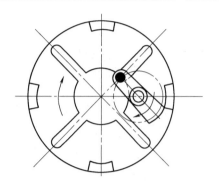

图 13-16 内槽轮机构

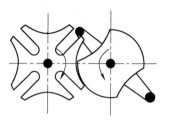

图 13-17 双圆销外槽轮机构

图 13-18 电影机的槽轮机构

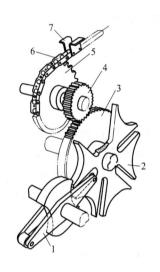

图 13-19 自动传送链的间歇装置

习　题

一、填 空 题

1. 凸轮机构是由 _____、_____和_____三个构件所组成的高副机构。

2. 凸轮与机架组成_____副,凸轮与从动件组成_____副。

3. 按凸轮形状分为_____、_____和_____三种。

4. 凸轮从动件的端部结构形式有_____、_____和_____三种。

5. 移动凸轮机构中,凸轮与机架组成 _____副,凸轮与从动件组成 _____副。

6. 凸轮机构中,平底从动件易形成_____,故常用于_____中。

7. 棘轮机构由_____、_____、_____和_____组成的。

8. 槽轮机构由_____、_____、_____组成,_____为主动件。

二、判 断 题

1. 凸轮机构的特点是可以得到预期的任意运动规律,并且传递动力大。　　　（　　）
2. 凸轮机构中从动件预期运动规律是由从动件与机架连接形式来决定。　　　（　　）
3. 盘状凸轮与机架组成转动副。　　　（　　）
4. 盘状凸轮转速的高低将影响从动件的运动规律。　　　（　　）
5. 尖顶从动件可使凸轮与从动件接触状态最好。　　　（　　）
6. 棘轮机构可以把往复摆动变成间歇性的转动。　　　（　　）
7. 槽轮机构可以把整周转动变成间歇性的转动。　　　（　　）

三、选 择 题

1. 凸轮机构的特点是_____。
   A. 结构简单紧凑　　　B. 不易磨损　　　C. 传递动力大
2. 棘轮机构中,一般摇杆为主动件,做_____。
   A. 往复摆动　　　　　B. 往复移动　　　C. 整周转动
3. 槽轮机构的主动件做_____运动。
   A. 往复摆动　　　　　B. 往复移动　　　C. 整周转动
4. 从动件的预期运动规律是由_____决定的。
   A. 从动件的形状　　　B. 凸轮材料　　　C. 凸轮曲线轮廓形状
5. 凸轮机构中耐磨损、可承受较大载荷的是_____从动件。
   A. 尖顶　　　　　　　B. 滚子　　　　　C. 平底
6. 凸轮机构中可用于高速,但不能用于凸轮轮廓内凹场合的是_____从动件。
   A. 尖顶　　　　　　　B. 滚子　　　　　C. 平底

第十四章

连接与键连接

在机器中将两个或两个以上的零件通过一定的方式结合在一起的形式称为连接。机器制造中采用了大量的连接,以组成构件或运动副,实现一定的性能要求。

第一节　连　接　概　述

一、连接分类

1. 按照连接后的可拆性

可拆连接。通过一般的装拆方法不损坏被连接件即可拆卸的连接,如键连接、销连接、螺纹连接等。

不可拆连接。只能通过破坏的方式才能拆卸且不可重复使用的连接,如焊接、铆接、过盈连接、粘接等。

2. 按照连接后各个零件之间的可动性

动连接。连接的各个零部件之间可以产生某些方式的相对运动。如两个构件组成运动副,导向平键、导向花键及铰链等为动连接。

静连接。连接的各个零部件之间的位置相互固定,不允许产生相对运动的连接。如机器中常见的螺纹连接、焊接、平键连接及销连接均为静连接。

二、不可拆连接

1. 焊接

焊接就是在两块金属之间,用局部加热或加压等手段借助于金属内部原子的扩散和结合,使金属连接成整体的一种不可拆的连接方法。可分为熔化焊、压力焊和钎焊三大类。

(1)熔化焊是将焊接接头的金属加热到熔化状态,经冷却凝固后,使两个分离的构件结合成一个整体的焊接方法。例如手工电弧焊等。

(2)压力焊是将焊接接头处加热或不加热,但要施加足够的压力,在强大的压力作用下,使两个分离的构件结合成一个整体的焊接方法。常见的有电阻焊、超声波焊等。

(3)钎焊是将焊件和钎料同时加热,但钎料熔化,焊件材料不熔化。液态的钎料填入焊件的连接间隙中。钎料和焊件金属相互扩散,经冷却凝固后,使两个分离的构件结合成一个整体的焊接方法。有烙铁钎焊、火焰钎焊、电阻钎焊等。

2. 胶接

胶接是将胶粘剂涂于被连接件表面之间经固化所形成的一种不可拆卸的连接。胶接在机床、汽车、造船、航空等应用日渐广泛。胶接与焊接相比,优点是连接的变形小、耐疲劳、设备简单、操作方便、无噪声、劳动条件好、劳动生产率高、成本较低。其缺点是胶接强度不高；抗弯曲及抗冲击振动性能差；耐老化性能较差，且不稳定。常用于异型、复杂、微小和很薄的元件以及金属与非金属构件的相互连接。

3.过盈连接

过盈连接是利用两个被连接件本身的过盈量来实现连接，配合面通常为圆柱面，也有圆锥和其他形式的配合面。过盈连接是包容件和被包容件的径向变形使配合面间产生很大的压力，进而产生很大的摩擦力来传递载荷，实现连接。过盈连接的装配方法通常有压入法和温差法两种。

压入法是在常温下利用压力机将被包容件直接压入包容件中。过盈量较大，对连接质量要求较高时应采用温差法装配，即加热包容件、冷却被包容件形成装配间隙。在自然温度下包容件和被包容件恢复原有尺寸，其径向变形使配合面间产生很大的压力，工作时将产生很大摩擦力。

过盈连接的过盈量不大时，允许拆卸，但是多次拆卸将影响连接的工作能力。当过盈量较大时，一般不能拆卸，否则将损坏被连接件。为了便于装配，从结构上需要采用合理的结构。例如在包容件的孔端和被包容件的轴端应该制有倒角或有一段间隙配合段等。

第二节　键连接和销连接

键连接用于将轴和轴上的回转零件（曲柄、摇杆、凸轮、带轮、链轮、齿轮、蜗轮、联轴器等）周向固定，使它们共同转动而不产生相对转动，以传递运动和转矩。这种连接具有结构简单、装拆方便、工作可靠等特点。销连接主要应用于零件之间的相互定位。

键通常为自制标准件，其截面尺寸按国家标准制造，长度根据需要在键长系列中选取，常用材料为中碳钢。键连接可分为松键连接、紧键连接和花键连接。

一、松键连接

1. 普通平键连接及其画法

普通平键连接具有结构简单、工作可靠、装拆方便、对中良好、应用广泛等优点。但承载能力不大，多用于静连接。普通平键连接不能承受轴向力，因而对轴上的零件不能起到轴向固定作用。

普通平键的外形为长方形，一半嵌入轴槽，一半插入轮毂槽，键的顶面与轮毂槽底面有间隙，平键两侧面与轴键槽、轮毂键槽的侧面相配合，如图14-1所示。

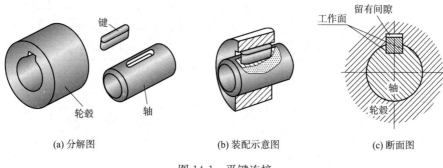

(a) 分解图　　　　　　(b) 装配示意图　　　　　　(c) 断面图

图 14-1　平键连接

　　装配时,通常先将键嵌入轴的键槽内,再将轮毂上的键槽对准轴上的键,把轮子装在轴上,构成平键连接。

　　平键连接工作时靠键的两侧面与轴毂键槽侧面的挤压来传递转动和转矩,因此平键的两侧面是工作面。

　　普通平键端部结构有 A、B、C 三种类型。A 型为圆头平键,定位可靠,应用最广泛;B 型为平头平键,有时要用螺钉顶住,以免松动;C 型为半圆头平键只用于轴端。键是标准件,它的规格采用 $b×h×L$ 标记,其中 b 为键宽,h 为键高,L 表示键长。连接的结构形式如图 14-2 所示。

　　在绘制平键连接的装配图时,由于其两侧面是工作面,因此也是接触面,所以只画一条线。而平键与轮毂孔的键槽顶面之间是非接触面应画两条线,如图 14-2(a) 所示。在零件图上,轴上的键槽常采用局部剖视图(沿轴线方向)和移出剖面图表达,轮毂孔上的键槽常采用全剖视图(沿轴线方向)和局部视图表达,如图 14-2 所示。键槽的尺寸可根据轴的直径从机械设计手册中查取。键的长度,应选取标准参数,但须小于轮毂长度(图 14-2)。

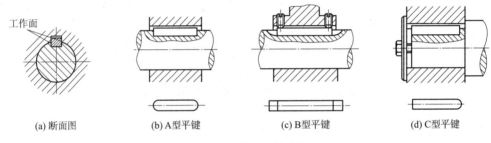

(a) 断面图　　　(b) A型平键　　　(c) B型平键　　　(d) C型平键

图 14-2　普通平键连接

　　轴上的 A、C 型键槽要用立铣刀加工,如图 14-3(a) 所示,B 型键槽要用盘状铣刀加工,如图 14-3(b) 所示。B 型键槽的应力集中较小。

　　2. 导向键与滑键连接

　　当工作要求回转零件在轴上能作轴向移动,连接成移动副形成动连接时,可采用导向键或滑键连接,这两种键连接用于动连接。导向键端部形状同平键(图 14-5),其特点是键较长,键与轮毂的键槽采用间隙配合。工作时,轮毂槽可以沿键作轴向滑动(例如变速箱中滑移齿轮与轴的动连接)。为了防止键松动,用螺钉将其固定在轴上。在其中部还有起键螺钉孔便于拆卸。当零件需要滑移的距离较大时,因所需的导向平键长度过大,制造困难。一般都要采用滑键,滑键固定在轴上零件的轮毂孔内(图 14-6),工作时轮毂与键一起沿轴上的长键槽滑动。与导向键相比,滑键更适用于轴向移动距离较长的场合。只是需要在轴上铣出较长的键槽,而键可以做的较短。

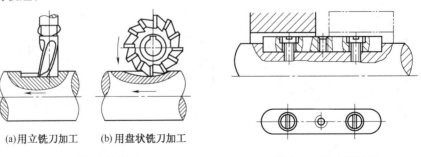

(a)用立铣刀加工　　(b)用盘状铣刀加工

图 14-3　轴上键槽的加工　　　　　图 14-5　导向键连接

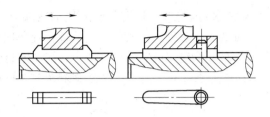

图 14-6　滑键连接

3. 半圆键连接及其画法

图 14-7 所示为半圆键连接。

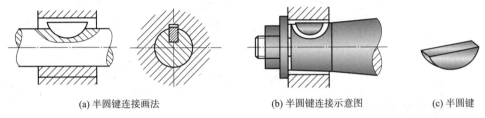

(a) 半圆键连接画法　　　　　　　(b) 半圆键连接示意图　　　　(c) 半圆键

图 14-7　半圆键连接

半圆键的上表面为一平面,下表面为半圆形,两侧面平行。装配时在轴的半圆形键槽内可以自由摆动,轮毂内的键槽为通槽。半圆键用于静连接,其两侧面是工作面。工作时也是靠键的两侧面受挤压传递转矩的。其优点是工艺性好,连接装配方便;缺点是轴上键槽较深,对轴的强度有较大削弱,故多用于轻载的锥形轴端连接中。

二、紧键连接

1. 楔键连接及其画法

楔键的上表面做有与轮毂槽底面一样的 1∶100 的斜度,两侧面和下底面都是平面。楔键连接的结构及画法如图 14-8 所示,键的两侧面与键槽留有间隙,楔键的上下两面是工作面。装配时轮毂件键槽上表面也具有 1∶100 的斜度。通常是先将轮毂装好后,再把键放入并打紧,使其楔紧在轴与毂的键槽中。楔紧后在楔键的上下两面产生较大的摩擦力传递转动和转矩,同时还可承受单向轴向载荷,对轮毂起到单向轴向定位作用。楔键连接分为普通楔键和钩头楔键两类,如图 14-8 所示。钩头楔键有利于拆卸,但对中性差,楔键装配后可使轮毂件有一微小径向移动,造成轴和轮毂的配合产生偏心和倾斜,故对中性差。当受冲击振动载荷作用时易松动。楔键连接的特点是结构简单、工作可靠、承载大、装拆不便、对中性不好。主要用于对中性要求不高和转速较低、载荷平稳的静连接场合。

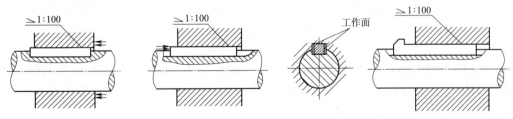

图 14-8　楔键连接

2. 切向键连接

图 14-9 所示为切向键连接。切向键由两个斜度为 1∶100 的普通楔键反装而成,其断面合

成为一长方形,装配时先将轮毂装好,将两个楔键从轮毂槽的两端分别打入,使键楔紧在轴与毂的键槽中。切向键的工作面为上下表面。一对切向键只能传递单向转矩,若要传递双向转矩时,则需装两对互成 120°～135°的切向键,如图 14-9(c)所示。切向键对轴的强度削弱较大,对中性较差,故适用于对中性、运动精度要求不高,低速、重载、轴径大于 100 mm 的静连接场合。

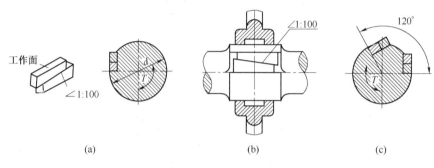

图 14-9　切向键连接

三、花键连接及其画法

花键连接是由周向均布的带凸起的键齿花键轴与带键齿槽的花键孔对应相配合,组成的一种连接形式(图 14-10),齿的工作面为齿的侧面。靠键齿的侧面与键槽侧面的挤压传递转矩。花键的特点是多键传递载荷,承载能力高;轴和毂受力均匀;对中良好;轮毂在轴上移动容易,导向性好;对轴的强度削弱小;但加工需要专用设备和工具,成本较高。用于高速重载轮毂在轴上移动的动连接场合。广泛用于汽车、拖拉机、机床等行业。根据花键的齿形不同,可分为矩形花键、渐开线花键等。

在矩形花键中[图 14-10(b)],轻型花键采用内径定心,定心精度高,易加工;中型花键采用侧面定心;重型花键则用外径定心。其定心面的粗糙度要求 $Ra1.6\ \mu m$ 以上。

渐开线花键的两侧曲线为渐开线[图 14-10(c)],其压力角规定有 30°和 45°两种。其定心方式为齿型定心,利于均匀载荷,易对中。渐开线花键根部强度较大,应力集中小,承载能力大。适用于对心精度高、载荷大、尺寸较大的场合。

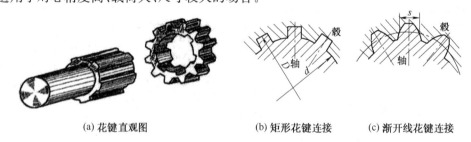

(a) 花键直观图　　　　(b) 矩形花键连接　　　　(c) 渐开线花键连接

图 14-10　花键连接

这两种花键的规格尺寸都已经标准化,在设计时可以参考相关的标准和规范进行。矩形花键应用最广,各部分尺寸,均可由相应标准中查取。下面只介绍矩形花键的画法及尺寸注法。

(1)矩形花键的各部分名称

与轴一体的花键称为外花键,与轮毂一体的花键称为内花键。图 14-11(b)、图 14-12 中的 D 为花键大径,d 为花键小径,b 为花键齿宽,6 齿为花键齿数。

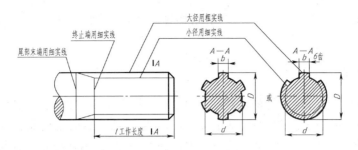

图 14-11 外花键画法及标注

为了简化作图,绘制花键时不按其真实投影绘制。《机械制图》国家标准(GB 4459.3—2000)规定了内、外花键及其连接的画法。

（2）外花键的画法

在平行于外花键轴线的投影面的视图中,大径画粗实线,小径画细实线,并用剖面图画出全部或一部分齿形(但要注明齿数)。工作长度的终止端和尾部长度的末端均用细实线绘制,尾部则画成与轴线成30°的斜线(图 14-11)。

（3）内花键的画法

在平行于内花键轴线的投影面上的剖视图中,大径、小径均用粗实线绘制;并用局部视图画出全部或一部分齿形,但要注明齿数(图 14-12)。

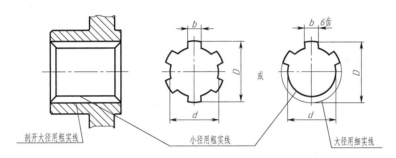

图 14-12 内花键的画法及标注

（4）花键连接的画法

用剖视图表示花键连接时,其连接部分采用外花键的画法(图 14-13)。

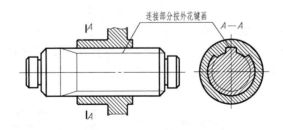

图 14-13 花键连接的画法

（5）花键的标注

花键的标注方法有两种:一种是在图中注出公称尺寸 D（大径）、d（小径）、B（槽宽）和 N（齿数）等;另一种是用指引线标出花键代号,花键代号,形式为 N（齿数）$\times d$（小径）$\times D$（大径)×B(齿宽),如6×28×32×7。无论采用哪种注法,花键的工作长度l都要在图上直接注出。

四、销及销连接

销连接是工程中常用的一种重要连接形式,销可用来确定零件间的相互位置,称为定位销。定位销是组合加工和装配时的辅助定位零件,一般不承受载荷或只承受很小的载荷,平面定位时其数目不得少于2个。销也可用于两零件间的连接,称为连接销。连接销能承受较小载荷,常用于轻载或非动力传输结构。连接销在工作中通常受到挤压和剪切。还可用做安全装置中的过载剪断元件,称为安全销。

销的主要类型有圆柱销和圆锥销(1:50锥度)。同时还有许多特殊的形式,例如开口销、槽销等,几种常用销的特点和应用见表14-1。

表14-1 几种常用销的特点和应用

类型和标准	图 例	特 点	应 用
圆柱销	$\overline{Ra1.6}$ 图示：带 L 和 d 标注的圆柱销	销孔需铰制,过盈紧固,定位精度高	主要用于定位,也可用于连接
圆锥销	1:50 $\overline{Ra1.6}$ 图示：带 L 和 d 标注的圆锥销	销孔需铰制,比圆柱销定位精度更高,安装方便,可多次装拆	主要用于定位,也可用于固定零件,传递动力
开口销	图示：带 L、L_1、d 标注的开口销	工作可靠,拆卸方便,用于防止螺母或销松脱	用于销定其他紧固件,与槽形螺母配合使用

常用销及销连接的画法如图14-14、图14-15、图14-16所示。

圆柱销是靠轴孔间的过盈量实现连接,因此不宜经常装拆,否则会降低定位精度和连接的紧固性。在零件上除标记销孔的尺寸与公差外,还须注明与其相关联的零件配作的字样,图14-14是圆柱销的零件图画法和连接时的装配图画法。

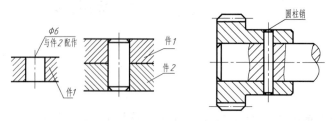

图14-14 圆柱销连接画法

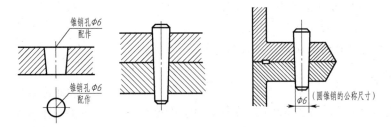

图 14-15 圆锥销连接画法

开口销常与六角开槽螺母配合使用,开口销穿过螺母上的槽和螺杆上的孔以防螺母松动,如图 14-16 所示。

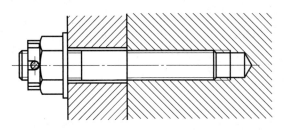

图 14-16 开口销连接画法

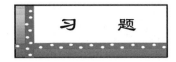

一、填 空 题

1. 按照连接后的可拆性分为_____连接和_____连接。

2. 按照连接后各个零件之间的可动性分为_____连接和_____连接。

3. 键连接可以使轴和轴上的回转零件_____转动,以传递运动和转矩。

4. 键连接可以分为_____键连接、_____键连接和_____键连接。

5. 普通平键端部结构有_____、_____、_____三种类型。

6. 平键连接中,键的_____面为工作面。

7. 花键连接适用于_____精度要提高、_____大或经常滑移的连接。共键连接是由_____花键和_____花键组成。

8. 销是标准件,通常用于零件间的_____或_____。

9. 常用的销有_____销、_____销和_____销。

二、判 断 题

1. 平键连接是靠键两侧面承受挤压力来传递扭矩的。 （ ）

2. 导向键在工作中可随轮毂沿键作轴向移动。 （ ）

3. 花键具有承载能力强、受力均匀、导向性好的特点。 （ ）

4. 楔键连接承载大,对中好。 （ ）

5. 松键连接的顶面与轮毂槽的底面有间隙。　　　　　　　　　　（　　）

6. 花键是靠键槽侧面的挤压来传递转矩。　　　　　　　　　　　（　　）

7. 楔紧后在楔键的两侧面产生较大的摩擦力传递转矩。　　　　　（　　）

三、选 择 题

1. 键是连接件，用以连接轴与齿轮等轮毂，并传递扭矩。其中＿＿＿＿＿＿＿＿应用最为广泛。

　　A. 普通平键　　　　　B. 半圆键　　　　　C. 导向平键　　　　　D. 花键

2. 平键的工作表面是＿＿＿＿＿＿＿。

　　A. 上面　　　　　　　B. 下面　　　　　　C. 上、下两面　　　　D. 两侧面

3. 回转零件在轴上能作轴向移动时，可用＿＿＿＿＿＿＿。

　　A. 普通平键连接　　　B. 紧键连接　　　　C. 导向键连接

第十五章

螺纹连接与螺旋传动

　　圆柱体外表面具有的外螺纹(螺杆)和圆柱孔内表面具有的内螺纹(螺母)相互配合组成的运动副称为螺旋运动副,它是一种空间运动副。螺纹连接就是利用螺旋副固定各个零件之间的相互位置,形成可拆静连接;螺旋传动就是用螺旋副把主动转动运动转变成沿螺纹轴线方向的从动直线移动。螺纹的这两种作用使其在机械制造和工程结构中应用甚广,螺纹还具有结构简单、制造容易、价格低廉、装拆方便、连接可靠、传动平稳、承载大等优点。

第一节　螺　纹　概　述

一、螺纹的形成和加工

　　螺纹的形成如图 15-1(a)所示,将一直角三角形(底边长为 πd_2、高为 S)绕在一圆柱体表面(直径为 d_2)上,使三角形底边与圆柱体底面圆周重合,则此三角形斜边在圆柱体表面形成的空间曲线称为螺旋线。若取一平面图形,使其平面始终通过圆柱体的轴线并沿着螺旋线运动,则该平面图形在空间形成一个螺旋形体,称为螺纹。图 15-2 为螺纹加工的示意图。在螺纹的加工过程中,由于刀具的切入构成了凸起和沟槽,凸起的顶端称牙顶,沟槽的底部称牙底。

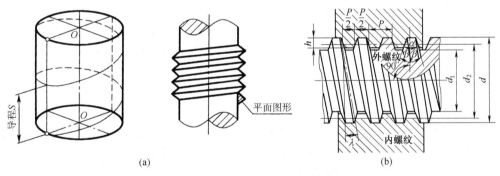

(a)　　　　　　　　　　　　　　　　　(b)

图 15-1　螺纹形成及主要参数

二、螺纹的结构要素及主要参数

　　螺纹的主要参数〔图 15-1(b)〕如下:

　　1. 牙型

　　在通过螺纹轴线的剖面上,螺纹牙的轮廓形状称为螺纹牙型,工程中常用的螺纹牙型有:三角形、梯形、锯齿形、矩形等(表 15-1)。

　　2. 大径(d 或 D)

　　螺纹的公称直径。外螺纹是最大轴径 d 即牙顶,内螺纹是最大孔径 D 即牙底。

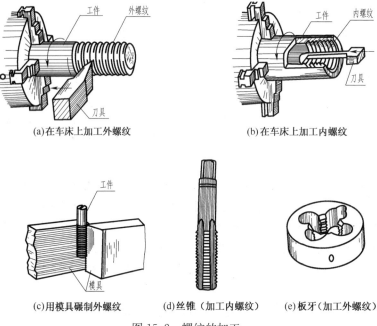

(a)在车床上加工外螺纹　　　　　(b)在车床上加工内螺纹

(c)用模具碾制外螺纹　　(d)丝锥（加工内螺纹）　　(e)板牙（加工外螺纹）

图 15-2　螺纹的加工

小径(d_1 或 D_1)

螺纹的最小直径。外螺纹是最小轴径 d_1 即牙底,内螺纹是最小孔径 D_1 即牙顶。是螺纹强度计算的直径。

中径(d_2 或 D_2)

在螺纹轴向剖面内(过螺纹轴线的平面),螺纹牙的厚度等于螺纹牙槽宽度处的直径。是螺纹几何计算和受力计算的直径。

2. 旋向

根据螺旋线的缠绕方向可将螺纹分为右旋(正扣)和左旋(反扣)。判定方法是,将螺杆(母)的轴线竖起,如果螺纹斜线看过去右高为右旋螺纹,反之为左旋,如图 15-3(a)所示。常用螺纹为右旋,只有在特殊情况下才用左旋螺纹,如汽车左车轮用的螺纹、煤气罐减压阀螺纹等。

3. 头数(n)

形成螺纹的螺旋线数目 n,如图 15-3(b)所示。一般为便于制造 $n \leqslant 4$。单头螺纹的自锁性较好,多用于连接;双头螺纹、多头螺纹传动效率高,主要用于传动。

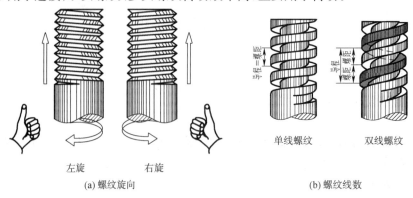

左旋　　　右旋　　　　单线螺纹　　双线螺纹

(a) 螺纹旋向　　　　　　(b) 螺纹线数

图 15-3　螺纹旋向与线数

4. 螺距(P)

相邻两螺纹牙对应点之间的轴向距离。它表示了螺纹的疏密程度,螺距越小螺纹越密集。

5. 导程(S)

同一螺旋线相邻螺纹牙对应点之间的轴向距离。在螺旋副中每转动一周,螺纹轴向移动位移大小为导程 S[图 15-1(a)]。导程 S 与螺距 P、线数 n 之间的关系为:$S=nP$。

6. 螺旋升角(λ)

螺纹中径圆柱展开成平面后,螺旋线变成的矩形对角线与 πd_2 底边的夹角。它表示了螺纹的倾斜程度,如图 15-1(a)所示。有:

$$\tan\lambda=\frac{S}{\pi d_2}=\frac{nP}{\pi d_2}$$

7. 牙型角(α)

在螺纹轴面内螺纹牙型两侧边的夹角。一般牙型角越大,螺纹牙根的抗弯强度越高。

8. 牙侧角(β)

在螺纹轴面内螺纹牙型一侧边与垂直螺纹轴线平面的夹角。牙侧角越小,螺纹传动效率越高。

其中,螺纹的牙型、大径、螺距(导程)、线数、旋向称螺纹的 5 大要素,即内、外螺纹能组成螺旋副的必须条件是牙型一致、旋向、线数相同,大径、导程(螺距)相等。

三、螺纹的类型、特点及应用(表 15-1)

表 15-1　常用螺纹的类型、特点及应用

类型		牙型图	特点和应用
连接螺纹	普通螺纹	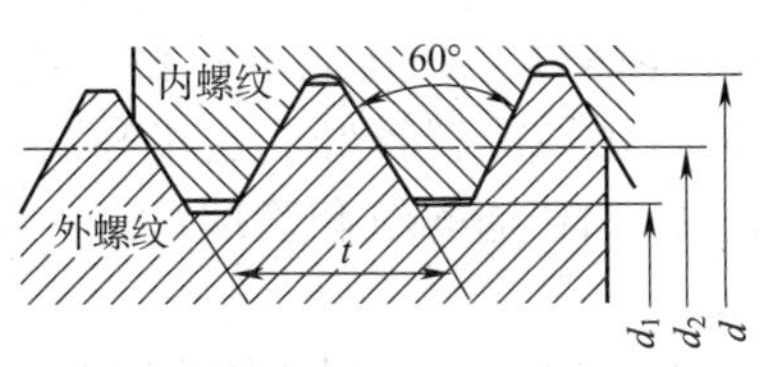	普通螺纹的牙型为等边三角形,牙型角 α=60°,当量摩擦因数大,螺纹牙根部较厚强度高,自锁性能好,工艺性能好,主要用于连接。同一公称直径,按螺距大小分为粗牙和细牙,常用粗牙。细牙的螺距和升角小,自锁性能较好,但不耐磨、易滑扣,常用于薄壁零件或受震动载荷和要求紧密性的连接,还可用于微调机构等
	圆柱管螺纹	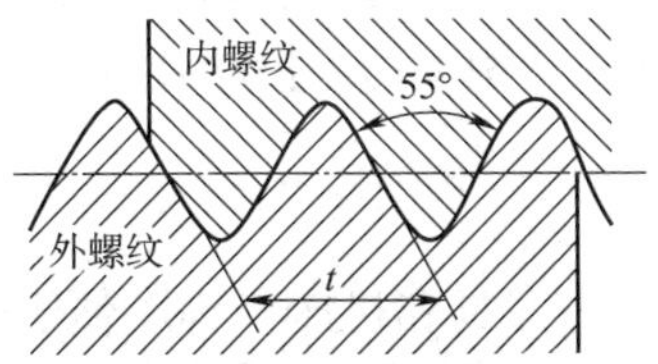	圆柱管螺纹的牙型为等腰三角形,牙型角 α=55°。公称直径为管子孔径,以英寸为单位,螺距以每英寸的牙数表示。牙顶牙底呈圆弧,牙高较小。螺纹副的内外螺纹间没有间隙,连接紧密,常用于低压的水、煤气、润滑或电线管路系统中的连接
	圆锥管螺纹	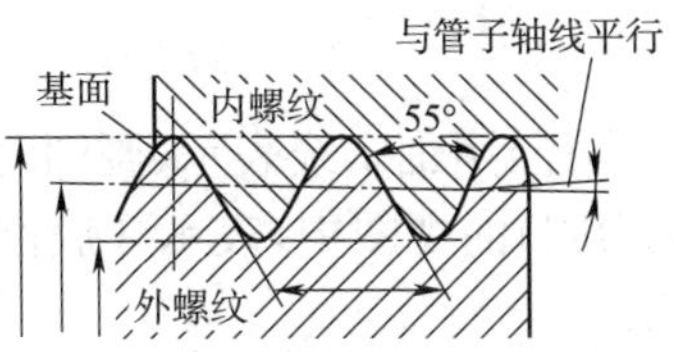	锥管螺纹的牙型与圆柱管螺纹相似,牙型角 α=55°但螺纹分布在 1:16 的圆锥管壁上。旋紧后,依靠螺纹牙的变形使连接更为紧密,主要用于高温、高压条件下工作的管子连接。如汽车、工程机械、航空机械、机床的燃料、油、水、气输送管路系统
传动螺纹	矩形螺纹	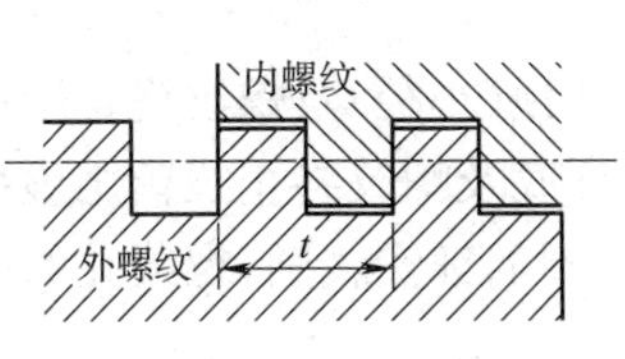	矩形螺纹的牙型为正方形,牙厚是螺距的一半,牙根强度较低。当量摩擦因数较小,传动效率较其他螺纹高,故多用于传动。但难于精确加工,磨损后松动、间隙难以补偿,对中性差

类型		牙型图	特点和应用
传动螺纹	梯形螺纹	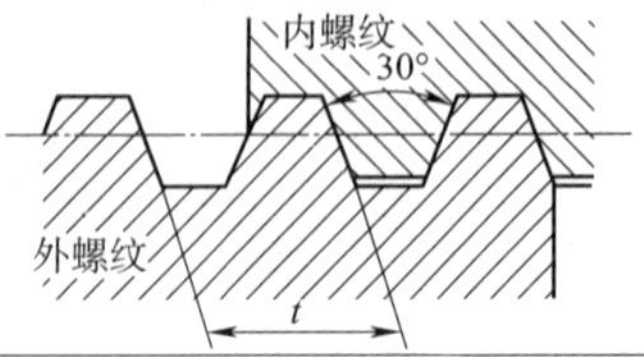	梯形螺纹牙型为等腰梯形,牙型角 $\alpha=30°$,比牙型为三角形的螺纹当量摩擦因数小,传动效率高。比矩形螺纹牙根强度高,承载能力高,加工较易,对中性好,用剖分螺母时,磨损后可以调整间隙,故多用于传动
	锯齿形螺纹	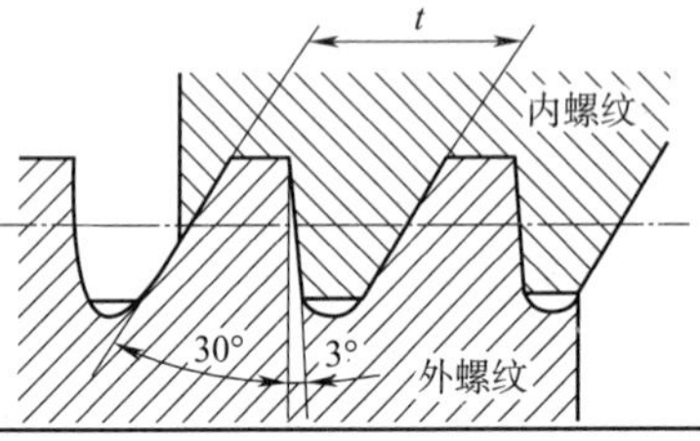	锯齿形螺纹牙型为不等腰三角形,牙型角 $\alpha=33°$,工作面的牙侧倾斜角为 3°便于铣制;另一边为 30°,以保证螺纹牙有足够的强度。它兼有矩形螺纹效率高和梯形螺纹牙强度高的优点,但只能用于承受单向载荷的传动

四、螺旋副的自锁和效率

1. 螺旋副的自锁

螺旋副的自锁是指拧紧的螺母,无论螺纹承受的轴向力有多大,都不能使螺母沿螺纹相对转动而自动松开的性能,称为螺纹的自锁性。螺旋副的自锁条件是:

$$\tan \lambda < \tan \varphi_V \quad \tan \varphi_V = f_V = \frac{f}{\cos \beta}$$

式中　f——螺旋副中的摩擦因数;

　　　f_V——螺旋副中的当量摩擦因数;

　　　φ_V——螺旋副中的当量摩擦角。

从式中可以看出,λ 越小、φ_V 越大,螺旋副的自锁性能越好。在其他条件相同的情况下,牙侧角 β 越大,螺纹的头数 n 越少,螺距 P 越小,螺纹的自锁性能就越好。连接螺纹一般都具有较好的自锁性,所以牙型三角形的单头螺纹多用于连接,如普通螺纹和管螺纹。

2. 螺旋副的传动效率

研究表明 λ 越大、φ_V 越小,螺旋副传动效率越高。即牙侧角 β 越小,螺纹的头数 n 越多,螺距 P 越大,螺旋副的传动效率就越高。所以多头螺纹、其他螺纹牙型多用于传动,以提高传动效率。

五、螺纹的规定画法

螺纹的真实投影作图很复杂,而制造螺纹又常采用专用刀具和机床。为了便于作图,国标规定螺纹在工程图样中采用简化的规定画法。

1. 外螺纹的规定画法

螺纹牙顶(大径)及螺纹终止线用粗实线表示;牙底(小径)用细实线表示(画图时一般可近似地取 $d_1=0.85d$)。在垂直于螺杆轴线的投影面(投影为圆)的视图中,表示牙底圆的细实线只画约 3/4 圈,轴端上的倒角圆省略不画,如图 15-4 所示。

2. 内螺纹的规定画法

内螺纹沿其轴线剖开时,牙底(大径)用细实线表示,牙顶(小径)及螺纹终止线用粗实线表示。剖面线应画至表示小径的粗实线处。不剖时,牙顶、牙底及螺纹终止线皆用虚线表示。在垂直于螺杆轴线投影面的视图中,牙底(大径)画成约 3/4 圈的细实线圆,螺纹孔的倒角圆省略不画,如图 15-5 所示。

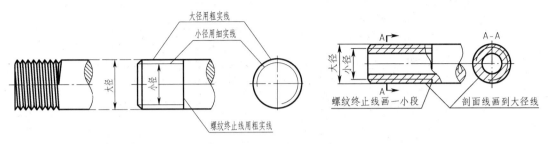

图 15-4　外螺纹的规定画法

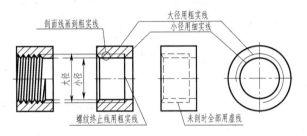

图 15-5　内螺纹的规定画法

3. 螺纹连接的规定画法

在剖视图中表示螺纹连接时,其旋合部分按外螺纹的画法绘制,非旋合部分按各自的画法绘制。内螺纹的牙顶线(粗实线)与外螺纹的牙底线(细实线)应对齐画在一条线上;内螺纹的牙底线(细实线)与外螺纹的牙顶线(粗实线)应对齐画在一条线上,如图 15-6 所示。

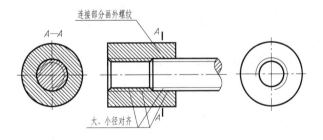

图 15-6　螺纹连接的规定画法

4. 螺纹其他结构的规定画法

无论是外螺纹还是内螺纹在作剖视处理时,剖面线符号应画至表示大径或表示小径的粗实线处。绘制不穿通的螺孔时,一般应将钻孔深度和螺纹深度分别画出,如图 15-7(a)所示。钻孔深度一般应比螺纹深度大 $0.5D$,其中 D 为内螺纹大径。钻孔底部锥面是由钻头钻孔时不可避免产生的工艺结构,其锥顶角约为 $120°$,且尺寸标注中的钻孔深度也不包括该锥顶角部分。图 15-7(b)表示了螺纹孔中相贯线的画法。在实际生产中当车削螺纹的刀具快到达螺纹终止处时,要逐渐离开工件,因而螺纹终止处附近的牙型将逐渐变浅,形成不完整的螺纹牙型,这段螺纹称为螺尾,如图 15-7(c)中的 l 部分。当需要表示螺纹收尾时,螺尾部分的牙底用与轴线成 $30°$ 的细实线表示。为避免出现螺尾,可在螺纹终止处先车削出一个槽,便于刀具退出,这个槽称为退刀槽,如图 15-7(d)所示。螺纹收尾、退刀槽已标准化,各部分尺寸可查阅相应标准的有关规定。

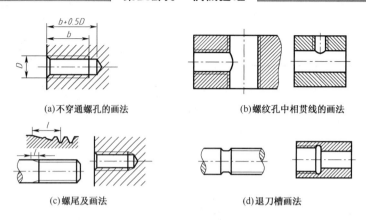

(a)不穿通螺孔的画法　　　(b)螺纹孔中相贯线的画法

(c)螺尾及画法　　　(d)退刀槽画法

图 15-7　螺纹其他结构的规定画法

5. 圆锥螺纹的画法

画圆锥内、外螺纹时,在投影为圆的视图上,不可见端面牙底圆的投影不画,牙顶圆的投影为虚线圆时可省略不画(图 15-8)。

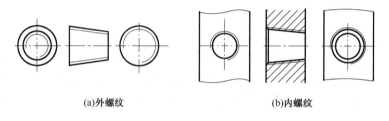

(a)外螺纹　　　(b)内螺纹

图 15-8　圆锥螺纹的规定画法

6. 非标准螺纹的画法

非标准螺纹指牙型不符合标准的螺纹,所以应画出螺纹牙型,并标注出加工牙型所需的尺寸及有关要求,如图 15-9 所示。

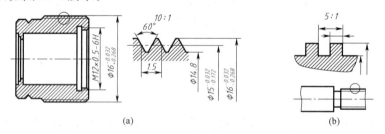

(a)　　　(b)

图 15-9　非标准螺纹的画法

六、螺纹的标注

因为各种螺纹均采用统一的规定画法,绘制的螺纹不能完全表示出螺纹的基本要素及尺寸,故必须在图上用规定代号进行标注(见表 15-2)。螺纹的标注分以下两种情况:

1. 普通螺纹、梯形螺纹、锯齿形螺纹

其中：

(1)螺纹特征代号见表 15-2。单线螺纹的导程和线数省略不注；右旋螺纹则旋向省略不注；左旋螺纹用 LH 表示；普通粗牙螺纹的螺距省略不注。

表 15-2　螺纹种类代号及标注

螺纹类别		实物图	螺纹种类代号	标注图例	说明
连接螺纹	粗牙普通螺纹	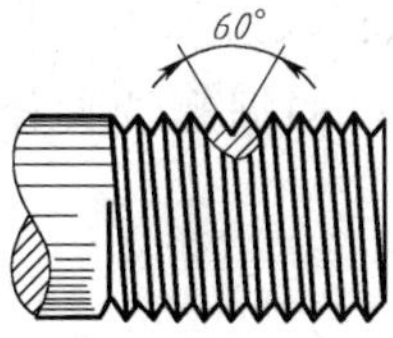60°	M	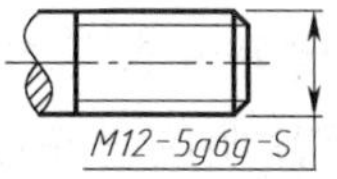M12-5g6g-S 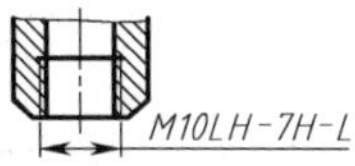M10LH-7H-L	粗牙普通螺纹不标注螺距，右旋不注旋向，左旋加注“LH”
	细牙普通螺纹	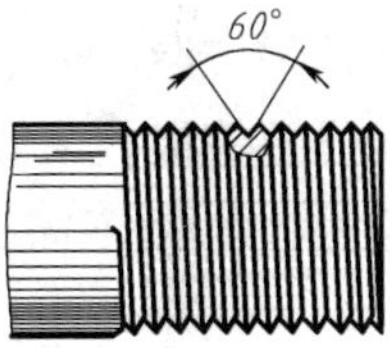60°		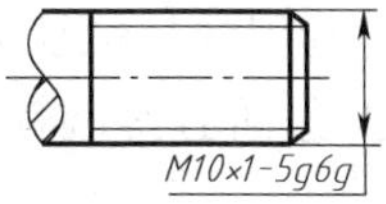M10×1-5g6g	细牙普通螺纹必须注明螺距，右旋不注旋向左旋加注“LH”
	非螺纹密封管螺纹	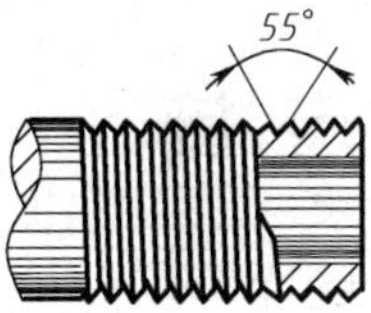55°	G	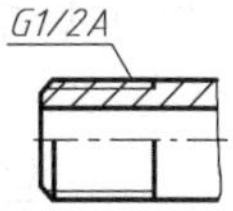G1/2A 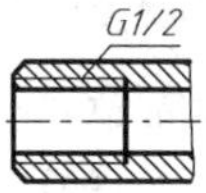G1/2	外螺纹公差等级代号有两种 A、B，内螺纹公差等级仅有一种，不必标注代号
	螺纹密封管螺纹	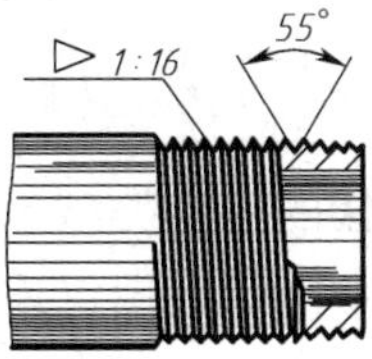1:16 55°	Rc Rp R	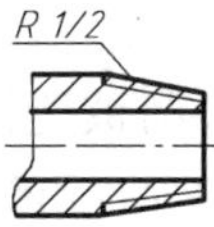R 1/2 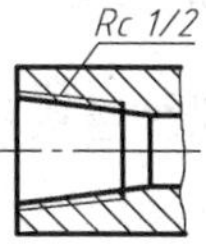Rc 1/2	Rc—圆锥内管螺纹的种类代号 Rp—圆柱内管螺纹的种类代号 R—圆锥外管螺纹的种类代号
	60°圆锥管螺纹	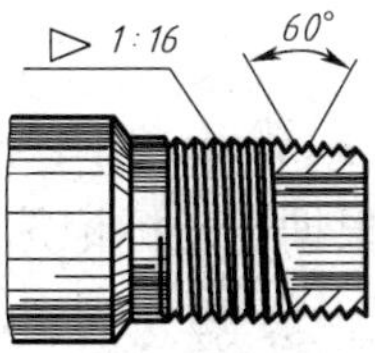1:16 60°	NPT	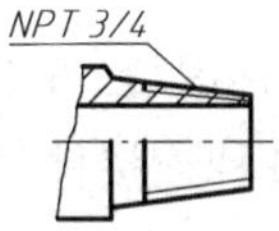NPT 3/4	内外管螺纹均加工在 1∶16 的圆锥面上，具有很高的密封性，常用于系统压力要求为中、高压的液压或气压系统
传动螺纹	梯形螺纹	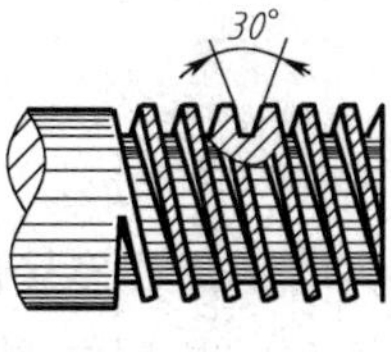30°	Tr	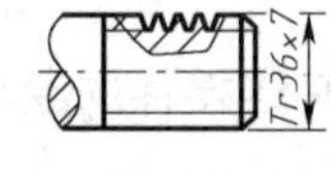Tr36×7	单线省略标注线数和导程
				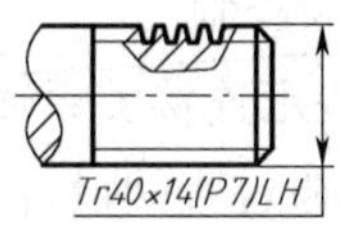Tr40×14(P7)LH	多线螺纹必须注明导程及螺距

（2）螺纹公差带代号是由表示其大小的公差等级数字和表示其位置（基本偏差）的字母所组成（内螺纹用大写字母，外螺纹用小写字母），例如 6H、6g 等。当螺纹的中径公差带与顶径公差带代号不同时，应分别注出如：M10-5g6g 其中 6g 为顶径公差带代号，5g 为中径公差带代号，当中径与顶径公差带代号相同时，则只注一个代号，如：M10-6g。梯形螺纹、锯齿形螺纹只标注中径公差带代号。

（3）旋合长度代号。螺纹的配合性质与旋合长度有关。普通螺纹的旋合长度分为短、中、长三组，分别用代号 S、N、L 表示。梯形螺纹为 N、L 两组。当旋合长度为 N 时可省略标注，必要时可用数值注明旋合长度。旋合长度的分组可根据螺纹大径及螺距从有关规范中查取。

2. 管螺纹

| 螺纹特征代号 | 尺寸代号 | 公差等级代号 |

由于管螺纹的标注中，尺寸是指管子内径的大小，而不是螺纹的大径，所以管螺纹必须采用旁注法标注，而且指引线从螺纹大径轮廓线引出。其公差等级代号仅限于非螺纹密封的管螺纹的外螺纹，有 A 级和 B 级两种之分，其他管螺纹无此划分，故不需标注。

3. 非标准螺纹

非标准螺纹必须画出牙型并标注全部尺寸，如图 15-9 所示。

第二节　螺　纹　连　接

螺纹连接具有结构简单、装拆方便、连接可靠等特点，是一种应用广泛的可拆连接。螺纹连接件大部分已标准化，根据国家标准选用十分便利。

一、螺纹连接的类型

螺纹连接由螺纹连接件与被连接件构成。螺纹连接的主要类型包括：普通螺栓连接（受拉螺栓连接）、铰制孔用螺栓连接（受剪螺栓连接）、双头螺柱连接、螺钉连接及紧定螺钉连接。其连接结构形式、主要尺寸及应用特点等见表 15-3。

二、常用螺纹连接件

常用螺纹连接件有螺栓、双头螺柱、螺钉、紧定螺钉、螺母、垫圈等（图 15-10）。螺纹连接件大部分已标准化，各种连接件都有相应的规定标记，根据规定标记选用十分便利。通常只须在技术文件或装配图中注写其规定标记而不画零件图。表 15-4 列出了一些常用螺纹连接件及其规定标记。常用螺纹连接件的结构特点及应用见表 15-5。

三、螺纹连接及其连接件的绘制

1. 螺纹连接件的绘制

在装配图中为表示连接关系还需画出螺纹连接件。绘制螺纹连接件的方法有两种：

（1）查表画法。通过查阅设计手册，按手册中国标规定的数据画图，所有螺纹连接件都可用查表方法绘制。

表 15-3　螺纹连接的主要类型

类型	构　造	特点及应用	主要尺寸关系
螺栓连接	普通螺栓连接	螺栓穿过两个被连接件的通孔，螺栓孔和螺栓之间有间隙（$d_0 > d$）。拧紧螺母，在两个连接表面之间，产生很大挤压力，进而在连接件接触表面，产生很大的摩擦力，克服外载，实现固定。该连接结构简单、工作可靠、装拆方便、承载大、成本低、不受被连接件材料限制、不加工螺纹。广泛用于传递轴向载荷且被连接件厚度不大，能从两边进行安装的场合	1. 螺纹余留长度 l_1 静载荷时 $l_1 \geqslant (0.3 \sim 0.5)d$ 变载荷时 $l_1 \geqslant 0.75d$ 冲击、弯曲载荷时 $l_1 \geqslant d$ 铰制孔时 $l_1 \approx 0$ 2. 螺纹伸出长度 l_2 $l_2 \approx (0.2 \sim 0.3)d$ 3. 旋入被连接件中的长度 l_3 被连接件的材料为 钢或青铜 $l_3 \approx d$ 铸铁 $l_3 \approx (1.25 \sim 1.5)d$ 铝合金 $l_3 \approx (1.5 \sim 2.5)d$ 4. 螺纹孔的深度 l_4 $l_4 = l_3 + (2 \sim 2.5)P$ 5. 钻孔深度 l_5 $l_5 = l_4 + (3 \sim 3.5)P$ 6. 螺栓轴线到被连接件边缘的距离 e $e = d + (3 \sim 6)\text{mm}$ 7. 普通螺栓连接通孔直径 d_0 $d_0 \approx 1.1d$ 8. 紧定螺钉直径 $d_0 \approx (0.2 \sim 0.3)d_\text{轴}$
	铰制孔用螺栓连接	螺栓穿过两个连接件铰制的通孔，螺栓孔和螺栓之间是过渡配合（$d_0 = d$）。相当于在螺栓孔中放入一个圆柱销，拧住螺母以防螺栓脱出。靠螺栓受挤压的能力，克服外载，实现固定。该连接结构简单、工作可靠、装拆方便、具有定位作用；但通孔要铰制、螺栓需精制，连接成本高、承载不大。适用于传递横向载荷或需要精确固定连接件相互位置的场合	
双头螺柱连接		双头螺柱的一端旋入较厚连接件的螺纹孔中并固定，另一端穿过较薄被连接件的通孔，通孔和螺栓之间有间隙。与普通螺栓连接一样，拧紧螺母，靠连接件接触表面产生很大的摩擦力，克服外载，实现固定。这种连接拆卸时，只需要把螺母拧下即可，而螺柱留在原位，以免因多次拆卸使内螺纹磨损脱扣。该连接适用于被连接件之一较厚，可加工螺纹，且经常装拆的场合。其螺柱的拧入深度的取值与被连接件的材料、螺柱的直径有关	
螺钉连接		螺钉穿过较薄连接件的通孔，直接旋入较厚连接件的螺纹孔中，不用螺母，需要拧紧螺钉。该连接与双头螺柱相似，在结构上比双头螺柱连接更简单、紧凑。适用于连接件之一较厚，可加工螺纹，且不经常装拆的场合	
紧定螺钉连接		紧定螺钉旋入一连接件的螺纹通孔中，并用露出的尾部顶住另一连接件的表面或相应的凹坑中，固定它们的相对位置，还可传递不大的力或转矩。有时为了防止轴向窜动加设紧定螺钉	

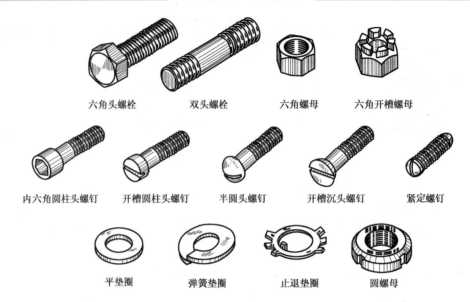

六角头螺栓　　双头螺栓　　六角螺母　　六角开槽螺母

内六角圆柱头螺钉　开槽圆柱头螺钉　半圆头螺钉　开槽沉头螺钉　紧定螺钉

平垫圈　　弹簧垫圈　　止退垫圈　　圆螺母

图 15-10　常用的螺纹连接件

表 15-4　常用螺纹紧固件的图例及规定标记

名称	规定标记示例	名称	规定标记示例	名称	规定标记示例
六角头螺栓	螺栓 GB/T 5782—2016 M10×45	开槽锥端紧定螺钉	螺钉 GB/T 71—1985—M5×16	十字槽沉头螺钉	螺钉 GB/T 819—2016—M5×20
双头螺柱	螺柱 GB/T 897—2000—AM10×40 螺柱 GB898—1988—M10×40	开槽圆柱端紧定螺钉	螺钉 GB/T 75—1985—M5×16	内六角圆柱头螺钉	螺钉 GB/T 70.1—2008—M5×20
开槽圆柱头螺钉	螺钉 GB/T 65—2000—M5×20	1型六角螺母	螺母 GB/T 6170—2015—M12	平垫圈	GB/T 97.1—2002 12—140HV
开槽沉头螺钉	螺钉 GB/T 68—2000—M5×20	1型六角开槽螺母	螺母 GB/T 6178—2000—M12	标准型弹簧垫圈	垫圈 GB/T 93—1987—12

表 15-5　常用螺纹连接件的结构特点及应用

类型	图　例	结构特点及应用
六角头螺栓	15°~30°　d	螺栓是应用最为普遍的连接件之一。螺栓的头部有各种不同形状,最常见的是标准六角头和小六角头。一般使用标准六角头,在空间尺寸受到限制的地方使用小六角头。但小六角头螺栓的支承面较小,遇经常拆卸的场合时,螺栓头的棱角易于磨圆。螺栓的杆部可制出一段螺纹或全螺纹,螺纹有粗牙或细牙之分。螺栓的精度有普通和精制之分

续上表

类型	图　　例	结构特点及应用
双头螺柱	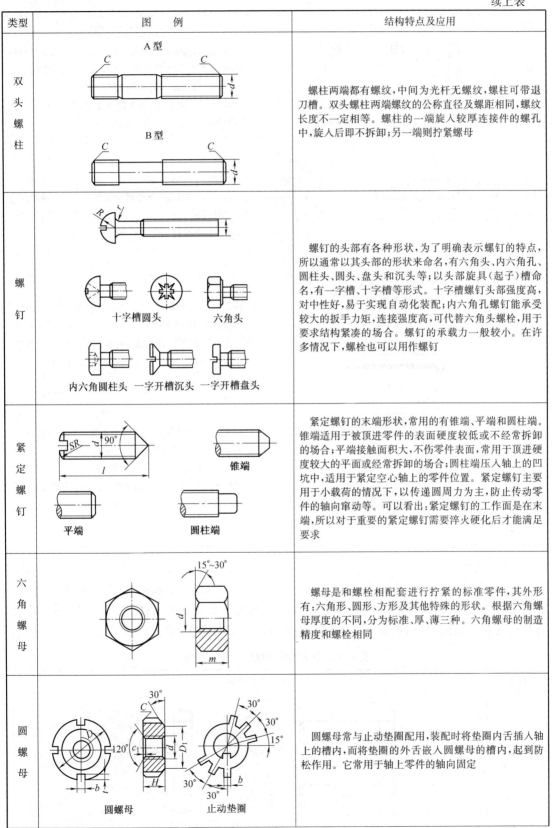	螺柱两端都有螺纹,中间为光杆无螺纹,螺柱可带退刀槽。双头螺柱两端螺纹的公称直径及螺距相同,螺纹长度不一定相等。螺柱的一端旋入较厚连接件的螺孔中,旋入后即不拆卸;另一端则拧紧螺母
螺钉	十字槽圆头　　六角头 内六角圆柱头　一字开槽沉头　一字开槽盘头	螺钉的头部有各种形状,为了明确表示螺钉的特点,所以通常以其头部的形状来命名,有六角头、内六角孔、圆柱头、圆头、盘头和沉头等;以头部旋具(起子)槽命名,有一字槽、十字槽等形式。十字槽螺钉头部强度高,对中性好,易于实现自动化装配;内六角孔螺钉能承受较大的扳手力矩,连接强度高,可代替六角头螺栓,用于要求结构紧凑的场合。螺钉的承载力一般较小。在许多情况下,螺栓也可以用作螺钉
紧定螺钉	锥端　　平端　　圆柱端	紧定螺钉的末端形状,常用的有锥端、平端和圆柱端。锥端适用于被顶进零件的表面硬度较低或不经常拆卸的场合;平端接触面积大,不伤零件表面,常用于顶进硬度较大的平面或经常拆卸的场合;圆柱端压入轴上的凹坑中,适用于紧定空心轴上的零件位置。紧定螺钉主要用于小载荷的情况下,以传递圆周力为主,防止传动零件的轴向窜动等。可以看出:紧定螺钉的工作面是在末端,所以对于重要的紧定螺钉需要淬火硬化后才能满足要求
六角螺母	15°~30°	螺母是和螺栓相配套进行拧紧的标准零件,其外形有:六角形、圆形、方形及其他特殊的形状。根据六角螺母厚度的不同,分为标准、厚、薄三种。六角螺母的制造精度和螺栓相同
圆螺母	圆螺母　　止动垫圈	圆螺母常与止动垫圈配用,装配时将垫圈内舌插入轴上的槽内,而将垫圈的外舌嵌入圆螺母的槽内,起到防松作用。它常用于轴上零件的轴向固定

续上表

类型	图　例	结构特点及应用
垫圈	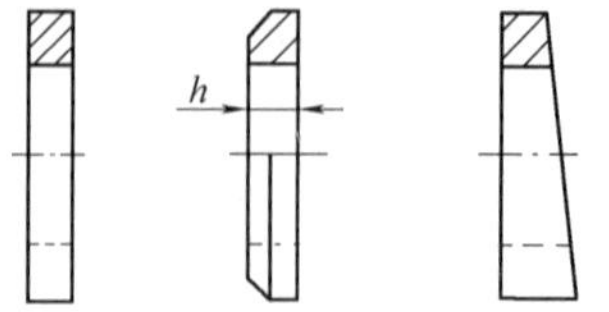 平垫圈　　　斜垫圈	垫圈是螺纹连接中不可缺少的零件,常放置在螺母和被连接件之间,其作用是增加支承面积、减小挤压应力和保护连接件表面。同一螺纹直径的垫圈又分为特大、大、普通和小四种规格,特大垫圈主要在铁木结构上使用,斜垫圈只用于倾斜的支承面上
钢膨胀螺栓	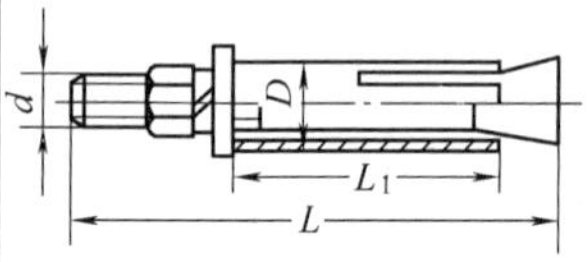  安装示意图	用于墙壁上物体的支承固定。连接靠胀管在预钻孔内膨胀,与孔壁挤压产生足够的连接力。常用螺纹规格 M6～M16,螺旋长度 65～300 mm。胀管直径 10～22 mm。钻孔直径见有关手册
塑料胀管	 甲型 　　乙型	分为甲型、乙型。适用于木螺钉旋紧连接处。靠螺钉旋入胀管,胀管径向膨胀与预钻孔壁胀紧,形成连接。常用于混凝土、硅酸盐砌块等墙壁。直径 6～12 mm,长度 31～60 mm。钻孔直径应小于或等于胀管直径
自攻螺钉	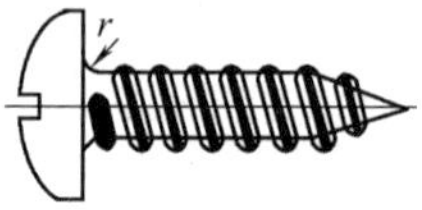 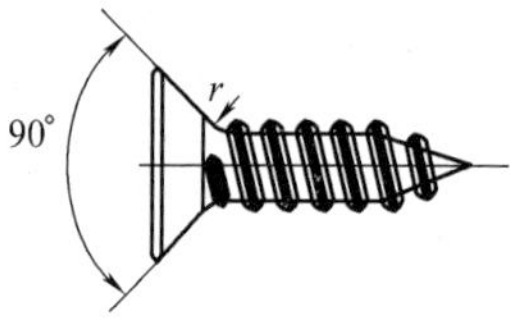 90°	多用于连接较薄的钢板和有色金属板。螺钉较硬,一般热处理硬度 50～56HRC。安装前需预制孔,在实际使用时应根据具体条件,经过适当的工艺验证,确定最佳预制孔尺寸,但不需预制螺纹,在连接时利用螺钉直接攻出内螺纹。自攻螺钉用板厚为 1.2～5.1 mm

(2)比例画法。为了提高画图速度,螺纹连接件各部分的尺寸(除公称长度 l 和旋合长度 bm 外),都是以螺纹大径 d(或 D)为基础数据,根据相应的比例系数得出的,根据计算出的尺寸绘制连接件,称比例画法。画图时,螺纹连接件的公称长度 l 根据被连接零件的厚度确定,旋合长度 bm 与连接件材料有关。各种常用连接件的比例画法,如表 15-6 所示。

表 15-6　各种螺纹连接件的比例画法

名称	比例画法
螺栓、螺母	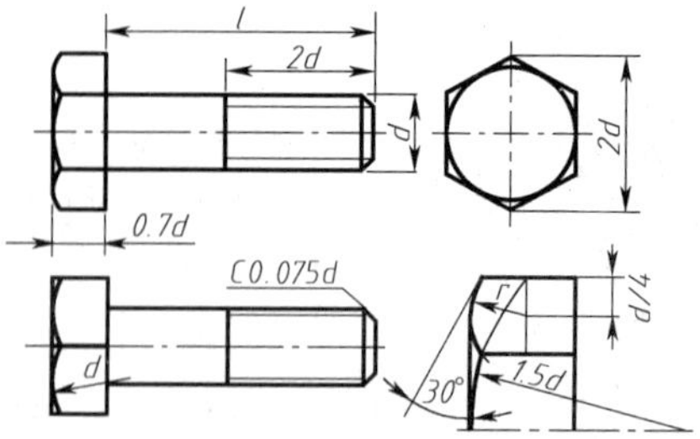

续上表

名称	比例画法
双头螺柱、内六角圆柱头螺钉	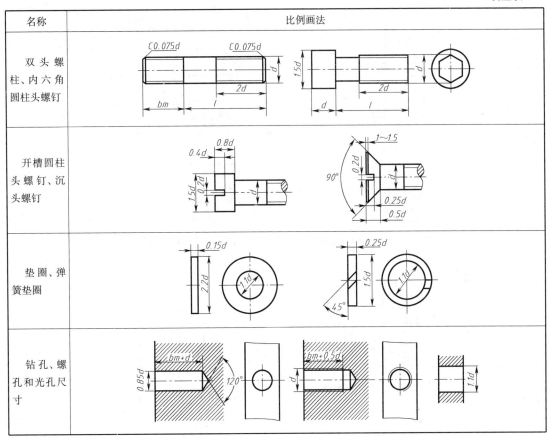
开槽圆柱头螺钉、沉头螺钉	
垫圈、弹簧垫圈	
钻孔、螺孔和光孔尺寸	

3. 螺栓连接的画法

螺栓连接由螺栓、螺母、垫圈组成。绘图时应注意,被连接零件的孔径应大于螺栓的大径,一般通孔直径是 $1.1d$(表 15-3)。螺栓有效长度的计算如图 15-11(a)所示。

4. 双头螺柱连接

双头螺柱连接由双头螺柱、螺母、垫圈组成。拧入被连接件螺孔的一端,称旋入端,旋入端的长度 bm 值,是根据旋入端机体的材料和螺柱大径确定的,如图 15-11(d)所示。双头螺柱有效长度的计算如图 15-11(b)所示。

5. 螺钉连接的画法

螺钉连接由螺钉、垫圈组成。螺钉有效长度的计算如图 15-11(c)所示,其中 bm 的取值与双头螺柱相同,如图 15-11(d)所示。

四、螺纹连接的预紧力

1. 预紧力概念

螺纹连接在实际安装使用时,大多数螺纹连接都需要拧紧。拧紧就是在连接件未受工作载荷前,给螺母施加足够大的拧紧力矩,使连接件产生一定的压缩弹性变形,这样在连接件接触表面会产生很大的相互挤压力,进而可以产生很大的摩擦力克服外载;拧紧也使螺栓产生相应的拉伸弹性变形,螺栓受到与挤压力相等的反作用拉力作用。这个在螺栓工作前,由于拧紧使螺栓产生的拉伸作用力称为预紧力。

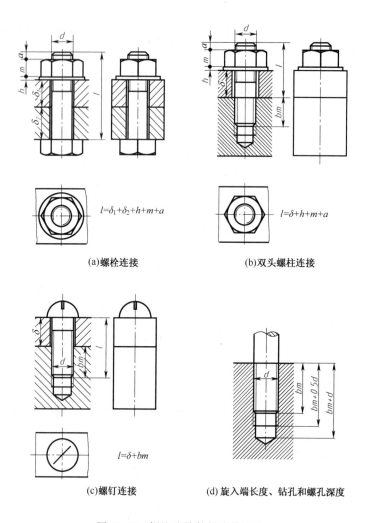

$l=\delta_1+\delta_2+h+m+a$

(a)螺栓连接

$l=\delta+h+m+a$

(b)双头螺柱连接

$l=\delta+bm$

(c)螺钉连接

(d)旋入端长度、钻孔和螺孔深度

图 15-11　螺纹连接件的连接画法

2. 拧紧的意义

拧紧的目的是保证连接件有足够大的摩擦力,克服外载;增强连接的紧密性,防止受载后连接件之间出现间隙;保证连接件之间的相互位置,防止发生相对滑动。

3. 预紧力的控制

拧紧的力矩越大,连接件接触表面的摩擦力越大,连接件克服外载越大,螺栓连接能力越强。但同时螺栓受到的预紧力越大,螺栓连接工作后这种轴向拉力可能会进一步加大,使螺栓过载拉断失效的可能性增大。所以螺栓连接的预紧力要适当,既不使螺栓过载,又保证连接所需的预紧力,从而可以有效地保证连接的可靠性。因此,对于重要的螺栓连接,在拧紧时需要控制预紧力。通常限制预紧力的方法有:采用指针式扭力扳手或预置式定力矩扳手(图 15-12)。对于重要的连接采用测量螺栓伸长法检查。

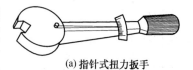

(a)指针式扭力扳手

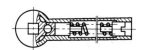

(b)预置式定力矩扳手

图 15-12　控制力矩扳手

五、螺纹连接的防松

1. 螺纹连接松脱的原因

连接用的螺纹,在设计中都会满足 $\tan\lambda<\tan\varphi_v$,故连接螺纹都具有自锁性。一般静载荷时螺纹连接件不会自行松脱。但螺纹连接在冲击振动的变载荷作用下,螺纹的自锁性失效,螺栓与螺母之间会产生相对转动,使螺纹连接松脱。这是由于在变、动载荷作用下,螺纹副之间的摩擦力会出现瞬时消失或减小的现象;或是在温度变化比较大的场合,材料发生蠕变和应力松弛也会使摩擦力减小。在多次的这种作用下螺纹连接就会松脱造成很大危害。

2. 螺纹连接的防松

螺纹连接防止松脱是机械设计中必须考虑的问题。螺纹防松的本质就是防止螺杆与螺母产生相对转动。常见的防松方法有摩擦防松、机械防松和其他防松。

摩擦防松就是在拧紧的螺纹连接中,加大螺旋副的正压力,这样螺杆和螺母之间摩擦力增大,使它们之间不容易产生相对转动而防松;机械防松是在拧紧的螺纹连接中,采用一定的方法,使螺杆与螺母周向固定,使其不能产生相对转动而防松。常用的防松方法见表 15-7。

表 15-7　螺纹连接常用的防松方法

防松方法		结构形式	特点和应用
摩擦力防松	对顶螺母		两螺母对顶拧紧后使旋合螺纹间始终受到附加的压力和摩擦力,从而起到防松作用。该方式结构简单,适用于平稳、低速和重载的固定装置上的连接,但轴向尺寸较大
	弹簧垫圈		螺母拧紧后,靠垫圈被压平产生的弹性反力使旋合螺纹间压紧,同时垫圈斜口的尖端抵住螺母与被连接件的支承面也有防松作用。该方式结构简单,使用方便。但在冲击、震动的工作条件下防松效果较差,一般用于不甚重要的场合
	自锁螺母		螺母一端制成非圆形收口或开缝后径向收口。当螺母拧紧后,收口涨开,利用收口的弹力使旋合螺纹压紧。该方式结构简单,防松可靠,可多次装拆而不降低防松能力
机械防松	开口销与六角开槽螺母防松		将开口销穿入螺栓尾部销孔和螺母槽内,并将开口销尾部掰开与螺母侧面贴紧,靠开口销阻止螺栓与螺母相对转动以防松。该方式适用于较大冲击、震动的高速机械

续上表

防松方法		结 构 形 式	特 点 和 应 用
机械防松	止动垫圈	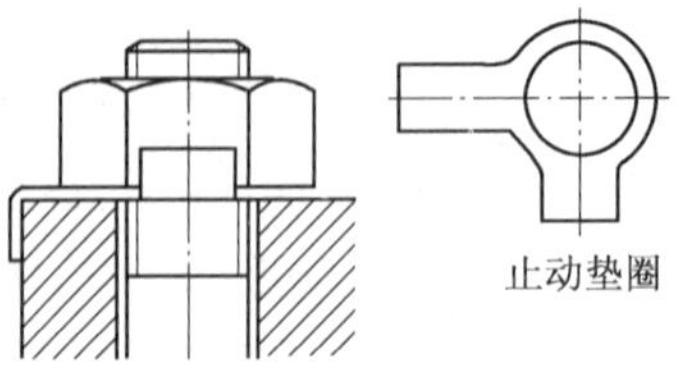 止动垫圈	螺母拧紧后,将单耳或双耳止动垫圈上的耳分别向螺母和被连接件的侧面折弯贴紧,即可将螺母锁住。该方式结构简单,使用方便,防松可靠
	串联钢丝	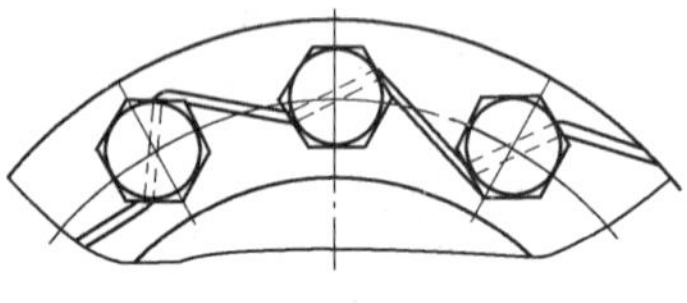 (a)正确 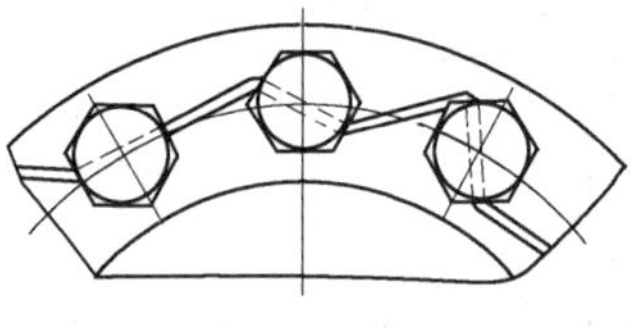 (b)不正确	用低碳钢钢丝穿入各螺钉头部的孔内,将各螺钉串联起来使其相互制约,使用时必须注意钢丝的穿入方向。该方式适用于螺钉组连接,其防松可靠,但装拆不方便
其他方法防松	粘和剂	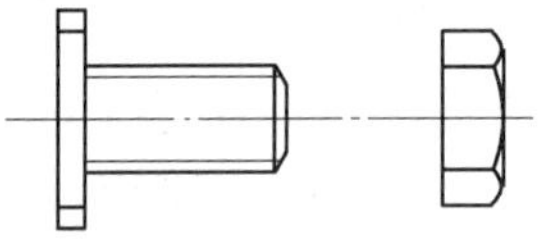	用粘合剂涂于螺纹旋合表面,拧紧螺母后粘合剂能自动固化,防松效果良好,但不便拆卸
	冲点	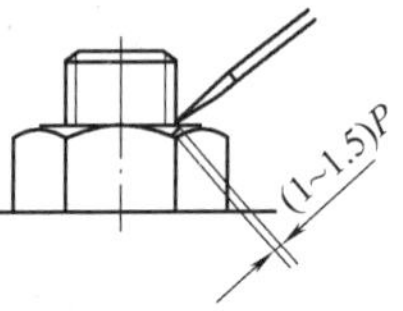	在螺纹件旋合好后,用冲头在旋合缝处或在端面冲点防松。这种防松方法效果很好,但此时螺纹连接成了不可拆连接

第三节　螺 旋 传 动

一、螺旋传动概述

螺旋传动是利用螺杆和螺母组成的螺旋副实现传动。主要用于将转动运动变为沿轴线的直线移动,以传递运动和动力的一种机械传动方式。

1. 螺旋传动形式

(1)螺杆只是转动不移动,螺母只是移动不转动。有机架,如车床的丝杠。

(2)螺母只是转动不移动,螺杆只是移动不转动。有机架,如某些调整机构中的螺杆。

(3)螺杆既转动又移动,螺母固定为机架。这种形式应用较多,如螺钉连接。

(4)螺母既转动又移动,螺杆固定为机架。这种形式应用较少。

2. 螺旋传动运动计算

在螺旋传动中有:

$$v = nS$$

式中　v——轴向移动的速度(mm/min);

　　　n——转动运动的转速(r/min);

S——螺纹的导程(mm)。

由上式可知,螺纹每旋转一圈移动只是一个导程的距离,减速比很大。因此螺旋传动常用于减速或增力,如台虎钳、螺旋千斤顶。

二、螺旋传动的类型

螺旋传动是应用较广泛的一种传动,有多种应用形式,常见的有普通螺旋传动、相对位移螺旋传动和差动位移螺旋传动等。根据用途又可分为调整螺旋、传力螺旋、传导螺旋和测量螺旋。

1. 调整螺旋

调整螺旋是利用螺杆(或螺母)的转动得到轴向移动来调整或固定零件之间的相对位置。如图 15-13 所示的台虎钳的应用示例。螺杆 1 装在活动钳口 2 上,在活动钳口里能做回转运动,但不能相对移动;螺母 4 与固定钳口 3 固定,不能做相对运动,螺杆 1 与螺母 4 旋合。当操纵手柄转动螺杆 1 时,螺杆 1 就相对螺母 4 既做旋转运动又做轴向移动,从而带动活动钳口 2 相对固定钳口 3 做合拢或张开动作,以实现对工件的夹紧和松开。

2. 传力螺旋

传力螺旋是螺杆(或螺母)用较小的力矩转动,使其产生较大的轴向力。传力螺旋以传递动力为主,用来做起重和加压工作。如螺旋千斤顶(图 15-14)。其特点是转速低、传递轴向力大、具有自锁性。

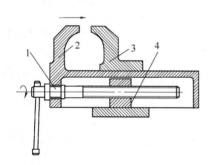

图 15-13　台虎钳

1—螺杆;2—活动钳口;3—固定钳口;4—螺母

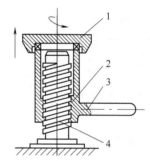

图 15-14　螺旋千斤顶

1—托盘;2—螺母;3—手柄;4—螺杆

3. 传导螺旋

传导螺旋是螺杆(或螺母)转动得到一定精度要求的轴向直线移动。传导螺旋以传递运动为主,具有较高的传动精度。如车床进给机构。其特点是速度高、连续工作、运动精度高。

4. 测量螺旋

测量螺旋是利用螺旋机构中螺杆的精确、连续的位移变化,做精密测量,如千分尺中的微调机构、应力试验机上的观察镜螺旋调整装置,如图 15-15 所示。

三、螺旋传动的特点

(1)螺旋传动的优点是:结构简单、加工容易、传动平稳、工作可靠、传递动力大。

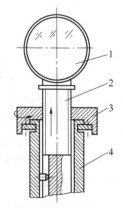

图 15-15　观察镜螺旋
调整装置

1—观察镜;2—螺杆;
3—螺母;4—机架

(2)螺旋传动的缺点是:摩擦功耗大,传递效率低(一般只有 30%～40%);磨损比较严重,易脱扣,寿命短;螺旋副间隙较大,低速时有爬行(滑移)现象,传动精度不高。

一、填空题

1. 螺纹的主要用途是_____和_____。

2. 螺纹按旋向分为_____螺纹和_____螺纹。

3. 能组成螺旋副的螺杆与螺母必须是旋向_____、牙型_____、参数_____。

4. 牙顶线用_____线表示。

5. 牙底线用_____线表示。

6. 在螺纹投影为圆的视图上,表示牙底的_____线圆只画_____线圈,此时倒角圆省略不画。

7. 画剖视图时螺纹终止线只画到_____处,_____线应画到_____线。

8. 受拉螺栓连接螺栓与螺栓孔之间有_____,与螺栓相配的螺母必须_____。

9. 在冲击振动的变载荷作用下,螺栓与螺母之间会产生_____,使螺栓连接松脱。

10. 螺纹连接中的防松方法有_____防松、_____防松和_____防松。

11. 螺栓连接的预紧力要_____,既不使螺栓_____,又保证连接所需的_____。

12. 机械防松是使螺杆与螺母_____固定,使其不能产生相对转动而防松。

二、判断题

1. 外螺纹大径指最大直径,内螺纹大径指最小直径。　　　　　　　　　　(　　)

2. 螺旋传动就是利用螺旋副固定各个零件之间的相互位置,形成可拆静连接。(　　)

3. 螺纹连接就是用螺旋副把主动转动变成沿螺纹轴线方向的从动直线移动。(　　)

4. 螺纹的头数越多,螺纹的自锁性能就越好。　　　　　　　　　　　　(　　)

5. 牙侧角越大,螺纹传动效率越高。　　　　　　　　　　　　　　　　(　　)

6. 牙型角越大则螺纹的导程越大。　　　　　　　　　　　　　　　　　(　　)

7. 螺纹的导程 S、螺距 P 和头数 n 应满足: $P = S \cdot n$。　　　　　　(　　)

8. 弹簧垫圈是为了增大支承面积,减小挤压应力。　　　　　　　　　　(　　)

三、选择题

1. 用于连接的螺纹头数一般是_____。

A. 单头　　B. 双头　　C. 四头

2. 螺纹按用途不同,可分为＿＿＿＿＿＿两大类。

　　A. 外螺纹和内螺纹　　B. 右旋螺纹和左旋螺纹　　C. 连接螺纹和传动螺纹

3. 主要用于连接的牙型是＿＿＿＿＿＿。

　　A. 三角螺纹　　B. 梯形螺纹　　C. 矩形螺纹

四、简 答 题

1. 螺纹的要素有哪几个? 它们的含义是什么? 内、外螺纹旋合的必要条件是什么?

2. 常用的标准螺纹有哪几种? 如何标记?

第十六章

带传动与链传动

带传动和链传动都属于挠性传动,所谓挠性传动是指借助于挠形元件(带、绳、链条等)来传递运动和动力的装置。这类传动装置结构简单,易于制造。常用于中心距较大情况下的传动。在相同的条件下,与其他传动相比,简化了机构,降低了成本。图 16-1(a)所示为挠性传动的工作原理图。当主动轮旋转时,通过挠性元件间接地将转动和转矩传递给从动轮。

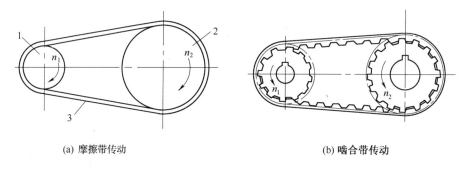

(a) 摩擦带传动　　　　　　　　　　　　(b) 啮合带传动

图 16-1　带传动

1—主动轮;2—从动轮;3—挠性元件

带传动可分为挠性摩擦带传动和挠性啮合带传动两大类如图 16-1 所示。链传动属于挠性啮合传动。

第一节　带传动概述

一、带传动的组成和工作原理

带传动是应用广泛的一种机械传动。带传动装置由主动带轮 1、从动带轮 2、机架和弹性带 3 组成(图 16-1)。主动带轮 1、从动带轮 2 与机架组成转动副,具有弹性的带闭合成环形,拉伸张紧套在主动轮和从动轮上。被拉伸的弹性带,由于弹性恢复力使带与带轮的接触弧产生压力。当主动带轮转动时,通过带与带轮接触弧上产生的摩擦力,使带产生运动,再通过摩擦力带动从动带轮产生转动,以实现运动和动力的传递。

二、带传动的类型和应用

摩擦带传动可分为如下几类:

1. 平带传动

平带的横截面为矩形,工作表面为内表面,如图 16-2(a)所示。平带有胶帆布带、编织带、锦纶复合带。最常用的平带传动形式为两带轮轴平行、转向相同的开口传动,如图 16-1(a)所示。此外,还有两轴空间交错的半交叉传动和两轴平行、转向相反的交叉传动,如图 16-3 所示。平带柔性好,带轮易于加工,结构简单,传动效率较高,大多用于中心距较大的场合。

2. V 带传动

V 带的横截面为等腰梯形,带卡入带轮的梯形槽内,两侧面为工作面,如图 16-2(b)所示,传动形式一般为开口传动。V 带分普通 V 带、窄 V 带、宽 V 带、汽车 V 带、齿形 V 带和接头 V 带等。其中普通 V 带应用最为广泛。

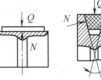

(a)平带传动　(b)V 带传动　(c)圆带传动　(d)多楔带传动

图 16-2　带传动的类型

在带轮相同尺寸下,V 带传动的摩擦力约为平带传动的 3 倍,故能传递较大的载荷,且允许的传动比也较大,中心距较小,结构紧凑。目前在机床、剪切机、压力机、空气压缩机、带式输送机和水泵等机器中均采用 V 带传动。

3. 圆带传动

圆带的横截面为圆形,如图 16-2(c)所示。主要用于小功率即低速轻载传动,如缝纫机、吸尘器等。

4. 多楔带传动

多楔带传动是平带和 V 带的组合结构,如图 16-2(d)所示,其楔形部分嵌入带轮上的楔形槽内,靠楔面摩擦工作。它兼有平带和 V 带的特点,柔性好、摩擦力大、能传递较大的功率,并解决了多根 V 带长短不一而使各根带受力不均的问题,传动比可达 $i=10$,带速可达 40 m/s。主要用于传递功率较大而结构要求紧凑的场合。

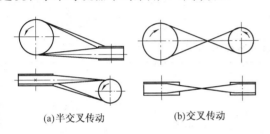

(a)半交叉传动　　(b)交叉传动

图 16-3　平带传动形式

三、带传动的特点

(1)带传动能缓和冲击,吸收震动,传动平稳,噪声小。

(2)当带传动过载时,带在带轮上打滑,可防止其他机件损坏,起到过载保护作用。

(3)结构简单,制造、安装和维修方便,成本较低。

(4)适用于两轴中心距较大的传动。

(5)带与带轮之间存在弹性滑动,故不能保证恒定的传动比。传递运动不准确。

(6)带传动效率低,$\eta=0.92\sim0.94$。

(7)由于带工作时需要张紧,带对带轮轴有很大的压轴力。

(8)外廓尺寸较大,结构不够紧凑。带的使用寿命较短,需经常更换。

带传动适用于要求传动平稳,传动比不要求准确,中小功率的远距离传动。一般带传动所传递的功率 $P\leqslant50$ kW,带速 $v=5\sim25$ m/s,传动比 $i=2\sim6$。

四、V 带的结构和标准

1. 普通 V 带的结构

普通 V 带是标准件,为无接头的环形。V 带的横截面为等腰梯形,其楔角 $\varphi_0=40°$,内部结构由伸张层、强力层、压缩层和包布层组成,如图 16-4 所示。包布层由几层胶帆布制成是 V

带的保护层,防止内部橡胶老化。强力层由几层胶帘布或一排胶线绳制成,承受基本拉力。前者为帘布结构V带,后者称为绳芯结构V带。帘布结构V带抗拉强度大,制造较方便,承载能力较强;绳芯结构V带柔韧性好,抗弯强度高,但承载能力较差,适用于转速较高、载荷不大和带轮直径较小的场合。为了提高V带抗拉强度,近年来已开始使用尼龙丝绳和钢丝绳作为抗拉层。伸张层和压缩层主要由橡胶制成,带在带轮上弯曲变形时伸张层承受拉伸,压缩层受压缩。

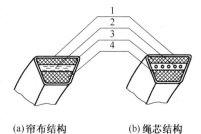

(a)帘布结构　　　(b)绳芯结构

图 16-4　普通 V 带的结构
1—包布层;2—强力层;
3—伸张层;4—压缩层

2. 普通 V 带的尺寸

我国生产的普通 V 带的尺寸采用基准宽度制,根据其横截面尺寸不同,共有 Y、Z、A、B、C、D、E 七种型号。Y 型 V 带截面尺寸最小,E 型 V 带截面尺寸最大。各种型号 V 带的截面尺寸见表 16-1。

表 16-1　V 带剖面基本尺寸(mm)

型　　　号	Y	Z	A	B	C	D	E
顶　宽 b(mm)	6.0	10.0	13.0	17.0	22.0	32.0	38.0
节　宽 b_p(mm)	5.3	8.5	11.0	14.0	19.0	27.0	32.0
高　度 h(mm)	4.0	6.0	8.0	11.0	14.0	19.0	25.0
每米长质量 q(kg/m)	0.04	0.06	0.10	0.17	0.30	0.60	0.87

当 V 带以一定的张紧力缠绕在带轮上时,伸张层受拉伸长,压缩层受压缩短,只有两者之间有一层既不受拉也不受压,带的周长和宽度保持不变,该层为中性层。在 V 带中,中性层称为节面,节面的宽度称为节宽 b_p,节面处的周长称为节线。国家标准规定,V 带的节线长度为基准长度 L_d。每种型号规定了一系列标准基准长度 L_d,见表 16-2。

普通带的截面高度 h 和节宽 b_p 的比约为 0.7。窄 V 带之比约为 0.9,楔角为 $\varphi_0 = 40°$,有 SPZ、SPA、SPB、SPC 四种型号。与普通 V 带相比较,当高度相同时,窄 V 带的宽度约减少 1/3,而承载能力却提高 1.5～2.5 倍。

带的标记压印在带的外表面上。普通 V 带和窄 V 带标记为:带型　基准长度　标准号 B 型普通 V 带,基准长度 2 500 mm(B　2 500　GB/T 11544—2012)。

表 16-2　普通 V 带基准长度(摘自 GB/T 11544—2012)(mm)

型　号						
Y	Z	A	B	C	D	E
200	405	630	930	1 565	2 740	4 600
224	475	700	1 000	1 760	3 100	5 040
250	530	790	1 100	1 950	3 330	5 420
280	625	890	1 210	2 195	3 730	6 100
315	700	990	1 370	2 420	4 080	6 850
355	780	1 100	1 560	2 715	4 620	7 650
400	820	1 250	1 760	2 880	5 400	9 150
450	1 080	1 430	1 950	3 080	6 100	12 230
500	1 330	1 550	2 180	3 520	6 840	13 750
	1 420	1 640	2 300	4 060	7 620	15 280
	1 540	1 750	2 500	4 600	9 140	16 800
		1 940	2 700	5 380	10 700	
		2 050	2 870	6 100	12 200	
		2 200	3 200	6 815	13 700	
		2 300	3 600	7 600	15 200	
		2 480	4 060	9 100		
		2 700	4 430	10 700		
			4 820			
			5 370			
			6 070			

五、V 带轮的结构和标准

1. V 带轮的轮槽尺寸

在 V 带轮的轮槽上,与所配用 V 带的节面处于同一位置的轮槽宽称基准宽度 b_d,轮槽基准宽度处带轮的直径称基准直径 d_d。由于带缠绕带轮时产生弯曲变形,使胶带的楔角 φ_0 将比未弯曲时($\varphi_0 = 40°$)减小。为保证弯曲变形后的胶带两侧仍能和轮槽贴合,应将轮槽的楔角 φ 设计成比 40°略小些。带轮的基准直径越小,带弯曲变形越大,轮槽楔角应该越小。轮槽的截面尺寸见表 16-3。

2. V 带轮的材料

制造带轮的材料有铸铁、铸钢、铝合金和工程塑料等,其中灰铸铁应用最广泛。若带轮的圆周速度 $v \leqslant 25$ m/s 时用 HT150;$v = 25 \sim 30$ m/s时用 HT200;速度更高或特别重要的场合带轮材料多用铸钢或钢的焊接件;低速或传递较小功率时,带轮材料可采用铝合金和工程塑料。

3. V 带轮结构

基准直径很小,$d_d \leqslant (2.5 \sim 3)d$($d$ 为轴径)的带轮,可采用实心式(图 16-5),即轮毂与轮缘直接相连,中间没有轮辐部分;中等直径($d_d \leqslant 300$ mm)的带轮,可采用孔板式(图 16-6);大带轮($d_d > 300$ mm)可采用轮辐式(图 16-7)。

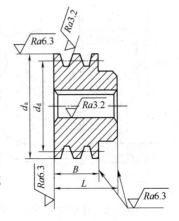

图 16-5　实心式带轮结构

表 16-3　V 带轮截面尺寸(mm)

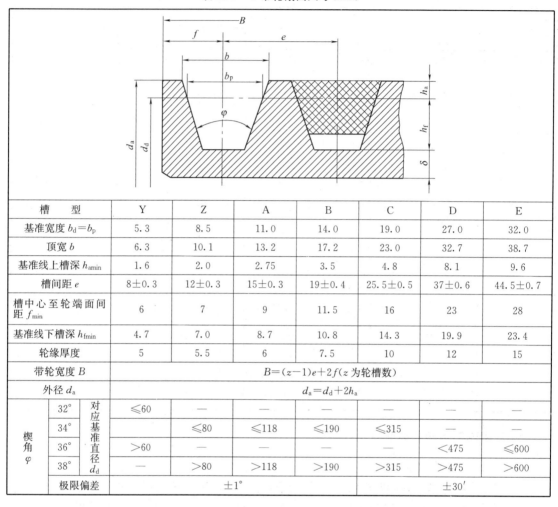

槽　　　型	Y	Z	A	B	C	D	E
基准宽度 $b_d=b_p$	5.3	8.5	11.0	14.0	19.0	27.0	32.0
顶宽 b	6.3	10.1	13.2	17.2	23.0	32.7	38.7
基准线上槽深 h_{amin}	1.6	2.0	2.75	3.5	4.8	8.1	9.6
槽间距 e	8±0.3	12±0.3	15±0.3	19±0.4	25.5±0.5	37±0.6	44.5±0.7
槽中心至轮端面间距 f_{min}	6	7	9	11.5	16	23	28
基准线下槽深 h_{fmin}	4.7	7.0	8.7	10.8	14.3	19.9	23.4
轮缘厚度	5	5.5	6	7.5	10	12	15
带轮宽度 B			$B=(z-1)e+2f$(z 为轮槽数)				
外径 d_a			$d_a=d_d+2h_a$				
楔角 φ　32°　对应基准直径 d_d	≤60	—	—	—	—	—	—
34°	—	≤80	≤118	≤190	≤315	—	—
36°	>60	—	—	—	—	<475	≤600
38°	—	>80	>118	>190	>315	>475	>600
极限偏差		±1°				±30′	

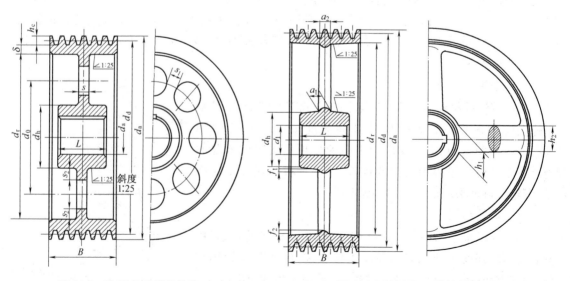

图 16-6　孔板式 V 带轮结构　　　　　图 16-7　轮辐式 V 带轮结构

第二节　带传动工作能力分析

一、带传动受力分析

1. 初拉力 F_0

V 带传动是利用摩擦力来传递运动和动力的,因此我们在安装时就要将带张紧,从而在带和带轮的接触面上产生必要的正压力。当带没有工作时,由于带的拉长产生的弹性恢复力,使带受到的拉力称为初拉力 F_0,它作用于整个带长,如图 16-8(a)所示。

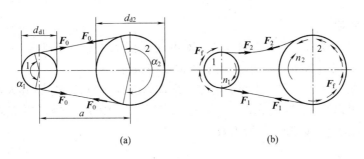

图 16-8　带传动受力图

2. 紧边与松边拉力

当主动轮以转速 n_1 旋转,由于带和带轮的接触面上的摩擦力作用,使从动轮以转速 n_2 转动。这时带两边的拉力发生变化,带进入主动轮的一边被拉的更紧,称作紧边,其拉力由 F_0 增加到 F_1;带进入从动轮的一边被放松,叫做松边,其拉力由 F_0 减小到 F_2,如图 16-8(b)所示。在带与带轮的接触弧中,带的每一点受到拉力 F 的大小随带的不同位置而变化。在主动轮按其转动方向,接触弧的拉力由 F_1 逐渐减小到 F_2;在从动轮按其转动方向,接触弧的拉力由 F_2 逐渐增大到 F_1,有:

$$F_2 \leqslant F \leqslant F_1$$

3. 有效拉力 F_t

称 $F_t = F_1 - F_2$ 为带的有效拉力。由带的受力分析得:

$$\sum F_f = F_t = F_1 - F_2$$

式中　$\sum F_f$——带与带轮接触弧上产生的摩擦力合力。

据带轮的受力分析得:

$$F_t = \frac{1\,000P}{v}　(\text{N})$$

式中　P——带传递的功率(kW);

　　　v——带的速度(m/s)。

从式中可以看出:当带速不变时候,带传递的功率 P 越高,带的有效拉力 F_t 越大。接触弧上产生的摩擦力合力 $\sum F_f$ 越大。

4. 最大摩擦力 F_{max}

带与带轮接触弧上提供的摩擦力不能随着带传动的功率增大而无限增大,当带与带轮接触弧上每一点都产生摩擦力时,则摩擦力的总和达到了最大上限值,称为最大摩擦力 F_{max}。可以得到：

$$F_{max} = 2F_0 \frac{e^{f_v\alpha_1} - 1}{e^{f_v\alpha_1} + 1}$$

式中　F_0——带的初拉力；

　　　f_v——带传动的当量摩擦因数，$f_v = \dfrac{f}{\sin(\varphi_0/2)}$，$f$ 是带与带轮之间的摩擦因数，V 带楔

　　　　　角 $\varphi = 40°$；

　　　α_1——小带轮接触弧长对应的圆心角，称为小带轮包角，如图 16-8(a)所示。

当带轮安装后，F_0、$f_v\alpha_1$ 都是定值，所以最大摩擦力 F_{max} 也是定值，它与带传动的功率大小无关。

5. 带的打滑失效

当 $F_t < F_{max}$，带与带轮之间没有显著的相对滑动，接触弧提供足够的摩擦力使带轮可以带动带产生运动，带可以传递转动和功率，处于正常工作状态。

当 $F_t \geqslant F_{max}$，带与带轮之间产生显著的相对滑动，这时小带轮转动，带和大带轮不再运动。带不能提供更多的摩擦力使带轮带动带产生运动，带丧失了传递转动和功率的能力，称为打滑失效。通过合理的设计可以避免打滑失效。

二、带传动应力分析

1. 带上的基本拉应力

(1)紧边拉应力 σ_1：紧边拉力 F_1 产生的拉应力 $\sigma_1 = \dfrac{F_1}{A}$，产生于紧边；

(2)松边拉应力 σ_2：松边拉力 F_2 产生的拉应力 $\sigma_2 = \dfrac{F_2}{A}$，产生于松边。

(3)接触弧中的拉应力 σ：接触弧上的带每一点受到大小不同的拉力 F 作用，它产生的拉应力为 $\sigma = \dfrac{F}{A}$，σ 产生于大、小带轮的接触弧中，它随着接触弧的位置不同而变化。满足 $\sigma_2 \leqslant \sigma \leqslant \sigma_1$。$A$ 为传动带的横截面积，如图 16-9 所示。

2. 弯曲正应力

是指带在带轮上由于弯曲变形产生的弯曲应力。产生于大、小带轮的接触弧中。

小带轮弯曲应力：

$$\sigma_{b1} = E\frac{h}{d_1}$$

大带轮弯曲应力：

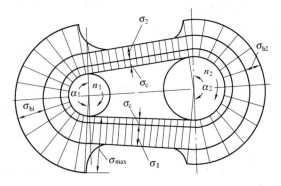

图 16-9　带上的应力分布

$$\sigma_{b2} = E\frac{h}{d_2}$$

式中　E——带的拉压弹性模量（MPa）；

　　　h——带厚（mm）；

　　d_1、d_2——大小带轮的直径（mm）。

由于 $d_2 > d_1$，所以 $\sigma_{b2} < \sigma_{b1}$，如图 16-9 所示。

3. 离心拉应力

带在带轮做圆周运动时,带为了提供向心力使带的拉力进一步加大产生的附加拉力为离心拉力 F_c:

$$F_c = qv^2$$

离心拉应力为 σ_c:

$$\sigma_c = \frac{F_c}{A} = \frac{qv^2}{A}$$

式中　v——带的速度(m/s);

　　　　q——带每米长度的质量(kg/m)。

离心拉应力产生于整个带长中,如图 16-9 所示。

4. 最大正应力 σ_{max}

由图 16-9 看出带在进入小带轮处产生最大正应力 σ_{max},有:

$$\sigma_{max} = \sigma_1 + \sigma_{b1} + \sigma_c$$

带若不被疲劳拉断有:

$$\sigma_{max} \leqslant [\sigma]$$

式中　$[\sigma]$——许用疲劳应力。

当 $\sigma_{max} > [\sigma]$,带可能被拉断,失去工作能力,称为拉断失效。

三、带的弹性滑动

1. 带的弹性滑动概念

传动带在工作时,受到拉力的作用要产生弹性变形。由于紧边和松边受到的拉力不同,其所产生的弹性变形也不同。当带绕过主动轮时,在接触弧上所受的拉力由 F_1 减小至 F_2,带的拉伸程度也会逐渐减小,造成带在传动中会沿轮面向后滑动,使带的速度滞后主动轮的线速度。同样,当带绕过从动轮时,带上的拉力由 F_2 增加到 F_1,弹性伸长量逐渐增大,带沿着轮面也产生向前滑动,此时带的速度超前从动轮的线速度。这种由于带在接触弧上受到的拉力变化,使带的弹性伸长量产生变化,造成带与带轮在接触弧上产生微小的、局部的相对滑动运动,称为弹性滑动。

2. 产生的原因

带工作状态传递功率时,由于带两边的拉力大小不等,必将产生弹性滑动。弹性滑动是带在正常工作状态下,不可避免的一种现象。

3. 造成结果

(1)造成带的传动比 $i = \dfrac{n_1}{n_2}$ 不是恒定常数。n_1、n_2 分别是主动带轮和从动带轮的转速(r/min)。

设主动带轮的线速度 $v_1 = \dfrac{\pi d_1 n_1}{60 \times 1\,000}$;从动带轮的线速度 $v_2 = \dfrac{\pi d_2 n_2}{60 \times 1\,000}$,带速为 v。由于弹性滑动,在主动轮上带速滞后于带轮的线速度,在从动轮上带速超前于带轮的线速度,有:

$$v_2 < v < v_1 \text{。}$$

设带传动的滑动率为 ε,有:

$$\varepsilon = \frac{v_1 - v_2}{v_1} = \frac{d_1 n_1 - d_2 n_2}{d_1 n_1}$$

得：
$$i=\frac{n_1}{n_2}=\frac{d_2}{d_1(1-\varepsilon)}$$

ε 是随带传递功率 P 变化而变化的变量,但它在 $0.01\sim0.12$ 小范围内变化。

不考虑弹性滑动时：
$$v_1=v_2=v=\frac{\pi d_1 n_1}{60\times1\ 000}$$

（2）造成传动效率不高。

（3）造成带的磨损。

四、影响带工作能力的因素

带传动两种失效形式是打滑失效和拉断失效,带传动的工作能力就是保证它的承载能力和使用寿命。而带的承载能力和使用寿命与下列因素有关。

1. 初拉力 $\boldsymbol{F}_0$

初拉力 $\boldsymbol{F}_0$ 越大,最大摩擦力 $\boldsymbol{F}_{\max}$ 越大,有效拉力 $\boldsymbol{F}_t$ 越大,带所传递的功率 P 越大,带的承载能力越高。

如果初拉力 $\boldsymbol{F}_0$ 过大,紧边拉力 $\boldsymbol{F}_1$ 越大,紧边拉应力 σ_1 越大,最大正应力 $\sigma_{\max}$ 越大,带易拉断。

2. 小带轮包角 α_1

α_1 为主动轮接触弧对应圆心角,α_1 越大,最大摩擦力 $\boldsymbol{F}_{\max}$ 越大,有效拉力 $\boldsymbol{F}_t$ 越大,带所传递的功率 P 越大,带的承载能力越高。

由小带轮包角计算式 $\alpha_1=180°-\dfrac{d_2-d_1}{a}\times57.3°$ 看到增加两带轮中心距 a,可增大小带轮包角。要求 $\alpha_1>120°$。

如果小带轮包角 α_1 对应小带轮上最大摩擦力 $\boldsymbol{F}_{\max1}$,大带轮包角 α_2 对应大带轮上最大摩擦力 $\boldsymbol{F}_{\max2}$,由于 $\alpha_1<\alpha_2$,所以 $\boldsymbol{F}_{\max1}<\boldsymbol{F}_{\max2}$。可以看出打滑失效首先发生在小带轮上。

3. 带与带轮之间当量摩擦因数 f_v

当量摩擦因数 f_v 越大,最大摩擦力 $\boldsymbol{F}_{\max}$ 越大,有效拉力 $\boldsymbol{F}_t$ 越大,带所传递的功率 P 越大。由于 $f_v=\dfrac{f}{\sin(\varphi_0/2)}$,$f_v>f$。所以 V 带的传递功率能力大于平带。

4. 带速 v

由 $\boldsymbol{F}_t=\dfrac{1\ 000P}{v}$,看出带速 v 越大,带所传递的功率 P 越大,带的承载能力越大,并且可以保证有效拉力 $\boldsymbol{F}_t$ 不增加,而不发生打滑失效。

当 v 过大,离心拉力 $\boldsymbol{F}_c$ 越大,离心拉应力 σ_c 越大,最大正应力 $\sigma_{\max}$ 越大,带易拉断。要求：带速 $v=5\sim25$ m/s。

5. 小带轮直径 d_1

小带轮直径 d_1 越大,带速 v 越大,带所传递的功率 P 越大;同时小带轮紧边拉应力 σ_{b1} 越小,最大正应力 $\sigma_{\max}$ 越小,带的承载能力越大。由于带在接触弧上发生弯曲应力,带轮直径越小,弯曲应力越大,带的寿命也就越小。所以要对小带轮直径也加以限制。$d_1\geqslant d_{\min}$,$d_{\min}$ 是小带轮最小的直径,由带的型号来选取,具体数值见表16-4。

表 16-4　最小基准直径 $d_{\min}$（mm）

型号	Y	Z	A	B	C	D	E
$d_{\min}$	20	50	75	125	200	355	500

但小带轮直径 d_1 加大，大带轮直径 d_2 更大，导致带轮整体结构庞大。

6. 带的型号

带的型号越大，带的尺寸越大，带的承载能力越大。但带轮槽的尺寸加大，带轮整体结构庞大。

7. 带的根数 Z

带的根数 Z 越大，带的承载能力越大，但带轮整体结构越庞大，每根带受力越不均匀，产生偏载。为防止过大的载荷不均，一般要求带的根数 $Z \leqslant 10$。

8. 中心距 a 与带长度 L

两带轮中心距 a 越大，小带轮包角 α_1 也越大，对带承载越有利。同时中心距越大，带的长度 L 越长，带在传动过程弯曲次数相对减少，也有利于提高带的使用寿命。但是两带轮的中心距往往受到空间位置限制，而且中心距过大，容易引起带抖动，会使承载能力下降。为此，中心距 a 一般取 $0.7 \sim 2$ 倍的 $(d_1 + d_2)$。中心距确定之后带长度 L 可按下式计算，然后按表 16-2 选定。

$$L = 2a + \frac{\pi}{2}(d_2 + d_1) + \frac{(d_2 - d_1)^2}{4a}$$

第三节　带传动的张紧、安装及维护

一、带传动的张紧

1. 张紧的概念

带传动是摩擦传动，适当的张紧力（初拉力）可提供足够的正压力，进而产生足够的最大摩擦力，是保证带传动正常工作的重要因素。张紧力不足，传动带将在带轮上打滑，使传动带急剧磨损；张紧力过大则会使带容易疲劳拉断，寿命降低，也使轴和轴承上的作用力增大。一般规定用一定的载荷加在两带轮中点的传动带上，使它产生一定的挠度来确定张紧力是否合适。通常在两带轮相距不大时，以用拇指在带的中部能压下 15 mm 左右为宜，如图 16-10 所示。

带因长期受拉力作用，将会产生塑性变形而伸长，从而造成张紧力减小，传递能力降低，致使传动带在带轮上打滑。为了保持传动带的传递能力和张紧程度，常用张紧轮或调节两带轮间的中心距进行调整。

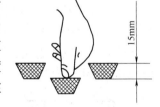

图 16-10　带张紧度判定

2. 张紧的方法

图 16-11 是利用张紧轮调整张紧力的示意图。对平带传动，张紧轮应安装在传动带的松边外侧并靠近小带轮处，如图 16-11(a) 所示。对 V 带传动，为了防止 V 带受交变应力作用而应把张紧轮放在松边内侧，并靠近大带轮处，如图 16-11(b) 所示。

图 16-12 是利用调整中心距的方法来调整张紧力的示意图。其中图 16-12(a) 是用于水平（或接近水平）传动时的调整装置，利用调整螺钉来调整中心距的大小，以改变传动带的张紧程

度;图 16-12(b)是用于垂直(或接近垂直)传动时的调整装置,利用电动机自重和调整螺钉来调整中心距的大小,以改变传动带的张紧程度。

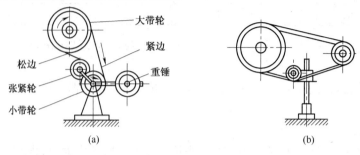

图 16-11　采用张紧轮张紧

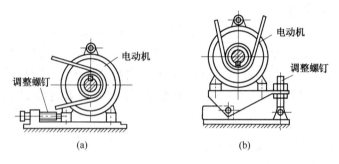

图 16-12　调整中心距张紧

二、带传动安装和维护

为了延长带的使用寿命,保证传动的正常运转,必须正确地安装使用和维护保养。

(1)安装时,两轴线应平行,主动带轮与从动带轮的轮槽应对正,如图 16-13 所示。两带轮相对应的 V 形槽的对称面应重合,误差不超过 20′,以防带侧面磨损加剧。

(2)安装 V 带时应按规定的初拉力张紧。装带时不能强行撬入,应将中心距缩小,待 V 带进入轮槽后再加大中心距来张紧。

(3)V 带在轮槽中应有正确的位置,安装在轮槽内的 V 带顶面应与带轮外缘平齐,带与轮槽底面应有间隙,如图 16-14 所示。

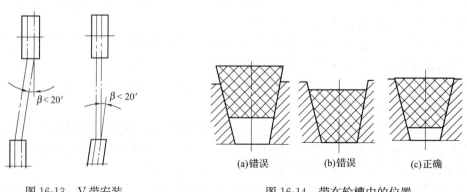

图 16-13　V 带安装　　　　　　图 16-14　带在轮槽中的位置

(4)选用 V 带时要注意型号和长度,型号应和带轮轮槽尺寸相符合。新旧不同的 V 带不能同时使用。如发现有的 V 带出现疲劳撕裂现象时应及时更换全部 V 带。

（5）为确保安全，带传动应设防护罩。

（6）带不应与酸、碱、油接触，工作温度不宜超过 60 ℃。

第四节　链传动简介

一、链传动概述

链传动由具有特殊齿形的主动链轮 1、从动链轮 2 和链条 3 组成，如图 16-15 所示。链条绕在主动链轮和从动链轮上，通过链条的链节与链轮轮齿的啮合来传递平行轴间的运动和动力。

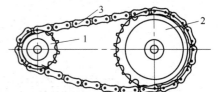

图 16-15　链传动

链传动是以链条为中间挠性件的啮合传动，与带传动相比，链传动具有下列特点：

（1）能保证准确的平均传动比。

（2）传递功率较大 $P \leqslant 100$ kW；传动效率较高，一般可达 $\eta = 0.94 \sim 0.97$。

（3）链传动是啮合传动，没有带传动的滑动现象。张紧力小，故对轴和轴承的压力小。

（4）能在低速、重载和高温条件下，以及尘土、水、油等不良环境中工作。

（5）能用一根链条同时带动几根彼此平行的轴转动。

（6）由于链节的多边形运动，所以瞬时传动比是变化的，瞬时链速不是常数，传动中会产生附加动载荷，产生冲击和震动，传动平稳性差，工作时有噪声。因此不宜用于要求精密传动的机械上。

（7）安装和维护要求较高，制造成本也比带传动高，无过载保护作用。

（8）链条的铰链磨损后，使链条节距变大，传动中易发生跳齿和脱链。

链传动用于两轴平行、中心距较远、传递功率较大且平均传动比要求准确、不宜采用带传动或齿轮传动的场合。在轻工机械、农业机械、石油化工机械、运输起重机械及机床、汽车、摩托车和自行车等的机械传动中得到广泛应用。

链传动的传动功率 $P \leqslant 100$ kW，传动比一般 $i \leqslant 6$；两轴中心距 $a \leqslant 6$ m；链条速度 $v \leqslant 15$ m/s。

按链的用途不同，链传动分为传动链、起重链和输送链三种。传动链主要在一般机械中用于传递动力和运动；起重链主要在起重机械中用于提升重物，牵引、悬挂物体兼作缓慢运动；输送链主要在各种输送装置中输送工件、物品和材料。

二、链条类型

传动链的种类繁多，最常用的是滚子链和齿形链。

1. 滚子链（套筒滚子链）

图 16-16 所示为滚子链，由内链板 1、外链板 2、销轴 3、套筒 4 和滚子 5 组成。销轴与外链板、套筒与内链板分别采用过盈配合连接成一个整体，组成外链节、内链节。销轴与套筒之间采用间隙配合构成，外、内链节之间能相对转动。套筒能够绕销轴自由转动，滚子又可绕套筒自由转动，使链条与链轮啮合时形成滚动摩擦，减轻链条和链轮轮齿的磨损。链板常制成∞形，以减轻链条的重量。滚子链已有国家标准分为两个系列。

　　链条上相邻两销轴中心的距离 p 称为节距,它是链条的主要参数。链轮转速越高,节距越大,齿数越少,动载冲击越严重,传动越不平稳,噪声越大。节距越大,链条尺寸越大,所能传递的功率也越大。当链轮的齿数一定时,链轮的直径随节距的增大而增大。因此,在传递较大功率时,为了减少链轮直径,常采用小节距多排链。多排链相当于几个普通的单排链彼此之间用长销轴连接而成,排数越多,其承载能力越强,但由于制造和安装误差的影响,各排链的载荷分布不均匀,所以排数不宜过多,一般不超过四排。常用的有双排链(图 16-17)和三排链。

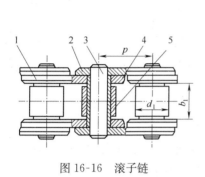

图 16-16　滚子链

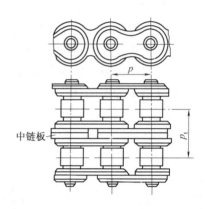

图 16-17　双排链

　　链条的长度用链节的数目表示。为将链条两端连接起来,当链节数为偶数时,正好是外链板与内链板相接,可用开口销或弹簧锁片固定销轴,如图 16-18 所示。若链节数为奇数,则需采用过渡链节,由于过渡链节的链板要受附加的弯矩作用,对传动不利,故尽量不采用奇数链节的闭合链。

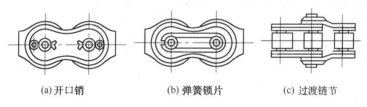

(a)开口销　　　　　　(b)弹簧锁片　　　　　(c)过渡链节

图 16-18　链条的连接

2. 齿形链

　　齿形链由齿形链板、导板、套筒和销轴等组成,如图 16-19 所示,与滚子链相比较,齿形链传动平稳,传动速度高,承受冲击的性能好,噪声小(又称无声链),但结构复杂,装拆较难,质量较大,易磨损,成本较高。多用于高速或运动精度要求较高的场合。

图 16-19　齿形链

三、滚子链链轮

1. 链轮的齿形

　　链轮的齿形应保证链节能平稳、顺利地进入和退出啮合,啮合时滚子与齿面接触良好,各齿磨损均匀,不易脱链,且齿形应简单,便于加工。链轮的齿形已标准化,常用的端面齿形如图 16-20 所示,它是由 aa、ab、cd 三段圆弧和一直线 bc 组成,简称"三圆弧一直线"齿形。这种齿形接触应力小,磨损少,冲击小,齿顶较高,不易跳齿和脱链,且加工也较容易。国标规定链轮的轴向齿形为圆弧状,以使链节便于与链进入啮合和退出啮合。

2. 链轮的结构

链轮由轮缘、腹板、轮毂组成,其结构形式如图 16-21 所示。小直径链轮可制成实心式,中等直径的链轮采用腹板式或孔板式,大直径($d>200$ mm)链轮可采用组合式,齿圈与轮芯用不同材料制造,齿圈用螺栓连接或焊接在轮芯上。轮芯用一般钢材或铸铁制造可节省贵重钢材,同时轮齿磨损后只需更换齿圈即可。

3. 链轮的材料

链轮材料应能保证轮齿有足够的强度和耐磨性,所以齿面要经过热处理。由于小链轮的啮合次数比大链轮的多,磨损和受冲击也较严重,因此小链轮应选用更好的材料。链轮材料一般用中碳钢或中碳合金钢,如 45、40Cr、35SiMo 等,经表面淬火处理后,硬度为 40～

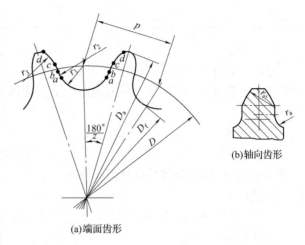

(b)轴向齿形

(a)端面齿形

图 16-20　滚子链链轮端面齿形和轴向齿形

50HRC;高速、重载或有冲击载荷时用低碳钢或低碳合金钢,如 15、20、15Cr、20Cr,表面渗碳后经淬火、低温回火,硬度为 55～60HRC。低速、轻载、齿数较多时大链轮可以用铸铁制造,而小链轮用钢制。

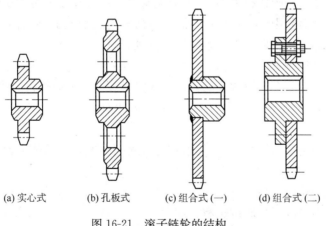

(a) 实心式　　(b) 孔板式　　(c) 组合式(一)　　(d) 组合式(二)

图 16-21　滚子链轮的结构

四、链传动的主要参数和失效形式

(一)链传动的主要参数

1. 齿数 z

为了使链传动工作平稳,小链轮的齿数 z_1 不宜过少,可由表 16-5 中选择。大链轮齿数 $z_2=iz_1$,z_1 增加导致 z_2 增加,链传动磨损后容易引起脱链,还导致链传动的总体尺寸和重量增大,所以 $z_{min}\leqslant120$。选择链条时,链条长度 L_p 以链节数表示,链节数一般取偶数,大小链轮齿数应尽量选取与链节数互为质数的奇数,优选数值为:17、19、21、23、25、38、57、76、95、114 等。

表 16-5　小链轮齿数选择

链速 v(m/s)	0.6~3	3~8	>8
小链轮齿数 z_1	≥15~17	≥21	≥23~25

2. 节距 p

链条节距越大,链条与链轮尺寸则越大,承载能力越高。但传动速度的不均匀性、动载荷和噪声也随之增大。在满足承载能力条件下应选择小节距,尤其是高速重载时,宜优选小节距多排链。

3. 传动比 i

推荐 $i≤(2~3.5)$。当低速时,i 可大些。传动比过大小链轮的包角过小,啮合的齿数太少,将加速轮齿的磨损,容易出现跳齿现象,一般要求包角不小于 $120°$。

4. 速度 v

一般要求链速 $v≤(12~15)$m/s,以控制链传动噪声。

5. 链传动中心距 a

中心距 a 越小,结构越紧凑,但包角小,同时啮合的齿数少,磨损严重,易产生脱链;在同一转速下,链条绕转次数增加,易产生疲劳损坏。中心距增大,对传动有利,但结构过大,链条抖动加剧。所以,一般取:$a=(30~50)p$,$a_{max}=80p$。

(二)链传动的失效形式

1. 链条的疲劳破坏

链条工作时,紧边与松边拉力不等,造成链条各个元件承受交变应力,超过一定的应力循环次数,链板发生疲劳断裂;链节与轮齿的连续冲击,将会引起套筒与滚子表面疲劳点蚀。所以,链传动的承载能力主要取决于链条的疲劳强度。

2. 链条铰链磨损

链条工作时,销轴与套筒所构成的转动副的接触表面上承受较大的接触应力,容易磨损产生间隙,从而使链条伸长,动载荷增大,引起震动,发生跳齿或脱链。

3. 链条铰链胶合

转速很高时,冲击能量增大,易引起销轴与套筒间摩擦表面温度升高和润滑油膜的破坏,从而导致铰链胶合。

4. 链条静力拉断

低速时,链条因强度不足而被拉断。

五、链传动的布置和润滑

(一)链传动的布置

(1)两链轮轴线平行,且两链轮的回转平面必须位于同一铅垂平面内。

(2)两链轮的中心连线最好是水平的,如图 16-22(a)所示,或两链轮中心连线与水平面成 $45°$ 以下的倾斜角,如图 16-22(b)所示。

(3)尽量避免两链轮上下布置,必须采用两链轮上下布置时,应采取以下措施:中心距可调整;设张紧装置;上下两轮应错开,使其轴线不在同一铅垂面内,如图 16-22(c)所示。

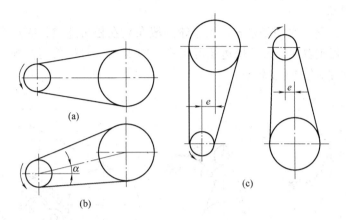

图 16-22 链传动的布置

（4）一般使链条的紧边在上、松边在下。否则，松边在上，链条松弛下垂后可能与紧边相碰，也可能发生与链轮卡死的现象。

（二）链传动的润滑

良好的润滑，可以缓和冲击，减少磨损，提高工作能力和传动效率，延长使用寿命。链传动采用的润滑方式有以下几种。

1. 人工定期润滑

用油壶或油刷，每班注油一次。适用于低速 $v \leqslant 4$ m/s 的不重要链传动。

2. 滴油润滑

用油杯通过油管滴入松边内、外链板间隙处，每分钟约 $5 \sim 20$ 滴。适用于 $v \leqslant 10$ m/s 的链传动。

3. 油浴润滑

将松边链条浸入油盘中，浸油深度为 $6 \sim 12$ mm，适用于 $v \leqslant 12$ m/s 的链传动。

4. 飞溅润滑

在密封容器中，甩油盘将油甩起，沿壳体流入集油处，然后引导至链条上。但甩油盘线速度应大于 3 m/s。

5. 压力润滑

当采用 $v \geqslant 8$ m/s 的大功率传动时，应采用特设的油泵将油喷射至链轮链条啮合处。

不论采用何种润滑方式，润滑油应加在松边上，因为松边链节松弛，润滑油容易流到需要润滑的缝隙中。

（三）链传动的张紧

链传动的松边如果垂度过大，将会引起啮合不良和链条震动的现象，所以必须进行张紧。

常用的张紧方法有：

1. 调整中心距

移动链轮增大中心距。

2. 缩短链长

当中心距不可调时，可去掉 $1 \sim 2$ 个链节。

3. 采用张紧装置

图 16-23(a)、(b)所示采用张紧轮。张紧轮一般布置在松边外侧且靠近小链轮。图 16-23 (c)是采用压板,压板布置在链条的松边便可张紧。图 16-23(d)是采用托板,对于中心距较大的链传动,用托板控制链的垂度较好。

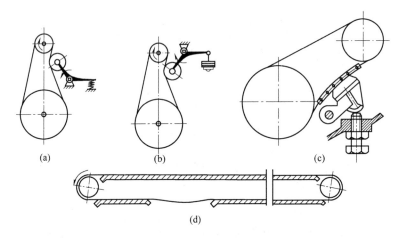

图 16-23　链传动的张紧装置

一、填 空 题

1. 带传动由_____带轮、_____带轮和_____带组成。

2. 带传动依靠传动带与带轮间产生的_____来带动实现运动和动力的传递。

3. 带传动能缓和_____,吸收_____,传动_____,噪声小。

4. V 带的七种型号是_____。

5. 在带与带轮的接触弧中,带的每一点受到拉力 F 的大小随带的_____而变化。

6. 带传动不发生打滑的条件是_____。

7. 带在带轮接触弧上由于弯曲变形产生应力称为_____应力。

8. 带传动中的离心拉应力 σ_c 产生于_____带长中。

9. 带传动中带的最大应力是_____。

10. 带的失效形式是_____、_____。

11. 由于带弹性_____的变化,使带在接触弧上产生微小局部相对滑动,称为_____滑动。

12. 带张紧方法有_____轮和加大两带轮_____距。

13. 链传动由具有特殊齿形的_____链轮、_____链轮和_____组成。

14. 链条上相邻两销轴中心的_____ p 称为节距。

15. 滚子链的节距越大,链条的尺寸_____,承载能力_____。

二、判 断 题

1. 带传动是通过带与带轮之间产生的摩擦力来传递转动和转矩的。　　　　（　　）
2. 相同情况下，V 带传动的传动能力大于平带传动的传动能力。　　　　（　　）
3. V 带的横截面为梯形，下面为工作面。　　　　　　　　　　　　　（　　）
4. 带传动结构简单，制造、安装和维修方便，成本较低。　　　　　　　（　　）
5. 带与带轮之间存在弹性滑动，传动效率低、不能保证恒定的传动比。　　（　　）
6. 带传动外廓尺寸较大，结构不紧凑，还需要张紧装置。　　　　　　　（　　）
7. 没有初拉力带就不能传递功率。　　　　　　　　　　　　　　　　（　　）
8. 离心拉应力是由于带在带轮上作圆周运动产生离心力所致。　　　　　（　　）
9. 弯曲应力在整个带长上都有。　　　　　　　　　　　　　　　　　（　　）
10. 带传动中，如果包角偏小，可增加中心距。　　　　　　　　　　　（　　）
11. 当 $F_t < F_{max}$，带与带轮之间没有显著的相对滑动，带可处于正常工作状态。（　　）
12. 带上进入小带轮处产生最大正应力 σ_{max}。　　　　　　　　　　　（　　）
13. 弹性滑动是带在正常工作状态下，不可避免的一种现象。　　　　　（　　）
14. 初拉力 F_0 越大，带所传递的功率 P 越大，带的承载能力越高。　　（　　）
15. 小带轮的包角 σ_1 越大，带所传递的功率 P 越大，带的承载能力越高。（　　）
16. 打滑失效首先发生在小带轮上。　　　　　　　　　　　　　　　（　　）
17. 小带轮直径 d_1 越大，带速 v 越大，带所传递的功率 P 越大。　　（　　）
18. 链传动是通过链条的链节与链轮轮齿的啮合来传递运动和动力。　　（　　）
19. 链传动能保证准确的平均传动比。　　　　　　　　　　　　　　（　　）
20. 链传动能在低速、重载和高温等不良环境中工作。　　　　　　　（　　）

三、选 择 题

1. V 带传动的特点是＿＿＿＿＿＿。
   A. 缓和冲击，吸收震动　　　B. 结构复杂　　　　　C. 成本高
2. V 带传动的特点是＿＿＿＿＿＿。
   A. 传动比准确　　　　　　B. 传动效率高　　　　C. 没有保护作用
3. 带的带轮上由于弯曲产生的弯曲应力是＿＿＿＿＿＿。
   A. 大轮＞小轮　　　　　　B. 大轮＝小轮　　　　C. 大轮＜小轮
4. 由于带的弹性变形的变化引起的微小、局部滑动现象称为＿＿＿＿＿＿。
   A. 弹性滑动　　　　　　　B. 打滑　　　　　　　C. 正常传动
5. 带传动中，主动轮与从动轮圆周速度 v_1, v_2，带的速度 v 之间的关系为＿＿＿＿＿。
   A. $v_2 < v < v_1$　　　　B. $v < v_1 < v_2$　　　C. $v_1 < v < v_2$
6. 增加小带轮包角的方法有＿＿＿＿＿＿。
   A. 增大中心距　　　　　　B. 增加小带轮直径　　C. 加大带速

第十七章

齿 轮 传 动

　　齿轮传动是主动齿轮、从动齿轮轮齿依次啮合,传递运动和动力的装置。主动齿轮、从动齿轮以轮齿齿廓曲面相切接触构成平面高副。齿轮传动是传递机器动力和运动的一种主要形式。它与皮带、摩擦机械传动相比,具有功率范围大、传动效率高、传动比准确、使用寿命长、安全可靠等特点,因此它已成为许多机械产品不可缺少的传动部件。

第一节　齿轮传动概述

一、齿轮传动类型及传动特点

（一）齿轮传动的分类

1. 按两齿轮轴线的位置不同

　　两齿轮轴线平行。直齿圆柱齿轮传动〔图 17-1(a)〕;斜齿圆柱齿轮传动〔图 17-1(b)〕;人字齿圆柱齿轮传动〔图 17-1(c)〕。圆柱齿轮是在圆柱体外表面(外齿轮)或圆柱孔内表面(内齿轮)加工出轮齿。

　　两齿轮轴线相交。直齿锥齿轮传动〔图 17-1(e)〕;斜齿锥齿轮传动〔图 17-1(f)〕;曲齿锥齿轮传动。锥齿轮是在圆锥体表面加工出轮齿。

　　两齿轮轴线交错。螺旋齿轮传动〔图 17-1(g)〕;蜗轮蜗杆传动〔图 17-1(h)〕。

2. 按两齿轮啮合方式

　　(1)外啮合。在两个圆柱体外表面加工的齿轮相互啮合,两齿轮转动方向相反如图 17-1(a)、(b)所示。

　　(2)内啮合。一个圆柱体外表面加工的齿轮与圆柱孔内表面加工的齿轮相互啮合,两齿轮转动方向相同如图 17-1(d)所示。

　　(3)齿轮与齿条啮合。一个圆柱体外表面加工的齿轮与杆状构件加工的直线齿廓轮齿的齿条相互啮合,齿轮转动,齿条移动如图 17-1(i)所示。

3. 按轮齿齿廓曲线形状

　　根据轮齿的齿廓曲线分为,渐开线齿轮、圆弧齿轮、摆线齿轮等。本章主要讨论制造、安装方便,应用最广的渐开线齿轮。

4. 按照工作条件

　　齿轮传动有开式齿轮传动和闭式齿轮传动。前者轮齿外露,灰尘易落于齿面。后者轮齿密封在刚性箱体内,具有良好的润滑条件。

（二）齿轮传动特点

　　齿轮传动用来传递任意两轴之间的运动和动力。其圆周速度可达 300 m/s;传递功率可

达 10^5 kW；齿轮直径可从不到 1 mm 到 15 m 以上，是现代机械中应用最广泛的一种机械传动。

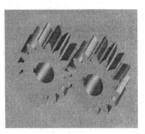
(a) 圆柱直齿外啮合

(b) 圆柱斜齿外啮合

(c) 圆柱人字齿外啮合

(d) 圆柱直齿内啮合

(e) 圆锥直齿外啮合

(f) 圆锥弧齿外啮合

(g) 圆柱螺旋齿外啮合

(h) 蜗轮蜗杆传动

(i) 齿条啮合

图 17-1　齿轮传动类型

1. 齿轮传动的优点
(1) 能保证瞬时传动比恒定不变。
(2) 传递功率可大可小，传动转速可高可低，适用的圆周速度和功率范围广。
(3) 设有内部冲击震动荷载，传动平稳、噪声小，传递运动精度高。
(4) 结构紧凑，工作可靠，寿命长。
2. 齿轮传动的缺点
(1) 要求较高的制造和安装精度，需要专用机床加工，成本较高。

（2）不适宜于远距离两轴之间的传动。

（3）低精度齿轮在传动时会产生噪声和震动。

齿轮传动的主要类型、特点和应用见表 17-1。

表 17-1　齿轮传动类型、特点和应用

分 类		名 称	示 意 图	特点和应用
平行轴齿轮传动	直齿圆柱齿轮传动	外啮合直齿圆柱齿轮传动		两齿轮转向相反。轮齿与轴线平行，工作时无轴向力。 　重合度较小，传动平稳性较差，承载能力较低。 　多用于速度较低的传动，尤其适用于变速箱的换挡齿轮
		内啮合圆柱齿轮传动	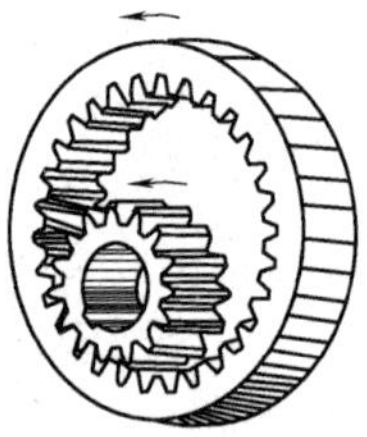	两齿轮转向相同。 　重合度大，轴间距离小，结构紧凑，效率较高
		齿轮齿条传动		齿条相当于一个半径为无限大的齿轮。 　用于连续转动到往复移动的运动变换
	平行轴斜齿轮传动	外啮合斜齿圆柱齿轮传动	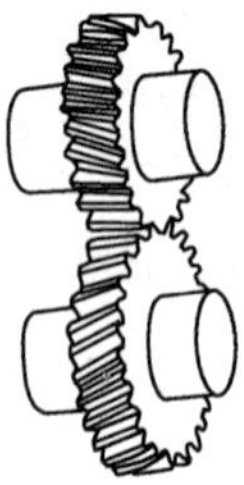	两齿轮转向相反。轮齿与轴线成一夹角，工作时存在轴向力，所需支承较复杂。 　重合度较大，传动较平稳，承载能力较强。 　适用于中高速和载荷较大或要求结构较紧凑的场合
	人字齿轮传动	外啮合人字齿圆柱齿轮传动	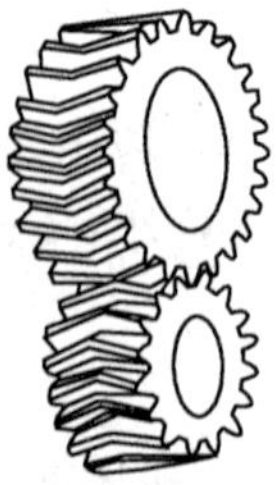	两齿轮转向相反。 　承载能力高，轴向力能抵消，适用于传递大功率和大转矩的传动，多用于重载传动

续上表

分　类		名　称	示　意　图	特点和应用
平行轴齿轮传动	相交轴齿轮传动	直齿锥齿轮传动	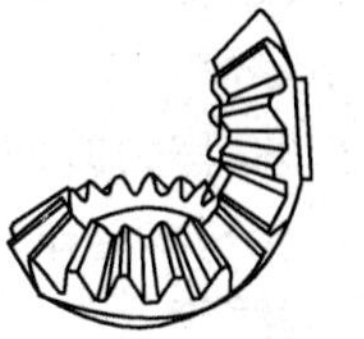	两轴线相交,轴交角为90°的应用较广。 制造和安装简便,传动平稳性较差,承载能力较低,轴向力较大。 用于速度较低($v<5$ m/s),载荷小而稳定的场合
		曲线齿锥齿轮传动		两轴线相交。 重合度大、工作平稳、承载能力高。轴向力较大且与齿轮转向有关。 用于速度较高及载荷较大的传动
	交错轴齿轮传动	交错轴斜齿轮传动 (螺旋齿轮传动)	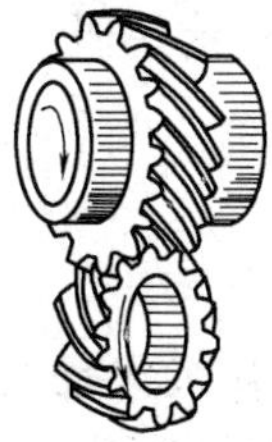	两轴线交错。 两齿轮点接触,传动效率低。 适用于载荷小、速度较低的传动
		蜗杆传动	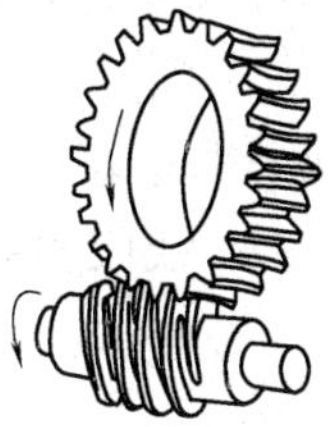	两轴线交错,一般成90°。 传动比较大且准确,一般 $i=8\sim80$,可自锁。 结构紧凑,传动平稳,噪声和震动小。 传动效率低,易发热

二、齿廓啮合基本定理

1. 传动比恒定的意义

齿轮传动的最基本要求之一是瞬时传动比恒定不变为常数。主动齿轮以等角速度回转时,如果从动齿轮的角速度为变量,将产生惯性力。这种惯性力会引起机器的震动和噪声,影响工作精度,还会影响齿轮的寿命。为此一般齿轮传动都要求瞬时传动比为常数。

2. 齿廓啮合基本定律

为保证瞬时传动比恒定不变,即 $i_{12}=\dfrac{\omega_1}{\omega_2}=$ 常数,则两齿轮的齿廓曲线应满足:不论两齿廓曲线在任何位置相切接触,过接触点所作的两齿廓曲线的公法线 nn 与两轮的连心线 O_1O_2 交于一定点 C,如图 17-2 所示。就是有:$i=\dfrac{n_1}{n_2}=\dfrac{O_2C}{O_1C}=$ 常数。按三心定理,公法线 nn 与二齿轮连心线的交点 C 为二齿轮的相对速度瞬心,即二齿轮在 C 点上的线速度应相等,即:

$$\omega_1 \times \overline{O_1C}=\omega_2 \times \overline{O_2C}$$

由此得瞬时传动比 i_{12}:

$$i_{12} = \frac{\omega_1}{\omega_2} = \frac{\overline{O_2C}}{\overline{O_1C}}$$

任意齿廓的二齿轮啮合时,其瞬时角度速度的比值等于齿廓接触点公法线将其中心距分成两段长度的反比。这就是齿廓啮合基本定律。

凡能满足齿廓啮合基本定律的一对齿廓,称为共轭齿廓。理论上可作为共轭齿廓的曲线有无穷多。但在生产实际中除满足齿廓啮合基本定律外,还要考虑到齿廓曲线制造、安装和强度等要求。常用的齿廓有渐开线、圆弧和摆线等。

3. 节点与节圆

根据齿廓啮合基本定律,过接触点所作的两齿廓的公法线都必须与两轮的连心线交于一定点,如图 17-2 所示的定点 C,这个定点就称为两啮合齿轮的节点。以两齿轮的转动中心 O_1、O_2 为圆心,过节点 C 所作的两个相切的圆称为该对齿轮的节圆。以 r'_1、r'_2 分别表示两节圆半径。有:$i_{12} = \frac{\omega_1}{\omega_2} = \frac{O_2C}{O_1C} = \frac{r'_1}{r'_2}$。两齿轮啮合传动可视为两齿轮的节圆在作纯滚动。两个齿轮啮合时才会产生节点、节圆,单个齿轮没有这些概念。

三、渐开线及其特性

1. 渐开线的形成

如图 17-3 所示,当直线 NK 沿一圆周作纯滚动时,直线上任意点 K 的轨迹 AK,称为该圆的渐开线。这个圆称为渐开线的基圆,其半径用 r_b 表示。A 点是渐开线的起点;K 点是渐开线上任意一点;由 K 点向基圆做切线 NK,N 点是切点,直线 NK 称为渐开线的发生线;齿轮圆心 O 到渐开线上任意一点 K 的距离,称为渐开线 K 点的向径,用 r_K 表示;r_K 与 ON 线段所夹锐角称为渐开线任意一点 K 的压力角,用 α_K 表示,它也是渐开线任意一点 K 的速度方向 v_K 和该点受力方向 $\boldsymbol{F}_n$ 所夹的锐角。r_K 与 OA 线段的夹角称为渐开线任意一点 K 的展角,用 θ_K 表示。

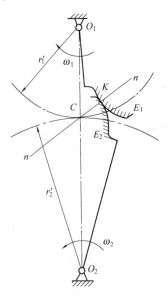

图 17-2　齿廓啮合基本定律示意图

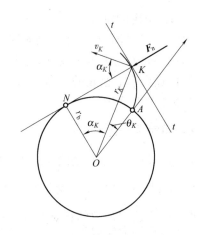

图 17-3　渐开线的形成

2. 渐开线的性质

根据渐开线的形成过程,可知渐开线具有下列性质:

(1)发生线沿基圆滚过的线段长度,等于该基圆上被滚过圆弧的长度,即 $\overline{NK}=\overset{\frown}{AN}$。

(2)渐开线上任意点的法线必切于基圆。发生线 NK 是渐开线在任意点 K 的法线,发生线与基圆的切点 N 是渐开线在点 K 的曲率中心,而线段 NK 是渐开线任意一点 K 的曲率半径,$NK=\rho_K$ 有 $\rho_K=r_b\tan\alpha_K$。渐开线上越接近基圆的点,其曲率半径越小,渐开线在基圆上起点 A 的曲率半径为零。

(3)渐开线的形状取决于基圆的大小,同一基圆上的渐开线形状完全相同。如图 17-4 所示,在相同压力角处,基圆半径越大,其渐开线的曲率半径越大,渐开线越平直。当基圆半径趋于无穷大时,其渐开线变成直线。齿条的齿廓就是变成直线的渐开线。

(4)基圆内没有渐开线。

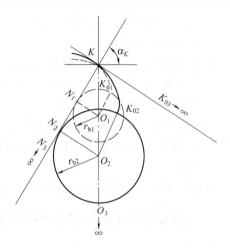

图 17-4　渐开线形状与基圆大小的关系

第二节　标准渐开线直齿圆柱齿轮

渐开线直齿圆柱齿轮形状是完全相同的 z 个轮齿均匀分布在圆柱体的圆周上,每个轮齿的两侧齿廓曲线是渐开线。两侧齿廓是在同一基圆上生成的两条相反方向的渐开线中的一段曲线。

一、齿轮各部分名称及符号

如图 17-5 所示为标准渐开线直齿圆柱齿轮。

1. 齿顶圆

轮齿齿顶所在的圆。齿顶圆直径为 d_a,半径为 r_a,齿顶圆上的压力角为 α_a,齿顶圆上的轮齿尺寸都带有下标"a"。

2. 齿根圆

轮齿齿槽底部所在的圆。齿根圆直径为 d_f,半径为 r_f,齿根圆上的压力角为 α_f,齿根圆上的轮齿尺寸都带有下标"f"。

3. 基圆

轮齿齿廓渐开线曲线的生成圆。基圆直径为 d_b,半径为 r_b,基圆上的压力角为 $\alpha_b=0°$,基圆上的轮齿尺寸都带有下标"b"。

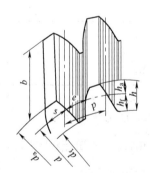

图 17-5　齿轮各部分的名称符号

4. 分度圆

为便于齿轮的设计、制造、测量和安装,规定某一个圆为齿轮的基准圆,称为齿轮的分度圆。分度圆具有标准模数和标准压力角,介于齿顶圆和齿根圆之间并在该圆上均匀分齿(分度)。分度圆直径为 d,分度圆压力角为 α,分度圆上的轮齿尺寸都不带下标。

齿轮的上述各圆都是以齿轮的转动中心为圆心的同心圆。

5. 齿距、齿厚、齿槽宽

在分度圆周上,相邻两齿同侧齿廓对应两点之间的弧长称齿距,用 p 表示;一个轮齿两侧齿廓之间的弧长称齿厚,用 S 表示;一个齿槽两侧齿廓之间的弧长称为齿槽宽,用 e 表示。

6. 齿顶高、齿根高及齿全高

分度圆与齿顶高之间的径向距离称为齿顶高,用 h_a 表示;分度圆与齿根高之间的径向距离称齿根高,用 h_f 表示;齿顶圆与齿根圆之间的径向距离称齿全高,用 h 表示,显然,$h=h_a+h_f$。

7. 齿宽

齿轮轮齿的宽度,沿齿轮轴线方向度量,用 b 表示。

二、标准渐开线直齿圆柱齿轮的基本参数

1. 齿数 z

一个齿轮的轮齿个数称为齿数,用 z 表示。齿数是齿轮的基本参数之一,在齿轮设计中来选定,它将影响轮齿的几何尺寸和渐开线曲线的形状。

2. 模数 m

在分度圆上的齿距 p 与 π 的比值 $m=\dfrac{p}{\pi}$ 为国家规定的标准系列值,称为齿轮的模数。

齿轮的模数是齿轮的基本参数,用符号 m 表示,单位是 mm。

在分度圆上有:$p=s+e,zp=\pi d$,由 $zp=\pi d$,齿轮分度圆的直径 $d=\dfrac{p}{\pi}z$,得:$d=mz$,半径 $r=\dfrac{1}{2}mz$。

模数由齿轮承载能力计算而得到,它反映了轮齿的大小,若齿数一定,模数越大,其分度圆的直径就越大,齿轮相应尺寸也越大,齿轮的承载能力越高。模数是设计和制造齿轮的基本参数。为简化设计和便于制造,我国已将模数标准化,国标规定的标准模数系列见表 17-2。

表 17-2　齿轮模数系列　　　　　　　　　　　　　　　　　　mm

第一系列	0.1	0.12	0.15	0.2	0.25	0.3	0.4	0.5	0.6	0.8	1	1.25	1.5	2
	2.5	3	4	5	6	8	10	12	16	20	25	32	40	50
第二系列	0.35	0.7	0.9	1.75	2.25	2.75	(3.25)	3.5	(3.75)	4.5	5.5	(6.5)	7	9
	(11)	14	18	22	28	(30)	36	45						

注:优先采用第一系列,括号内的模数尽可能不用。

3. 压力角 α

由图 17-3 知,渐开线 K 臬的压力角 α_k 可用 $\cos \alpha_k=\dfrac{r_b}{r_k}$ 表示,因此渐开线齿轮分度圆上的压力角可表示为:

$$\cos \alpha=\frac{r_b}{r}$$

式中　r_b——基圆半径(mm)

　　　r——分度圆半径(mm)。

国家标准规定,标准齿轮的压力角 $\alpha=20°$,也有采用 $\alpha=15°$、$22.5°$、$25°$ 等的齿轮。

4. 齿顶高系数 h_a^*

分度圆到齿顶圆的径向距离称为齿轮的齿顶高,用 h_a 表示,如图 17-5 所示。

齿顶高 $h_a = h_a^* m$，其中 h_a^* 称为齿顶高系数。国标规定正常齿 $h_a^* = 1$；短齿 $h_a^* = 0.8$。

5. 顶隙系数 c^*

齿根高 $h_f = (h_a^* + c^*)m$，其中 c^* 称为顶隙系数。国标规定：正常齿 $c^* = 0.25$；短齿 $c^* = 0.3$。

齿全高 $\qquad\qquad\qquad h = h_a + h_f = (2h_a^* + c^*)m$

一对轮齿啮合时，一个齿轮的齿顶圆到另一个齿轮的齿根圆之间的径向距离，称为顶隙。顶隙用 c 表示，$c = c^* m$。这是为了避免齿轮啮合运动时，一个齿轮的齿顶与另一个齿轮的齿槽底部相碰，以及为了储存润滑油而必须保证的间隙。

故 z、m、α、h_a^*、c^* 是标准渐开线齿轮尺寸计算的五个基本参数。

若齿轮的模数 m、压力角 α、齿顶高系数 h_a^*、顶隙系数 c^* 均为标准值，并且在齿轮分度圆上的齿厚与齿槽宽相等，即 $s = e$，称为标准齿轮。由于 $p = s + e = \pi m$，所以：$s = e = \dfrac{p}{2} = \dfrac{\pi m}{2}$

若模数 m、压力角 α、齿顶高系数 h_a^*、顶隙系数 c^* 均为标准值，但齿轮分度圆上的齿厚与齿槽宽不相等即：$s \neq e$，称为变位齿轮。

三、外啮合标准渐开线直齿圆柱齿轮尺寸计算

标准齿轮的齿廓形状是由齿轮的基本参数所决定的，已知以上五个基本参数就可以计算出齿轮各部分的几何尺寸，其计算公式见表 17-3。

表 17-3 外啮合标准直齿圆柱齿轮几何尺寸计算

名　称	符　号	计　算　公　式
分度圆直径	d	$d = mz$
齿顶高	h_a	$h_a = h_a^* m$
齿根高	h_f	$h_f = (h_a^* + c^*)m$
全齿高	h	$h = h_a + h_f = (2h_a^* + c^*)m$
齿顶圆直径	d_a	$d_a = d + 2h_a = mz + 2h_a^* m$
齿根圆直径	d_f	$d_f = d - 2h_f = mz - 2(h_a^* + c^*)m$
齿距	p	$p = \pi m$
齿厚	s	$s = \dfrac{\pi m}{2}$
齿槽宽	e	$e = \dfrac{\pi m}{2}$

【例 17-1】 为修配一损坏的标准直齿圆柱齿轮，实测齿高为 8.98 mm，齿顶圆直径为 135.98 mm，试确定该齿轮的模数 m、分度圆直径 d、齿顶圆直径 d_a、齿根圆直径 d_f、齿距 p、齿厚 s 与齿槽宽 e。

解 由表 17-3 可知 $h = h_a + h_f = (2h_a^* + c^*)m$

设 $h_a^* = 1$，$c^* = 0.25$

$$m = \frac{h}{2h_a^* + c^*} = \frac{8.98}{2 \times 1 + 0.25} = 3.991\,(\text{mm})$$

由表 17-2 查知 $m = 4$ mm

$$z = \frac{d_a - 2h_a^* m}{m} = \frac{135.98 - 2 \times 1 \times 4}{4} = 31.995$$

齿数应为 $\qquad z = 32$

分度圆直径　$d=mz=4\times32=128$（mm）

齿顶圆直径　$d_a=d+2h_a=d+2h_a^*m=128+2\times1\times4=136$（mm）

齿根圆直径　$d_f=d-2h_f=d-2(h_a^*+c^*)m=128-2\times(1+0.25)\times4=118$（mm）

齿距　　　　$p=\pi m=3.1416\times4=12.5664$（mm）

齿厚　　　　$s=\dfrac{\pi m}{2}=\dfrac{3.1416\times4}{2}=6.2832$（mm）

齿槽宽　　　$e=\dfrac{\pi m}{2}=\dfrac{3.1416\times4}{2}=6.2832$（mm）

四、内 齿 轮

图 17-6 为一直齿内齿轮的一部分，它与外齿轮的不同点是：

(1)内齿轮的齿廓是内凹的，其齿厚的齿槽宽分别对应于外齿轮的齿槽宽和齿厚。

(2)内齿轮的齿顶圆小于分度圆，齿根圆大于分度圆。

(3)为了使内齿轮与外齿轮组成的内啮合齿轮传动能正确啮合，内齿轮的齿顶圆必须大于基圆。

五、齿　　条

如图 17-7 所示，齿条可以看作齿轮的一种特殊形式。当齿轮的齿数增大到无穷大时，其圆心将位于无穷远处，渐开线齿廓也变成直线齿廓，并且齿条运动为平动。该齿轮的各个圆周都变成相互平行直线，有齿顶线、齿根线、分度线。齿条与齿轮相比有以下的不同：

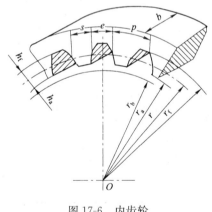

图 17-6　内齿轮

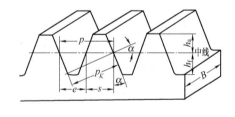

图 17-7　齿条

(1)由于齿条上同侧齿廓平行，所以在与分度线平行的其他直线上的齿距均相等，为 $p_K=\pi m$。齿条各平行线上的齿厚、槽宽一般都不相等，标准齿条分度线上齿厚和槽宽相等，有 $e=s=\dfrac{1}{2}m\pi$，该分度线又称为齿条中线。

(2)齿条的齿廓渐开线也为直线，在不同高度上的压力角相等，即 $\alpha_K=\alpha=20°$。所以齿条直线齿廓上各点的压力角相等，其大小等于齿廓倾斜角，也称齿形角，故齿形角为标准值。

第三节　一对渐开线齿轮的啮合

一对齿轮在啮合过程中，两齿轮必须能保证瞬时传动比恒定不变、保证能够相互啮合、保持连续啮合传动和具有正确的安装中心距。

一、渐开线齿廓啮合传动的特性

1. 渐开线齿廓的恒传动比性

可以证明用渐开线作为齿廓曲线,满足啮合基本定理,保证传动比恒定。

如图 17-8 所示,两齿轮连心线为 O_1O_2,两轮基圆半径分别为 r_{b1}、r_{b2}。两轮的渐开线齿廓 G_1、G_2 在任意点 K 相切啮合,根据渐开线特性(2),N_1N_2 为两基圆的一侧内公切线,可以证明它就是过相切啮合点 K 的公法线。

由于两轮的基圆为定圆,其在同一方向只有一条内公切线。因此,两齿廓在任意点 K 啮合,其公法线 N_1N_2 必为定直线,它与连心线 O_1O_2 定直线交点必为定点 C,则两轮的传动比为常数,即

$$i_{12}=\frac{\omega_1}{\omega_2}=\frac{O_2C}{O_1C}=\frac{r_{b1}}{r_{b2}}=常数$$

渐开线齿廓啮合传动的这一特性称为恒传动比性。这一特性在工程实际中具有重要意义,可减少因传动比变化而引起的动载荷、震动和噪声,提高传动精度和齿轮使用寿命。

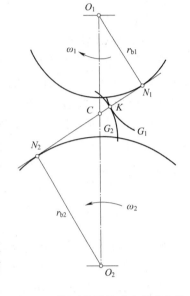

图 17-8　渐开线满足啮合基本定律

2. 渐开线齿廓的可分性

在图 17-8 中,$\triangle O_1N_1C \backsim \triangle O_2N_2C$,因此两轮的传动比又可写成

$$i_{12}=\frac{\omega_1}{\omega_2}=\frac{O_2C}{O_1C}=\frac{r'_2}{r'_1}=\frac{r_{b2}}{r_{b1}}$$

由此可知,渐开线齿轮的传动比又与两轮基圆半径成反比。渐开线加工完毕之后,其基圆的大小是不变的,所以当两轮的实际中心距与设计中心距不一致时,两齿轮节圆半径 r'_1、r'_2 产生变化,而两轮的传动比却保持不变。这一特性称为传动的可分性。这一特性对齿轮的加工和装配是十分重要的。

3. 渐开线齿廓的平稳性

由于一对渐开线齿轮的齿廓在任意啮合点处的公法线都是同一直线 N_1N_2,因此,两齿廓上所有啮合点均在 N_1N_2 上,或者说两齿廓都在 N_1N_2 上啮合。因此,线段 N_1N_2 是两齿廓啮合点的轨迹,故 N_1N_2 线又称作啮合线,N_1N_2 称为理论啮合线长度。

在齿轮传动中,啮合齿廓间的正压力方向是啮合点公法线方向,故在齿轮传动过程中,两啮合齿廓间的正压力方向始终不变。这一特性称为渐开线齿轮传动的受力平稳性。该特性对延长渐开线齿轮使用寿命有利。

以渐开线为齿廓曲线的啮合齿轮,其啮合点的公法线、两齿轮基圆一侧的内公切线、两齿轮的啮合线和啮合齿廓间的正压力方向线,这四线合一的特性正是机械工程中广泛应用渐开线齿轮的重要原因。

二、一对渐开线齿轮正确啮合的条件

在渐开线中已知一对渐开线齿廓是满足啮合的基本定律并能保证定传动比传动的。但这

并不意味任意两个渐开线齿轮都能相互啮合正确传动。例如：一个齿轮的齿距很小，而另一个齿轮的齿距很大，显然，这两个齿轮是无法啮合传动的。那么，一对渐开线齿轮要正确啮合传动，应该具备什么条件呢？

图 17-9 所示为一对渐开线齿轮啮合传动。它们的齿廓啮合点都在啮合线 N_1N_2 上，为了使各对齿轮能正确啮合，必须使相邻两齿的同侧齿廓在 N_1N_2 上的距离相等。称齿轮上相邻两齿同侧齿廓间的法线距离为齿轮的法距 P_n。这样两齿轮要正确地啮合，它们的法距必须相等。即：$P_{n1}=P_{n2}$

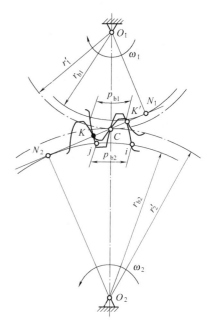

图 17-9　渐开线齿轮啮合

分析轮 2，按渐开线的性质可得：
$$P_{n2}=KK'=\widehat{N_2i}-\widehat{N_2j}=\widehat{ji}=P_{b2}$$
同理轮 1 也可得：$P_{n1}=KK'=p_{b1}$

p_{b2}、p_{b1} 为轮 1、2 的基圆周节。

又因为：$p_b=\dfrac{\pi d_b}{z}=\dfrac{\pi d}{z}=\cos\alpha=\pi m\cos\alpha$

则：$p_{b1}=\pi m_1\cos\alpha_1$　$p_{b2}=\pi m_2\cos\alpha_2$

由上式得：$\pi m_1\cos\alpha_1=\pi m_2\cos\alpha_2$

因为模数、压力角已标准化，要满足上式必须使：
$$\begin{cases}m_1=m_2=m\\ \alpha_1=\alpha_2=\alpha\end{cases}$$

上式表明，一对渐开线齿轮的正确啮合的条件是：两齿轮的模数和压力角必须分别相等。

三、齿轮传动的传动比

在渐开线齿廓啮合传动的特性中，已经得到：$i_{12}=\dfrac{\omega_1}{\omega_2}=\dfrac{O_2C}{O_1C}=\dfrac{r'_2}{r'_1}=\dfrac{r_{b2}}{r_{b1}}$

有：$r_{b1}=r_1\cos\alpha_1=\dfrac{1}{2}m_1z_1\cos\alpha_1$，$r_{b2}=r_2\cos\alpha_2=\dfrac{1}{2}m_2z_2\cos\alpha_2$

根据齿轮的正确啮合条件：$m_1=m_2=m$，$\alpha_1=\alpha_2=\alpha$

有：$i_{12}=\dfrac{\omega_1}{\omega_2}=\dfrac{O_2C}{O_1C}=\dfrac{r'_2}{r'_1}=\dfrac{r_{b2}}{r_{b1}}=\dfrac{z_2}{z_1}$

即：两齿轮的角速度（或是转速）之比等于两齿轮齿数的反比。

齿轮传动的传动比不宜过大，一般直齿圆柱齿轮传动的传动比 $i_{12}=2\sim6$。

四、齿轮传动的中心距

1. 无侧隙啮合条件

在齿轮传动中，为避免或减小轮齿的冲击，应使两轮齿侧间隙为零；而为防止轮齿受力变形、发热膨胀以及其他因素引起轮齿间的挤轧现象，两齿轮非工作齿廓间又要留有一定的齿侧间隙。这个齿侧间隙一般很小，通常由制造公差来保证。所以在我们的实际设计中，齿轮的公称尺寸是按无侧隙计算的。

轮齿传动时，两轮节圆作纯滚动，故无侧隙啮合条件是：一个齿轮节圆上的齿厚等于另一个齿轮节圆上的齿槽宽。即：$s'_1 = e'_2$ 及 $s'_2 = e'_1$。

2. 标准中心距

两齿轮传动中心距等于两轮各自分度圆半径之和，称为标准中心距，用 a 表示，如图 17-10 所示。按照标准中心距进行安装称标准安装，这时两个分度圆相切，有：

$$a = r_1 + r_2 = \frac{m}{2}(z_1 + z_2)$$

3. 啮合角与实际中心距

两齿轮啮合在节点 C 相切，过切点所做的两节圆的公切线与啮合线 N_1N_2 之间所夹的锐角，称为两齿轮的啮合角，用 α' 表示，如图 17-10 所示。在图中可看出两齿轮的节圆压力角 α'_1 和 α'_2 相等，并且等于两齿轮的啮合角 α'，即：$\alpha'_1 = \alpha'_2 = \alpha'$。

两渐开线齿轮啮合传动，安装后的中心距为实际中心距，用 a' 表示，如图 17-11 所示。在图中可看到实际中心距等于两齿轮的节圆半径之和，即：$a' = r'_1 + r'_2$。

由于：$r'_1 = \dfrac{r_{b1}}{\cos \alpha'_1}$，$r_1 = \dfrac{r_{b1}}{\cos \alpha_1}$，$r'_2 = \dfrac{r_{b2}}{\cos \alpha'_2}$，$r_2 = \dfrac{r_{b2}}{\cos \alpha_2}$，

而 $\alpha'_1 = \alpha'_2 = \alpha'$，$\alpha_1 = \alpha_2 = \alpha$，所以

$$a' = r'_1 + r'_2 = \frac{r_{b1}}{\cos \alpha'_1} + \frac{r_{b2}}{\cos \alpha'_2} = \frac{1}{\cos \alpha'}(r_{b1} + r_{b2}) = \frac{1}{\cos \alpha'_2}(r_1 \cos \alpha_1 + r_2 \cos \alpha_2) = \frac{\cos \alpha}{\cos \alpha'}$$

$(r_1 + r_2) = \dfrac{\cos \alpha}{\cos \alpha'}a$

得： $$a' \cos \alpha' = a \cos \alpha'$$

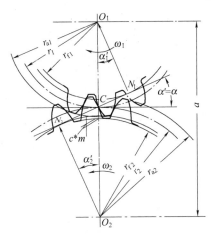
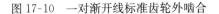
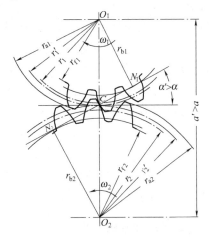

图 17-10 一对渐开线标准齿轮外啮合　　　　图 17-11 一对齿轮外啮合实际中心距

4. 标准中心距 a 和实际中心距 a' 的关系

(1)一对标准渐开线直齿圆柱啮合的实际中心距 a' 就应该是标准中心距 a，有：$a' = a$，得：$a' = a$，$r'_1 = r_1$，$r'_2 = r_2$。这样两轮的节圆与分度圆相重合，两节圆相切就是两分度圆相切。有：$s'_1 = s_1$、$e'_1 = e_1$、$s'_2 = s_2$、$e'_2 = e_2$。对于两个都是标准齿轮有：$s_1 = e_1 = \frac{1}{2}\pi m$、$s_2 = e_2 = \frac{1}{2}\pi m$。满足无侧隙啮合条件 $s'_1 = e'_2$、$s'_2 = e'_1$。所以一对渐开线标准齿轮按照标准中心距安装可以做到无侧隙啮合。

当一对齿轮啮合时，为使一个齿轮的齿顶面不与另一个齿轮的齿槽底面相干涉，轮齿的齿

根高 h_f 应大于齿顶高 h_a。以保证两齿轮啮合时,一齿轮的齿顶与另一齿轮的槽底间有一定的径向间隙,称为顶隙。顶隙在齿轮的齿根圆柱面与配对齿轮的齿顶圆柱面之间的连心线上量度,用 c 表示。有:$c=c^* m$。顶隙还可以储存润滑油,有利于齿面的润滑,如图 17-10 所示。当两标准齿轮按标准中心距安装,由图 17-10 可知:

$$a=r_{a1}+c+r_{f2}=r_1+h_a^* m+c^* m+r_2-h_a^* m-c^* m=r_1+r_2=\frac{m}{2}(z_1+z_2)$$

可以看出,一对渐开线标准齿轮按照标准中心距安装不仅能满足无齿侧间隙啮合还能同时满足顶隙要求。

两个标准齿轮由于齿轮制造误差、安装误差、运转时径向力引起轴的变形以及轴承磨损等原因,两轮的实际中心距 $a'=r'_1+r'_2$ 往往与标准中心距 $a=r_1+r_2$ 不一致,而是略有变动,如图 17-11 所示。这时两个齿轮的节圆仍然相切,但两齿轮的分度圆是相交或相离,节圆与分度圆不再重合。实际中心距和标准中心距,啮合角和压力角仍然满足:$a'\cos \alpha'=a\cos \alpha$。

(2)如果 $a'>a$,由上式得:$a'>\alpha$;$r'_1>r_1$、$r'_2>r_2$。两齿轮的节圆相切,而两齿轮分度圆相离。标准齿轮啮合将产生齿侧间隙。

(3)如果 $a'<a$,由上式得:$a'<\alpha$;$r'_1<r_1$、$r'_2<r_2$。两齿轮的节圆相切,而两齿轮分度圆相交。标准齿轮啮合由于标准中心距是最小的中心距,这种情况两标准齿轮将无法啮合。

5. 齿轮与齿条啮合传动

齿轮与齿条啮合如图 17-12 所示。由分度圆上任意一点向基圆所做切线 N_1C 就是位置不变的啮合线,切线与分度圆交点就是节点 C。

当齿轮分度圆与齿条分度线相切时称为标准安装,标准安装时,保证了标准顶隙和无侧隙啮合,同时齿轮的节圆与分度圆重合,齿条节线与分度线重合。故传动啮合角 α' 等于齿轮分度圆压力角 α,也等于齿条的齿形角。

当非标准安装时(相当于齿条的上下移动),由于齿条的齿廓是直线,齿条位置改变后其齿廓总是与原始位置平行。故啮合线 N_1N_2 的位置总是不变的,而节点 C

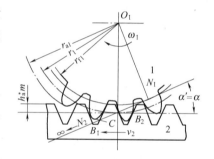

图 17-12　齿轮与齿条的啮合

的位置也不变。因此齿轮节圆大小也不变,并且恒与分度圆重合,其啮合角 α' 也恒等于齿轮分度圆压力角 α,但齿条的节线与其分度线不再重合。

五、齿轮连续传动的条件

一对满足正确啮合条件的齿轮,只能保证在传动时其各对齿轮能依次正确地啮合,但并不能说明齿轮传动是否连续。为了研究齿轮传动的连续性,我们首先必须了解两轮轮齿的啮合过程。

1. 轮齿的啮合过程

如图 17-13(a)反映了轮齿的啮合过程。设轮 1 为主动轮,以角速度 ω_1 顺时针回转;轮 2 为从动轮,以角速度 ω_2 逆时针回转;N_1N_2 为啮合线。在两轮轮齿开始进入啮合时,先是主动轮 1 的齿根部分与从动轮 2 的齿顶部分接触,即主动轮 1 的齿根推动从动轮 2 的齿顶。而轮齿进入啮合的起点为从动轮的齿顶圆与啮合线 N_1N_2 的交点 B_2。随着啮合传动的进行,轮齿的啮合点沿啮合线 N_1N_2 移动,即主动轮轮齿上的啮合点逐渐向齿顶部分移动,而从动轮轮齿上的啮合点则逐渐向齿根部分移动。当啮合进行到主动轮的齿顶圆与啮合线 N_1N_2 的交点

B_1 时,两轮齿即将脱离接触,故 B_1 点为轮齿接触的终点。

从一对轮齿的啮合过程来看,啮合点实际走过的轨迹只是啮合线 N_1N_2 的一部分线段 B_1B_2,故把 B_1B_2 称为实际啮合线段。

2. 渐开线齿轮连续传动的条件

由上述齿轮啮合的过程可以看出,一对齿轮的啮合只能推动从动轮转过一定的角度,而要使齿轮连续地进行转动,就必须在前一对轮齿尚未脱离啮合时,后一对轮齿能及时地进入啮合。显然,为此必须使 $B_1B_2 \geqslant p_b$,即要求实际的啮合线段 B_1B_2 大于或等于齿轮的法距 p_n(等于齿轮基圆的齿距 p_b)。

如果 $B_1B_2 = p_b$,如图 17-13(a)所示,则表明始终只有一对轮齿处于啮合状态;如果 $B_1B_2 > p_b$,如图 17-13(b)所示,则表明有时是一对轮齿啮合,有时是多于一对轮齿啮合;如果 $B_1B_2 < p_b$,如图 17-13(c)所示,则前一对轮齿在 B_1 脱离啮合时,后一对轮齿还未进入啮合,结果将使传动中断,从而引起轮齿间的冲击,影响传动的平稳性。

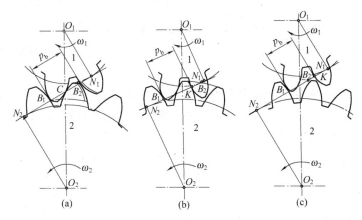

图 17-13 轮齿的啮合过程

3. 齿轮的重合度

两齿轮的实际啮合线的长度 B_1B_2 与齿轮的基圆齿距 p_b 的比值,称为重合度(也称作端面重叠系数),用符号 ε 表示。则齿轮连续传动的条件应该是:

$$\varepsilon = \frac{B_1B_2}{p_b} \geqslant 1$$

为了保证齿轮的连续传动,实际工作中 ε 应满足 $\varepsilon \geqslant [\varepsilon]$,$[\varepsilon]$ 为许用重合度。$[\varepsilon]$ 一般可在 $1.1 \sim 1.4$ 范围内选取。

两个外啮合的渐开线齿轮的重合度 ε 是:

$$\varepsilon = \frac{1}{2\pi}\left[z_1(\tan \alpha_{a1} - \tan \alpha') + z_2(\tan \alpha_{a2} - \tan \alpha')\right]$$

式中 α'、α_{a1}、α_{a2}——啮合齿轮的啮合角和两轮齿顶圆压力角。

由上式可以看出,ε 与模数无关,但随齿数 z 的增多而加大。如果假想将两轮的齿数逐渐增加,趋于无穷大时,则 ε 将趋于一极限值:

$$\varepsilon_{max} = \frac{4h_a^*}{\pi \sin 2\alpha}$$

当 $\alpha = 20°$,$h_a^* = 1.0$ 时,$\varepsilon_{max} = 1.982$。

4. 齿轮重合度的意义

图 17-14 表明 $\varepsilon=1.3$ 的意义,第一对轮齿啮合到达 C 点时($B_2C=P_b$),第二对轮齿在 B_2 进入啮合。这时两对轮齿同时啮合,第一对轮齿啮合到达 B_1 点,第二对轮齿到达 D 点($BD=p_b$),当第一对轮齿啮合在 B_1 点脱离啮合后,第二对轮齿由 D 点到 C 点都是一对轮齿啮合区。如果一对轮齿在法距 p_b 上的啮合时间为 100%,则 $\varepsilon=1.3$ 表明,两对轮齿的啮合时间为 30%,一对轮齿的啮合时间是 70%,并且一对轮齿啮合的区域在实际啮合线的中段。

图 17-14　重合度的意义

齿轮传动的重合度越大,则同时参与的啮合的齿数越多,不仅传动的平稳性好,每对轮齿轮所分担的载荷亦小,相对地提高了齿轮的承载能力。增大重合度,对提高齿轮传动的承载能力具有重要意义。

【例 17-2】 已知一对外啮合标准直齿圆柱齿轮传动,标准中心距为 160 mm,小齿轮 $z_1=30$,模数 $m=4$ mm,压力角 $\alpha=20°$,大齿轮丢失。试求大齿轮的齿数、分度圆的直径、齿顶圆的直径、齿根圆的直径和基圆直径。

解:已知中心距 $a=160$ mm,由 $a=\dfrac{m}{2}(z_1+z_2)$

求得齿数 $z_2=50$

分度圆直径 $d_2=mz_2=4\times50=200$(mm)

齿顶圆直径 $d_{a2}=d_2+2h_a=200+2\times1\times4=208$(mm)

齿根圆直径 $d_{f2}=d_2-2h_f=200-2\times4\times(1+0.25)=190$(mm)

基圆直径 $d_{b2}=d_2\cos\alpha=200\times\cos20°=187.93$(mm)

第四节　渐开线齿轮加工与根切现象

一、渐开线齿轮的加工方法

渐开线齿轮的加工方法很多,有铸造法、热轧法、冲压法、模锻法和切齿法等。其中最常用的是切削方法,就其原理可以概括分为仿形法和范成法两大类。

(一)仿形法(成形法)

仿形法就是刀具的轴向剖面刀刃形状和被切齿槽的形状相同。其刀具有盘状铣刀和指状铣刀等,如图 17-15 所示。切削时,铣刀转动,同时毛坯沿它的轴线方向移动一个行程,这样切出一个齿槽,也就是切出相邻两齿的各一侧齿槽;然后毛坯退回原来的位置,并用分度盘将毛坯转过 $\dfrac{360°}{z}$,再继续切削第二个齿槽,如图 17-15(a)所示。依次进行即可切削出所有轮齿。

在图 17-15(b)中,显示的是指状铣刀切削加工的情形。其加工方法与盘状铣刀加工基本相同。不过指状铣刀常用于加工模数较大($m>20$ mm)的齿轮,并可用于切制人字齿轮。

由于轮齿渐开线的形状取决于基圆大小，而基圆的半径 $r_b=\dfrac{mz}{2}\cos\alpha$，在 m 及 α 一定时，渐开线齿廓的形状将随齿轮齿数而变化。想切出完全准确的齿廓，则在加工 m 与 α 相同、而 z 不同的齿轮时，每一种齿数的齿轮就需要一把铣刀。显然，这在实际上是做不到的。所以，在工程上加工同样 m 与 α 的齿轮时，根据齿数不同，一般备有 8 把或 15 把一套的铣刀，来满足加工不同齿数齿轮的需要，见表 17-4。

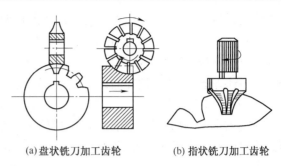

(a) 盘状铣刀加工齿轮　　(b) 指状铣刀加工齿轮

图 17-15　仿形法加工齿轮

表 17-4　刀号及其加工的齿数范围

刀号	1	2	3	4	5	6	7	8
加工齿数范围	12～13	14～16	17～20	21～25	26～34	35～54	55～134	135 以上

每一号铣刀的齿形与其对应齿数范围中最少齿数的轮齿齿形相同。因此，用该号铣刀切削同组其他齿数的齿轮时，其齿形均有误差。

仿形法的特点是不需要专用机床，普通铣床即可加工。但生产率低、精度低，故仅适用于修配或小批量生产或精度要求不高的齿轮。

(二)范成法

范成法是加工齿轮中最常用的一种方法。它是利用一对齿轮互相啮合传动时，两轮的齿廓互为包络线的原理来加工的。齿轮加工机床给刀具齿轮(或刀具齿条)和未加工的毛坯齿轮提供一种运动，这种运动相当于刀具齿轮和毛坯齿轮相互啮合的运动，即满足：$i=\dfrac{\omega_c}{\omega}=\dfrac{z}{z_c}$。$\omega_c$、$z_c$ 分别是刀具齿轮的角速度和齿数；ω、z 是毛坯齿轮的角速度和齿数。这个运动称为齿轮加工的范成运动。在范成运动中，刀具齿轮刀刃曲线族的包络线就形成毛坯齿轮的渐开线齿廓曲线。常用范成法加工齿轮的刀具有齿轮插刀、齿条插刀和齿轮滚刀。

1. 齿轮插刀加工齿轮

图 17-16(a)为齿轮插刀加工齿轮，齿轮插刀的外形就像一个具有刀刃的外齿轮，当我们用一把齿数为 $z_c=20$ 的齿轮插刀去加工一个模数 m、压力角 α 与该插刀相同，而齿数为 z 的齿轮时，将插刀和轮坯装在专用的插齿机床上，通过机床的传动系统使插刀与轮坯按恒定的传动比 $i=\dfrac{\omega_c}{\omega}=\dfrac{z}{z_c}$ 回转，并使插刀沿轮坯的齿宽方向作往复切削运动。这样，刀具的渐开线齿廓就在轮坯上包络出渐开线齿廓，如图 17-16(b)所示。当加工的毛坯齿轮的齿数变化时，只要调整机床的运动改变 ω_c 和 ω，仍然满足 $i=\dfrac{\omega_c}{\omega}=\dfrac{z}{z_c}$ 即可加工相应齿数的齿轮。所以一种模数只需一把齿轮插刀就可加工不同齿数的齿轮。

在用齿轮插刀加工齿轮时，刀具与轮坯之间的相对运动主要有：

(1)范成运动：即齿轮插刀与毛坯齿轮以恒定的传动比 $i=\dfrac{\omega_c}{\omega}=\dfrac{z}{z_c}$ 作啮合运动，就如同一对齿轮啮合一样。

（2）切削运动：即齿轮插刀沿着轮坯的齿宽方向作往复切削运动。

（3）进给运动：即为了切出轮齿的高度，在切削过程中，齿轮插刀还需要向轮坯的中心移动，直至达到规定的中心距为止。

（4）让刀运动：轮坯的径向退刀运动，以免损伤加工好的齿面。

2. 齿条插刀加工齿轮

图 17-17(a) 所示为齿条插刀加工齿轮。齿条插刀加工齿轮的原理与用齿轮插刀加工相同，范成运动变为齿条与齿轮的啮合运动，毛坯齿轮的转速为 n，则齿条的移动速度为 $v = \frac{\pi m z n}{60 \times 1\,000}$。同时插刀沿轮坯轴线作上下的切削运动。这样，齿条刀具的渐开线齿廓就在毛坯齿轮上包络出渐开线齿廓，如图 17-17(b) 所示。

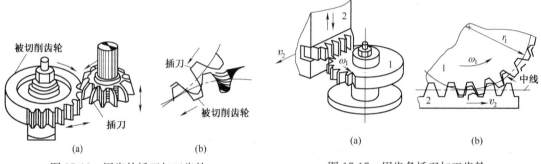

<table>
<tr><td>(a)</td><td>(b)</td><td>(a)</td><td>(b)</td></tr>
<tr><td colspan="2">图 17-16　用齿轮插刀加工齿轮</td><td colspan="2">图 17-17　用齿条插刀加工齿轮</td></tr>
</table>

由加工过程可以看出，以上两种方法其切削都不是连续的，这样就影响了生产率的提高。因此，在生产中更广泛地采用齿轮滚刀来加工齿轮。

3. 齿轮滚刀加工齿轮

图 17-18(b) 是加工齿轮的滚刀，其形状像一个开有刀刃的螺旋，且在其轴向剖面（即轮坯端面）内的形状相当于一齿条。滚刀转动时，相当于一个无穷长的齿条插刀做轴向移动，滚刀转一周，齿条移动一个导程的距离。滚刀的转动运动代替了齿条插刀的范成运动和切削运动。其加工原理与用齿条插刀加工时基本相同，如图 17-18(a) 所示。

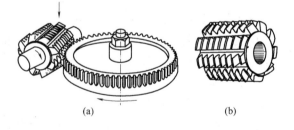

图 17-18　滚刀加工齿轮

滚刀加工齿轮的范成运动是 $i = \frac{\omega_c}{\omega} = \frac{z}{z_c}$，这里的 z_c 是滚刀的头数。滚刀回转时，还需沿轮坯轴向方向缓慢进给运动，以便切削一定的齿宽。加工直齿轮时，滚刀轴线与轮坯端面之间的夹角应等于滚刀的螺旋升角 γ，以使其螺旋的切线方向与轮坯径向相同。

滚刀的回转就像齿条刀在移动，所以这种加工方法是连续的，有较高的生产率。

二、用标准齿条型刀具加工标准齿轮

齿条插刀和齿条滚刀都属于齿条型刀具。齿条型刀具与普通齿条基本相同，仅仅是在齿顶部分高出一段 $c^* m$，以便切出齿轮的顶隙，如图 17-19 所示。

加工标准齿轮的条件是刀具齿轮的分度线与轮坯齿轮的分度圆相切。这是由于刀具中线的齿厚和齿槽宽均为$\frac{\pi m}{2}$,故加工出的齿轮在分度圆上 $s=e=\frac{\pi m}{2}$。被切齿轮的齿顶高为 $h_a^* m$,齿根高为$(h_a^*+c^*)m$,这样便加工出所需的标准齿轮,如图 17-20 所示。

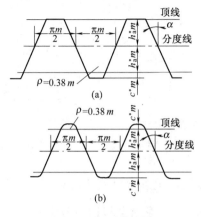

图 17-19　齿条插刀

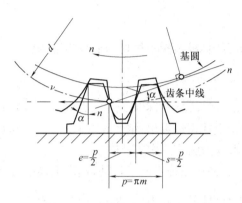

图 17-20　齿条插刀加工标准齿轮

三、齿轮加工的根切现象

1. 根切现象

用范成法加工齿轮时,有时会发现刀具的顶部切入了轮齿的根部,而把齿根切去了一部分,破坏了渐开线齿廓,如图 17-21 所示,这种现象称为根切。

根切破坏了轮齿渐开线齿廓的形状,会削弱齿轮齿根的抗弯强度,降低传动的重合度和平稳性。所以在设计制造中应力求避免根切。

2. 根切的原因

研究表明,用范成法加工标准齿轮时,刀具齿轮的齿顶线与啮合线的交点,超过了啮合线与被切齿轮基圆的切点 N_1 是产生根切现象的根本原因。

3. 渐开线标准齿轮不根切的最少齿数 z_{min}

如图 17-22 所示,是用齿条插刀来加工标准齿轮,这时齿条插刀的中线与毛坯齿轮的分度圆相切。只要刀具齿顶线与啮合线的交点 B_1 不超过啮合极限点 N_1,轮齿将不发生根切。

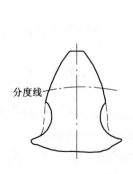

图 17-21　齿轮根切现象

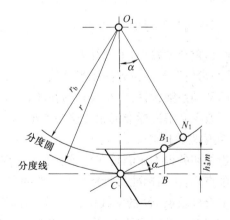

图 17-22　不产生根切的最少齿数

不根切的条件可以表示为 $CB_1 \leqslant CN_1$，而 $CB_1 = \dfrac{h_a^* m}{\sin \alpha}$，$CN_1 = r \sin \alpha = \dfrac{mz \sin \alpha}{2}$ 有：

$$\frac{h_a^* m}{\sin \alpha} \leqslant \frac{mz \sin \alpha}{2}$$

得：

$$z \geqslant \frac{2h_a^*}{\sin^2 \alpha}$$

则渐开线标准齿轮不根切的最少齿数为：

$$z_{\min} = \frac{2h_a^*}{\sin^2 \alpha}$$

$\alpha = 20°$，$h_a^* = 1.0$ 时，$z_{\min} = 17$；$\alpha = 20°$，$h_a^* = 0.8$ 时，$z_{\min} = 14$

由上式可以看出，增大 α 或减小 h_a^* 都可以减少最小根切齿数。

4. 避免根切的措施与方法

(1)使齿条插刀向下移动，远离毛坯中心，齿条刀分度线与毛坯分度圆不再相切。齿条插刀的分度线到毛坯齿轮的转动中心的距离为 $L > r_{毛} = \dfrac{1}{2} m_{毛} \, z_{毛}$，是避免根切的措施。

(2)使被切齿轮的齿数多于不发生根切的最少齿数(标准齿轮不发生根切的最少齿数为17)。

(3)减小齿顶高系数 h_a^* 或加大刀具角 α。

(4)变位修正法。

第五节　渐开线变位齿轮简介

一、变位齿轮概述

1. 渐开线标准齿轮的局限性

渐开线标准齿轮有很多优点，但也存在如下不足：

(1)用范成法加工时，当 $z < z_{\min}$ 时，标准齿轮将发生根切；由 $z_{\min} = \dfrac{2h_a^*}{\sin^2 \alpha}$ 知，增大 α 或减小 h_a^* 都可以减少最小根切齿数，但是 h_a^* 的减小会降低传动的重合度，影响平稳性，而 α 的增大将增大齿廓间的受力及功率损耗。更重要的是不能用标准刀具加工齿轮。

(2)标准齿轮不适合中心距 $a' \neq a = \dfrac{m(z_1 + z_2)}{2}$ 的场合。当 $a' < a$ 时无法安装；当 $a' > a$ 时，侧隙大，重合度减小，平稳性差。

(3)小齿轮渐开线齿廓曲率半径较小，齿根厚度较薄，参与啮合的次数多，故强度较低。并且齿根的滑动系数大，所以小齿轮易损坏。

为了改善和解决标准齿轮的这些不足，工程上使用变位齿轮，可有效地解决这些问题。

2. 变位齿轮概念

轮齿根切的根本原因是在范成法加工标准齿轮时，刀具的齿顶线与啮合线的交点超过了啮合极限点 N_1。当标准刀具从发生根切的虚线位置相对于轮坯中心向外移动至刀具齿顶线不超过啮合极限点 N_1 的实线位置，则切出的齿轮就不发生根切(图17-23)。这种齿条刀具在加工标准齿轮的基准位置上，沿径向移动改变刀具齿轮与毛坯齿轮相对位置加工出来的齿轮称作变位齿轮。

刀具齿条沿径向移动的距离称作变位量,用 xm 表示,x 称作变位系数。如果刀具齿条远离轮坯中心向外移动,齿条刀具的分度线与毛坯齿轮的分度圆相离,称作正变位 $x>0$,正变位加工出的齿轮称作正变位齿轮;刀具齿条靠近轮坯中心向里移动,齿条刀具的分度线与毛坯齿轮的分度圆相交,称作负变位 $x<0$,负变位加工出来的齿轮称作负变位齿轮。$x=0$ 是不变位的标准齿轮。

不论是正变位还是负变位,刀具上总有一条与分度线平行的节线与齿轮的分度圆相切并保持纯滚动。

3. 不根切的最小变位系数 x_{min}

如图 17-23 所示,当刀具齿顶线移至点 N_1 或以下时,齿轮即不根切,故变位量应该满足 $\dfrac{h_a^* - xm}{\sin \alpha} \leqslant$

$r\sin \alpha$,又由于 $r = \dfrac{1}{2}mz$,$z_{min} = \dfrac{2h_a^*}{\sin^2 \alpha}$,于是有:

$$x \geqslant \frac{h_a^*(z_{min} - z)}{z_{min}}$$

则最小变位系数为:

$$x_{min} = \frac{h_a^*(z_{min} - z)}{z_{min}}$$

当:$\alpha = 20°$,$h_a^* = 1.0$ 时,$z_{min} = 17$;$x_{min} = \dfrac{17 - z}{17}$。

可以看出,当 $z < z_{min}$ 时,$x_{min} > 0$,为避免根切,必须正变位;当 $z > z_{min}$ 时,$x_{min} < 0$,该齿轮不会根切,但为了保证某些性能的要求,也可以用正变位或负变位方法加工齿轮。

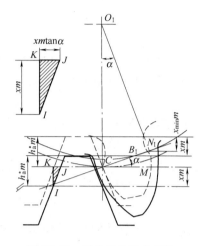

图 17-23　变位齿轮最小变位系数与分度圆齿厚

二、变位齿轮的几何尺寸

对于模数 m、压力角 α、齿数 z、齿顶高系数 h_a^*、顶隙系数 c^* 相同的变位齿轮和标准齿轮来讲,两者的加工刀具、范成运动相同,齿轮的分度圆 d、基圆 d_b、分度圆齿距 p 不变,都属于同一基圆上产生的相同形状的渐开线,只是截取的部位不同。但两者的分度圆齿厚、齿槽宽、齿根高、齿顶高、齿顶圆直径、齿根圆直径都发生了变化。

1. 齿厚和齿槽宽

加工变位齿轮时毛坯齿轮的分度圆不再与刀具齿条分度线相切,如图 17-23 所示。而是齿条刀具一条与分度线平行的节线与齿轮的分度圆相切,该节线的齿厚与齿槽宽不再相等,这样加工出来的齿轮分度圆的齿厚与齿槽宽也必然不相等。

变位齿轮的齿厚和齿槽宽为:

$$s = \frac{\pi m}{2} + 2\overline{KJ} = \left(\frac{\pi}{2} + 2x\tan \alpha\right)m$$

$$e = \frac{\pi m}{2} - 2\overline{KJ} = \left(\frac{\pi}{2} - 2x\tan \alpha\right)m$$

2. 齿根高 h_f

由于正变位时,刀具向外移出距离,故加工出的齿轮其齿根高减小 xm。即:

$$h_f = h_a^* m + c^* m - xm = (h_a^* + c^* - x)m$$

3. 齿顶高 h_a

由于正变位时，刀具向外移出 xm 距离，故加工出的齿轮齿顶高增大 xm。考虑到保证两变位齿轮啮合时的顶隙 $c = c^* m$。需将两啮合的变位齿轮的齿顶高减少一段 σm，即：

$$h_a = h_a^* m + xm - \sigma m = (h_a^* + x - \sigma)m$$

这个 σ 称为齿顶高降低系数。变位齿轮需要利用被切毛坯齿轮的直径保证齿顶高。

4. 齿顶圆和齿根圆

变位齿轮的齿顶圆和齿根圆分别为：

$$d_a = d + 2h_a = mz + 2(h_a^* + x - \sigma)m$$
$$d_f = d - 2h_f = mz - 2(h_a^* + c^* - x)m$$

5. 变位齿轮几何尺寸的基本参数

m、α、h_a^*、c^*、z、x_1、x_2 是渐开线变位齿轮尺寸计算的基本参数。其中 x_1、x_2 是两个相互变位齿轮的变位系数。

三、变位齿轮的啮合传动

1. 变位齿轮正确啮合条件

变位齿轮啮合仍是渐开线齿轮的啮合，其正确啮合条件与标准齿轮相同，即：

$$\begin{cases} m_1 = m_2 = m \\ \alpha_1 = \alpha_2 = \alpha \end{cases}$$

2. 无齿侧间隙啮合方程

由无齿侧间隙啮合条件 $s_1' = e_2'$ 及 $s_2' = e_1'$，可以证明两个啮合的变位齿轮需满足方程式：

$$\text{inv }\alpha' - \text{inv }\alpha = \frac{2(x_1 + x_2)}{z_1 + z_2}\tan \alpha$$

式中　x_1、x_2——两个啮合变位齿轮的变位系数；

　　　z_1、z_2——两个啮合变位齿轮的齿数；

　　　α'、α——两个啮合变位齿轮的啮合角和压力角。

3. 无齿侧间隙啮合中心距

设两变位齿轮保持无齿侧间隙啮合的实际中心距为 a'，标准中心距是 a。

由第三节可知 $a'\cos \alpha' = a\cos \alpha$。可以得到：

(1)当 $x_1 + x_2 = 0$ 时，$\alpha' = \alpha$，$a' = a$。两齿轮的节圆相切，两齿轮的分度圆也相切，两齿轮的节圆与分度圆重合，$r_1' = r_1$，$r_2' = r_2$。

(2)当 $x_1 + x_2 > 0$ 时，$\alpha' > \alpha$，$a' > a$。两齿轮的节圆相切，两齿轮的分度圆相离，两齿轮的节圆大于分度圆，$r_1' > r_1$，$r_2' > r_2$。

(3)当 $x_1 + x_2 < 0$ 时，$\alpha' < \alpha$，$a' < a$。两齿轮的节圆相切，两齿轮的分度圆相交，两齿轮的节圆小于分度圆，$r_1' < r_1$，$r_2' < r_2$。

4. 分度圆分离系数 y

当 $x_1 + x_2 \neq 0$ 时，两个相互啮合变位齿轮的分度圆相离或是相交，用 ym 表示分离的距离，其中 y 称为分度圆分离系数。有：

$$ym = a' - a = (r_1' + r_2') - (r_1 + r_2) = \frac{z_1 + z_2}{2}\left(\frac{\cos \alpha}{\cos \alpha'} - 1\right)$$

并且可以证明有：$\sigma=(x_1+x_2)-y$。

四、变位齿轮的传动类型

按照一对齿轮的变位系数之和的取值情况不同，可将变位齿轮传动分为三种基本类型。

1. 零传动 $x_1+x_2=0$

(1)两齿轮的变位系数都等于零：$x_1=x_2=0$。

这种齿轮传动就是标准齿轮传动。为了避免根切，两轮齿数均需大于 z_{min}。

(2)两齿轮的变位系数绝对值相等 $x_1+x_2=0$ 但 $x_1=-x_2\neq0$

这种齿轮传动称为高度变位齿轮传动。为了防止小齿轮的根切和增大小齿轮的齿厚，一般小齿轮采用正变位 $x_1>0$，而大齿轮采用负变位 $x_2<0$。为了使大小两轮都不产生根切，两轮齿数和必须大于或等于最少齿数的 2 倍，即 $z_1+z_2\geqslant2z_{min}$。

在这种传动中，小齿轮正变位后的分度圆齿厚增量正好等于大齿轮分度圆齿槽宽的增量，故两轮的分度圆仍然相切，满足 $s_1=\dfrac{\pi m}{2}+2x_1m\tan\alpha=e_2=\dfrac{\pi m}{2}-2x_2m\tan\alpha$；$s_2=\dfrac{\pi m}{2}+2x_2m\tan\alpha=e_1=\dfrac{\pi m}{2}-2x_1m\tan\alpha$，做到无齿侧间隙，因此，高度变位齿轮的实际中心距 a' 仍为标准中心距 a。高度变位齿轮传动中的齿轮，其齿顶高和齿根高不同于标准齿轮。高度变位可以在不改变中心距的前提下合理协调大小齿轮的强度，有利于提高齿轮传动的工作寿命。

2. 正传动 $x_1+x_2>0$

由于 $x_1+x_2>0$，所以两齿轮齿数和可以小于最少齿数的 2 倍，即 $z_1+z_2<2z_{min}$。正传动的实际中心距大于标准中心距，即 $a'>a$。当取 $x_1>0,x_2<0$ 时，小齿轮的齿厚增大，而大齿轮的齿槽宽却减小了，小齿轮的齿无法装进大轮的齿槽而保持分度圆相切，只有使两轮分度圆分离才能安装。由于 $a'>a$，所以 $\alpha'>\alpha$，这种变位传动又称正角度变位传动。正角度变位能够在满足无侧隙啮合条件下拼凑中心距，有利于提高齿轮传动的强度，但使重合度略有减少。

3. 负传动 $x_1+x_2<0$

为了避免根切，应使两齿轮齿数之和大于最少齿数的 2 倍，即 $z_1+z_2\geqslant2z_{min}$。负传动的实际中心距小于标准中心距，即 $a'<a$，因此 $\alpha'<\alpha$，负传动又称负角度变位传动。负传动能够在满足无侧隙啮合条件下拼凑中心距。但使齿轮传动强度削弱，只用于安装中心距要求小于标准中心距的场合。

变位齿轮的优点是可以切制 $z\leqslant z_{min}$ 的齿轮而不根切；可以凑配中心距；能够调整大小齿轮的齿根厚度，从而使大小齿轮的轮齿强度接近。缺点是互换性差。

第六节 斜齿圆柱齿轮传动

一、斜齿圆柱齿轮的齿廓形成和传动特点

1. 斜齿圆柱齿轮齿廓的形成

前面研究渐开线直齿圆柱齿轮时，仅讨论了齿轮端面上的渐开线齿廓及其啮合。但是，实际上齿轮都有一定的宽度。因此，前述的基圆应该为基圆柱，发生线实际应该为切于基圆柱的发生面，发生线上的 K 点就成了直线 KK，如图 17-24(a)所示。发生面沿基圆柱纯滚动，发生面上与基圆柱轴线平行的直线 KK 所形成的轨迹，即为直齿轮齿面，它是渐开线曲面。

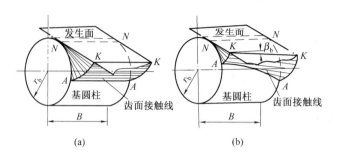

图 17-24　齿轮的齿廓形成

斜齿圆柱齿轮齿面形成的原理与直齿轮相似,所不同的是直线 KK 与轴线不平行,而有一个夹角 β_b,如图 17-24(b)所示。当发生面沿基圆柱纯滚动时,斜直线 KK 的轨迹即为斜齿圆柱齿轮齿面,它是一个渐开线螺旋面。

该曲面与任意一个以轮轴为轴线的圆柱面的交线都是螺旋线。该螺旋面与基圆柱的交线 AA 为一条螺旋线,其螺旋角为 β_b,称为基圆柱上的螺旋角。渐开线螺旋面与分度圆柱的交线也是一条螺旋线,该螺旋线的螺旋角用 β 表示,β 称为分度圆圆柱上的螺旋角,通常称为斜齿轮的螺旋角。螺旋线有左右旋向之分,所以斜齿圆柱齿轮也有左旋和右旋之分。

由斜齿轮齿面的形成原理可知,在垂直齿轮轴线的端平面上,斜齿圆柱齿轮与直齿圆柱齿轮一样具有准确的渐开线齿形。

2. 斜齿圆柱齿轮传动特点

(1)传动更加平稳

当两直齿轮啮合时,其齿面接触线是与整个齿轮轴线平行的直线,如图 7-25(a)所示。因此,直齿轮啮合时,整个齿宽同时进入和退出啮合,所以容易引起冲击、震动和噪声,从而影响传动的平稳性,不适宜高速传动;当两斜齿轮啮合时,由于轮齿的倾斜,一端先进入啮合,另一端后进入啮合,其接触线由短变长,再由长变短,如图 17-25(b)所示,极大地降低冲击、震动和噪声,改善了传动的平稳性。相对于直齿轮而言更适合高速传动。

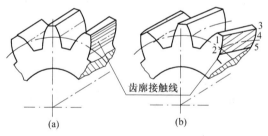

图 17-25　齿廓接触线

(2)承载能力更强

斜齿圆柱齿轮相对于直齿圆柱齿轮而言,可以增大重合度。即在啮合区,齿面上的接触线总长度比直齿圆柱齿轮的齿面接触线长,这样会降低齿面的接触应力,从而提高齿轮承载能力,减小结构尺寸。

(3)产生轴向力

斜齿圆柱齿轮与直齿圆柱齿轮相比,会多出一个沿轴线方向的轴向力 F_a,这将对齿轮的支承结构和传动效率产生影响。要消除轴向力的影响,可以采用左右对称的人字形齿轮或反向同时使用两个斜齿轮传动。

斜齿圆柱齿轮的螺旋角 β 越大,其传动特点越明显。为了不使轴向力过大,一般取 $\beta = 7° \sim 20°$。

二、斜齿圆柱齿轮的几何尺寸

1. 标准参数面

斜齿圆柱齿轮与直齿圆柱齿轮有共同之处,在端面上两者均是渐开线齿廓。但是,由于斜齿圆柱齿轮的轮齿是螺旋形的,故在垂直于轮齿螺旋线方向的法面上,齿廓曲线及齿型都与端面不同。

由于加工斜齿圆柱齿轮时,常用齿条型刀具或盘形齿轮铣刀来切齿,且刀具沿齿向方向进刀,所以必须按斜齿轮法面参数选择刀具,即斜齿圆柱齿轮的标准参数面为法面(法面参数均带下标 n)。斜齿圆柱齿轮具有法面模数 m_n,它是国家规定的标准系列值;法面压力角 $\alpha_n = 20°$ 为标准值;法面齿顶高系数 $h_{an}^* = 1$ 为标准值;法面顶隙系数 $c_m^* = 0.25$ 为标准值。而斜齿圆柱齿轮在端面是渐开线齿廓,几何尺寸又要按端面参数(端面参数均带下标 t)计算,因此它还有端面模数 m_t;端面压力角 α_t;端面齿顶高系数 h_{at}^*;端面顶隙系数 c_t^*,这些值都不是标准值。

2. 法面参数与端面参数的换算关系

(1)法面模数 m_n 与端面模数 m_t

为了便于说明问题,我们把斜齿圆柱齿轮分度圆柱面展开,成为一个矩形,如图 17-26 所示。它的宽度是斜齿轮的轮宽 B。从图上可以看出:

$$p_n = p_t \cos \beta$$

因为:

$$p_n = \pi m_n \qquad p_t = \pi m_t$$

所以:

$$m_n = m_t \cos\beta$$

(2)法面压力角 α_n 与端面压力角 α_t

图 17-27(a)所示为一齿条的情况,其上法面和端面是同一个平面,所以有:

$$\alpha_n = \alpha_t = \alpha$$

对于斜齿条来说,因为轮齿倾斜了一个 β 角,于是就有端面与法面之分,如图 17-27(b)所示。由图中可以得到:

$$\tan \alpha_n = \tan \alpha_t \cdot \cos \beta$$

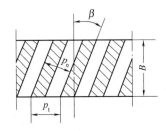

图 17-26　法面模数与端面模数

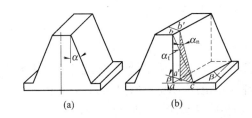

图 17-27　直齿条与斜齿条

(3)法面 h_{an}^*、c_n^* 与端面 h_{at}^*、c_t^*

斜齿圆柱齿轮的齿顶高和齿根高,在法面和端面上是相同的,计算方法和直齿轮相同。有:

$$h_a = h_{an}^* m_n = h_{at}^* m_t$$
$$h_f = (h_{an}^* + c_n^*) m_n = (h_{at}^* + c_t^*) m_t$$

即：
$$\begin{cases} h_{at}^* = h_{an}^* \cos \beta \\ c_t^* = c_n^* \cos \beta \end{cases}$$

式中　h_{an}^*、c_n^*——标准值。

（4）法面变位系数 x_n 与端面变位系数 x_t

斜齿轮的变位量在法面和端面上是一样的（径向尺寸），即 $x_n m_n = x_t m_t$，所以：
$$x_t = x_n \cos \beta$$

3. 斜齿圆柱齿轮的几何尺寸计算

如果斜齿圆柱齿轮 m_n、α_n、h_{an}^*、c_n^* 为标准值，并且在分度圆上有：$s = e = \dfrac{p}{2}$，则称为标准斜齿圆柱齿轮。

标准斜齿圆柱齿轮的基本参数是：m_n、α_n、h_{an}^*、c_n^*、z、β。

标准斜齿圆柱齿轮尺寸计算是在标准直齿圆柱齿轮尺寸计算的公式中，把 m、α、h_a^*、c^* 换成 m_t、α_t、h_{at}^*、c_t^*，再利用端面和法面参数换算关系就可得到尺寸计算公式，见表 17-5。

表 17-5　外啮合标准斜齿轮尺寸计算公式

名　称	符　号	计　算　公　式
齿顶高	h_a	$h_a = h_{an}^* m_n$
齿根高	h_f	$h_f = (h_{an}^* + c_n^*) m_n$
全齿高	h	$h = h_a + h_f = (2h_{an}^* + c_n^*) m_n$
分度圆直径	d	$d = \dfrac{m_n z}{\cos \beta}$
齿顶圆直径	d_a	$d_a = d + 2h_a = \dfrac{m_n z}{\cos \beta} + 2h_{an}^* m_n$
齿根圆直径	d_f	$d_f = d - 2d_f = \dfrac{m_n z}{\cos \beta} - 2(h_{an}^* + c_n^*) m_n$
端面齿距	p_t	$p_t = \dfrac{\pi m_n}{\cos \beta}$

注：公式中的法面参数为标准值。

三、标准斜齿圆柱齿轮啮合传动

1. 斜齿圆柱齿轮的传动比 i_{12}

$$i_{12} = \frac{\omega_1}{\omega_2} = \frac{z_2}{z_1}$$

即：两齿轮的角速度（或是转速）之比等于两齿轮齿数的反比。

齿轮传动的传动比不宜过大，一般斜齿圆柱齿轮传动的传动比 $i_{12} = 2 \sim 8$。

2. 斜齿圆柱齿轮正确啮合的条件

斜齿圆柱齿轮传动的正确啮合条件，除了两齿轮的模数和压力角分别相等外，它们的螺旋角必须相匹配，否则两啮合齿轮的齿向不同，不能进行啮合。因此斜齿轮传动正确啮合的条件为：

$$\begin{cases} \beta_1 = \pm \beta_2 \\ m_{n1} = m_{n2} = m_n \\ \alpha_{n1} = \alpha_{n2} = \alpha_n \end{cases}$$

β 前的"＋"用于内啮合（表示旋向相同）；"－"号用于外啮合（表示旋向相反）。

3. 斜齿圆柱齿轮标准中心距 a

标准斜齿圆柱齿轮啮合传动保持两个分度圆相切,其中心距为标准中心距 a。

$$a=\frac{d_1+d_2}{2}=\frac{m_n(z_1+z_2)}{2\cos\beta}$$

由该式可以看出,设计斜齿轮传动时,可用螺旋角 β 的改变来调整中心距的大小,以满足对中心距的要求。

4. 斜齿圆柱齿轮的重合度

直齿圆柱齿轮与斜齿圆柱齿轮的重合度进行对比分析,如图 17-28 所示。

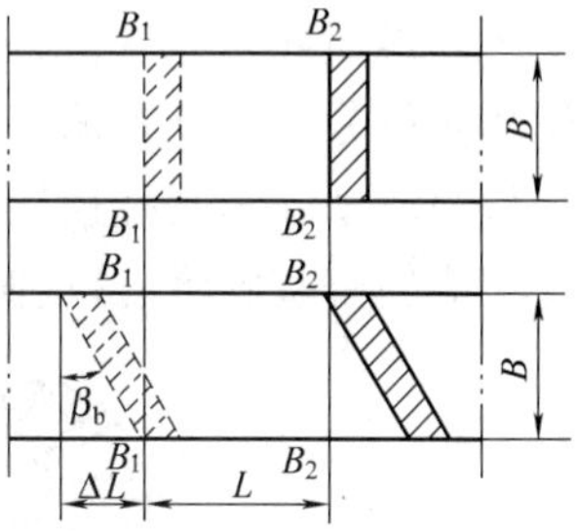

直线 B_2B_2、B_1B_1 分别表示轮齿进入啮合过程和退出啮合的位置,啮合区的长度为 L。

对于直齿轮传动,沿整个齿宽 B 同时进入啮合,同时退出啮合,重合度仍为:$\varepsilon=\dfrac{\overline{B_1B_2}}{p_{bt}}=\dfrac{L}{p_{bt}}$。

对于斜齿轮传动,轮齿前端 B_2 先进入啮合,待整个轮齿全部退出啮合,啮合区增长了 $\Delta L=B\tan\beta_b$ 一段。由于轮齿倾斜而增加的重合度用 ε_β 表示,即:

$$\varepsilon_\beta=\frac{\Delta L}{p_{bt}}=\frac{B\sin\beta}{\pi m_n}$$

所以斜齿轮的总重合度为,

$$\varepsilon_r=\varepsilon+\varepsilon_\beta$$

式中　ε_r——斜齿轮总重合度;

　　　ε_β——轴向重合度。

图 17-28　斜齿圆柱齿轮重合度

5. 斜齿圆柱齿轮的当量齿数

加工斜齿轮时,铣刀是沿着螺旋线方向进刀的,故应当按照齿轮的法面齿形来选择铣刀。另外,在计算轮齿的强度时,因为力作用在法面内,所以也需要知道法面的齿形。通常采用近似方法确定。如图 17-29 所示,过分度圆柱面上 C 点作轮齿螺旋线的法平面 $n-n$,它与分度圆柱面的交线为一椭圆。

其长半轴 $a=\cos\beta d/2$,短半轴 $b=d/2$,椭圆在 C 点的曲率半径,以 $\rho=a^2/b$ 为分度圆半径,以斜齿轮的法面模数 m_n 为模数,$\alpha_n=20°$,作一直齿圆柱齿轮,它与斜齿轮的法面齿形十分接近。这个假想的直齿圆柱齿轮称为斜齿圆柱齿轮的当量齿轮。它的齿数 z_v 称为当量齿数。

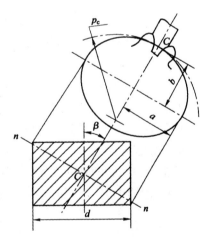

图 17-29　斜齿轮的当量齿轮

$$z_v=\frac{z}{\cos^3\beta}$$

斜齿轮的当量齿数总是大于实际齿数,并且往往不是整数。因斜齿轮的当量齿轮为一直齿圆柱齿轮,其不发生根切的最少齿数 $z_{vmin}=17$,则正常齿标准斜齿轮不发生根切的最少齿数为:

$$z_{min}=z_{vmin}\cos^3\beta$$

斜齿圆柱齿轮是用当量齿数来选取齿轮铣刀的刀号;计算斜齿轮的强度;确定斜齿轮不根切的最少齿数: $z_{min}=17\cos^3\beta$;确定斜齿圆柱齿轮的变位系数 x_n 的。

第七节　直齿圆锥齿轮传动

一、圆锥齿轮概述

圆锥齿轮机构主要用来传递两相交轴之间的运动和动力,如图 17-30 所示。由于圆锥齿轮的轮齿分布在圆锥面上,所以齿形从大端到小端逐渐缩小。一对圆锥齿轮传动时,两个节圆锥作纯滚动。与圆柱齿轮相似,圆柱齿轮中的各有关"圆柱",在这里都变成了"圆锥",圆锥齿轮相应的有基圆锥、分度圆锥、齿顶圆锥、齿根圆锥。

(a) 直齿　　　　　　(b) 斜齿　　　　　　(c) 曲齿

图 17-30　圆锥齿轮传动

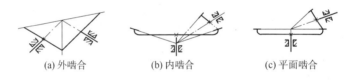

(a) 外啮合　　　　　　(b) 内啮合　　　　　　(c) 平面啮合

图 17-31　圆锥齿轮啮合方式

圆锥齿轮按两轮啮合的形式不同,可分别为外啮合、内啮合及平面啮合三种,如图 17-31 所示。

圆锥齿轮的轮齿有直齿、斜齿及曲齿(圆弧齿)等多种形式。由于直齿圆锥齿轮的设计、制造和安装均较简便,故应用最为广泛。曲齿圆锥齿轮由于传动平稳、承载能力较高,故常用于高速重载的传动场合,如汽车、拖拉机中的差速器齿轮等。本节主要介绍用途最广也是最基本的直齿圆锥齿轮。

圆锥齿轮机构两轴的交角 $\Sigma=\delta_1+\delta_2$ 由传动要求确定,可为任意值。$\Sigma=\delta_1+\delta_2=90°$ 的圆锥齿轮传动应用最广泛,如图 17-32 所示。

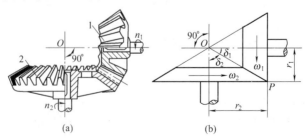

(a)　　　　　　　　　(b)

图 17-32　圆锥齿轮两轴交角

二、直齿圆锥齿轮传动的参数及几何尺寸

工程应用中多采用等顶隙圆锥齿轮传动形式,即两齿轮顶隙从轮齿大端到小端都是相等的,如图 17-33 所示。

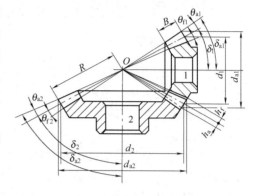

直齿圆锥齿轮因为大端尺寸大,便于计算和测量,所以直齿圆锥齿轮几何尺寸和基本参数均以大端为标准。其基本参数有模数 m 应符合国家标准系列值;压力角 α;齿顶高系数 h_a^*;顶隙系数 c^*;齿数 z;分度圆锥角 δ。直齿圆锥齿轮正常齿制 $\alpha=20°$、$h_a^*=1$、$c^*=0.2$。

标准直齿圆锥齿轮的几何尺寸,如图 17-33 所示。其计算公式见表 17-6。

三、直齿圆锥齿轮传动

1. 正确啮合的条件

一对圆锥齿轮的啮合传动相当于一对当量圆柱齿轮的啮合传动,故其正确啮合的条件为:两圆锥齿轮大端的模数和压力角分别相等。

图 17-33　圆锥齿轮几何尺寸

表 17-6　标准圆锥齿轮几何尺寸计算公式($\Sigma=\delta_1+\delta_2=90°$)

名　称	符　号	计　算　公　式
分度圆直径	d	$d=mz$
分度圆锥角	δ	$\delta_2=\arctan\dfrac{z_2}{z_1}$　　　$\delta_1=90°-\delta_2$
锥距	R	$R=\dfrac{mz}{2\sin\delta}=\dfrac{m}{2}\sqrt{z_1^2+z_2^2}$
齿顶高	h_a	$h_a=h_a^* m$
齿根高	h_f	$h_f=(h_a^*+c^*)m$
全齿高	h	$h=h_a+h_f=(2h_a^*+c^*)m$
齿顶圆直径	d_a	$d_a=d+2h_a\cos\delta=mz+2h_a^* m\cos\delta$
齿顶圆锥角	δ_a	$\delta_a=\delta+\theta_a=\delta+\arctan\dfrac{h_a^* m}{R}$
齿根圆直径	d_f	$d_f=d-2h_f\cos\delta=mz-2(h_a^*+c^*)m\cos\delta$
齿根圆锥角	δ_f	$\delta_f=\delta-\theta_f=\delta-\arctan\dfrac{(h_a^*+c^*)m}{R}$
齿宽	B	$b\leqslant\dfrac{R}{3}$

即:
$$\begin{cases} m_1=m_2=m \\ \alpha_1=\alpha_2=\alpha \end{cases}$$

2. 传动比

如图 17-33 所示,有:$r_1=R\sin\delta_1$,$r_2=R\sin\delta_2$

圆锥齿轮传动的传动比为:$i_{12}=\dfrac{\omega_1}{\omega_2}=\dfrac{r_2}{r_1}=\dfrac{z_2}{z_1}=\dfrac{\sin\delta_2}{\sin\delta_1}$

当两轴的交角 $\Sigma = \delta_1 + \delta_2 = 90°$ 时,有:$i_{12} = \tan \delta_2$ 也可得:$\delta_2 = \arctan \dfrac{z_2}{z_1}$。

直齿圆锥齿轮传动的传动比一般为:$i_{12} = 3 \sim 5$。

第八节　齿轮失效形式、材料与齿轮的画法和结构

一、齿轮的失效形式

齿轮失效主要是指齿轮轮齿的破坏,诸如轮齿折断、齿面损坏等现象,而使齿轮过早地失去正常工作能力的情况。通过研究齿轮失效可以正确选用材料和进行强度分析。齿轮失效的主要现象是轮齿折断、齿面磨损、齿面点蚀、齿面胶合及齿面塑性变形等。

1. 轮齿折断

轮齿就好像一个悬臂梁,在受外载作用时,在其轮齿根部产生的弯曲应力最大,所以轮齿折断一般发生在轮齿根部。折断有两种:一种是轮齿在载荷反复作用下,齿根产生脉动循环或对称循环弯曲应力,同时齿根部位过渡尺寸发生急剧变化产生应力集中,当弯曲应力超过弯曲疲劳极限时,轮齿根部的原始微小裂纹经过扩展蔓延造成轮齿折断,如图 17-34 所示。这种折断称为弯曲疲劳折断。另一种在短期过载或受到过大的冲击载荷时,齿根应力如果超过材料强度极限,也会发生过载折断。

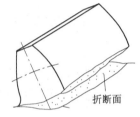
折断面

轮齿的折断都是其弯曲应力超过了材料相应的极限应力,是最危险的一种失效形式。一旦发生断齿,传动立即失效。根据这种失效形式确定的设计准则及计算方法即为轮齿齿根弯曲疲劳强度计算。

防止弯曲疲劳折断的方法是提高材料抵抗弯曲疲劳的能力,从材料本身及其热处理和强化处理等方面入手,保证轮齿弯曲疲劳强度;加大齿根圆角以缓和应力集中;增大模数以加大齿根厚度。为防止过载折断,禁止超载并避免过大的冲击载荷等。

图 17-34　齿根疲劳断裂

2. 齿面点蚀

相互啮合的两轮齿接触时,齿面间的作用力和反作用力使两工作表面上产生接触应力,由于啮合点的位置是变化的,且齿轮做的是周期性的运动,所以接触应力是按脉动循环变化的。当轮齿表面接触应力超过允许限度时,表面发生微小裂纹,以致小颗粒的金属剥落形成麻坑(图 17-35)称为齿面疲劳点蚀。点蚀的产生破坏了渐开线的完整性,从而引起震动和噪声,继而恶性循环,以致传动不能正常进行。

齿面点蚀影响轮齿正常啮合,引起冲击和噪声,造成传动的不平稳,齿面点蚀是润滑良好的软齿面闭式传动的主要失效形式。点蚀一般出现在齿根靠近节线的表面(图 17-35)。根据这种失效形式确定的设计准则及计算方法即为齿面接触疲劳强度计算。

防止齿面点蚀的方法是:限制齿面的接触应力,提高齿面硬度,降低齿面的表面粗糙度,增加润滑油的黏度,加大齿轮厚度,表面强化处理,改用疲劳极限高的材料等方法。

3. 齿面磨损

齿面磨损通常有两种情况:一种是由于灰尘、金属微粒等进入齿面间或因润滑油不洁,新齿轮跑合后未予清洗,使用含有金属屑或其他硬质微粒的润滑油而产生的磨损,称为磨粒磨

损。另一种是由于齿面间相对滑动摩擦引起的磨损。一般情况下这两种磨损往往同时发生并相互促进。

严重的磨损使齿廓失去正确的渐开线形状,齿侧间隙增大引起传动的冲击、震动,磨损使齿厚变薄,进而产生轮齿折断。在开式传动中,齿面磨损将是主要的失效形式,如图 17-36 所示。

图 17-35　齿面点蚀

图 17-36　齿面磨损

防止齿面磨损的方法有:采用闭式传动、保持良好清洁的润滑,提高齿面硬度,降低表面粗糙度,选择合适的材料组合等。而对于开式传动为防止过快磨损及引起轮齿折断,可选用耐磨的材料或加大模数以增加齿厚。

4. 齿面胶合

高速重载传动时,啮合区载荷集中,温升快,油膜稀释破裂,因而易引起润滑失效;低速重载时,齿面间油膜不易形成,均可致使两齿面金属直接接触而相互熔黏到一起,随着运动的继续而使软齿面上的金属被撕下,在轮齿工作表面上形成与滑动方向一致的沟纹,这种现象称为齿面胶合,如图 17-37 所示。

齿面胶合破坏了正常齿廓,导致传动失效。

防止齿面的胶合方法有限制齿面温度,采用良好的润滑方式,选用黏度大或有抗胶合添加剂的润滑油;形成良好的润滑条件;提高齿面硬度增加抗胶合能力;降低齿面的表面粗糙度。

图 17-37　齿面胶合

5. 齿面塑性变形

低速重载传动时,若轮齿齿面硬度较低,当齿面间作用力过大,啮合中的齿面表层材料就会沿着摩擦力方向产生塑性流动,这种现象称为塑性变形。在启动和过载频繁的传动中,容易产生齿面塑性变形,如图 17-38 所示。

齿面塑性变形破坏了正确齿形,使啮合不平稳,噪声和震动加大。

防止齿面塑性变形的方法有:提高齿面硬度和采用黏度较高的润滑油。

上述的齿面失效形式的示意图如图 17-39 所示。

图 17-38　齿面塑性变形

(a)齿面点蚀

(b)齿面胶合

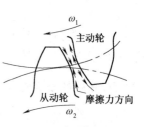

(c)齿面塑性变形

图 17-39　齿面失效形式

二、齿轮常用材料

为了保证齿轮工作的可靠性,提高其使用寿命,齿轮的材料及其热处理应根据工作条件和材料的特点来选取。

1. 齿轮材料基本要求

对齿轮材料的基本要求是应使齿面具有足够的硬度和耐磨性,以获得较高的抗点蚀、抗磨损、抗胶合和抗塑性变形的能力;齿芯具有足够的韧性,以获得较高的抗弯曲和抗冲击载荷的能力;同时应具有良好的加工工艺性和热处理工艺性能,以达到齿轮的各种技术要求。

2. 齿轮材料的选择

常用的齿轮材料为各种牌号的优质碳素结构钢、合金结构钢、铸钢、铸铁和非金属材料等。一般多采用锻件或轧制钢材。

(1)当齿轮结构尺寸较大,轮坯不易锻造时,可采用铸钢。

(2)开式低速传动时,可采用灰铸铁或球墨铸铁。

(3)低速重载的齿轮易产生齿面塑性变形,轮齿也易折断,宜选用综合性能较好的钢材。

(4)高速齿轮易产生齿面点蚀,宜选用齿面硬度高的材料。

(5)受冲击载荷的齿轮,宜选用韧性好的材料。

(6)对高速、轻载而又要求低噪声的齿轮传动,也可采用非金属材料,如夹布胶木、尼龙等。

3. 齿轮的热处理

钢制齿轮的热处理方法主要有以下几种:

(1)表面淬火常用于中碳钢和中碳合金钢,如 45、40Cr 钢等。表面淬火后,齿面硬度一般为 40～55HRC。特点是抗疲劳点蚀、抗胶合能力高;耐磨性好;由于齿心部分未淬硬,齿轮仍有足够的韧性,能承受不大的冲击载荷。

(2)渗碳淬火常用于低碳钢和低碳合金钢,如 20、20Cr 钢等。渗碳淬火后齿面硬度可达 56～62HRC,而齿轮心部仍保持较高的韧性,轮齿的抗弯强度和齿面接触强度高,耐磨性较好,用于受冲击载荷的重要齿轮传动。齿轮经渗碳淬火后,轮齿变形较大应进行磨削加工。

(3)渗氮是一种表面化学热处理。渗氮后不需要进行其他热处理,齿面硬度可达 700～900HV。由于渗氮处理后的齿轮硬度高,工艺温度低,变形小,故适用于内齿轮和难以磨削的齿轮,常用于含铅、钼、铝等合金元素的渗氮钢,如 38Cr MoAl 等。

(4)调质一般用于中碳钢和中碳合金钢,如 45、40Cr、35Si Mn 钢等。调质处理后齿面硬度一般为 220～280HBS。因硬度不高,轮齿精加工可在热处理后进行。

(5)正火能消除内应力,细化晶粒,改善力学性能和切削性能。机械强度要求不高的齿轮可采用中碳钢正火处理,大直径的齿轮可采用铸钢正火处理。

根据热处理后齿面硬度的不同,齿轮可分为软齿面齿轮(≤350HBS)和硬齿面齿轮(>350HBS)。一般要求的齿轮传动可采用软齿面齿轮。为了减小胶合的可能性,并使配对的大小齿轮寿命相当,通常使小齿轮齿面硬度比大齿轮齿面硬度高出 30～50HBS。对于高速、重载或重要的齿轮传动,可采用硬齿面齿轮组合,齿面硬度可大致相同。

三、齿轮的规定画法

1. 圆柱齿轮的规定画法

(1)单个圆柱齿轮的画法

按国标规定,齿轮的齿顶圆(线)用粗实线绘制,分度圆(线)用细点画线绘制,齿根圆(线)

用细实线绘制(也可省略不画),如图 17-40(a)所示。在剖视图中,剖切平面通过齿轮的轴线时,轮齿按不剖处理,齿顶线和齿根线用粗实线绘制,分度线用细点画线绘制,如图 17-40 所示。若为斜齿或人字齿,则该视图可画成半剖视图或局部剖视图,并用三条细实线表示轮齿的方向如图 17-40(b、c)所示,其中 β 和 δ 为齿轮螺旋角,相关参数的计算参见有关规范和标准。

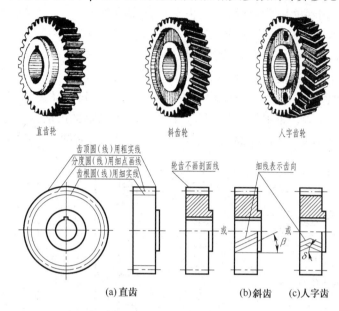

图 17-40　圆柱齿轮的画法

(2)圆柱齿轮工作图

图 17-41 所示为齿轮零件工作图。在齿轮工作图中,应包括足够的视图及制造时所需的尺寸和技术要求;除具有一般零件工作图的内容外,齿轮齿顶圆直径、分度圆直径及有关齿轮的基本尺寸必须直接注出,齿根圆直径规定不标注;在图样右上角的参数表中注写模数、齿数等基本参数。有时,在齿轮工作图上还需画出一或两个齿形,以标注尺寸。齿形的近似画法如图 17-42 所示。

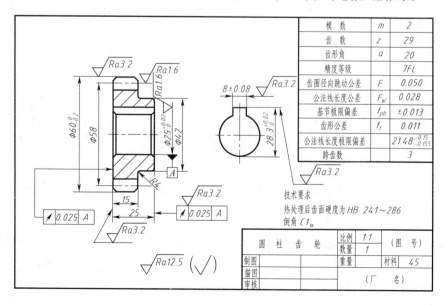

图 17-41　圆柱齿轮的零件工作图

（3）圆柱齿轮的啮合画法

只有模数和压力角都相同的齿轮才能互相啮合。两个相互啮合的圆柱齿轮，在反映为圆的视图中，啮合区内的齿顶圆均用粗实线绘制如图 17-43（a）所示，也可省略不画如图 17-43（b）所示；用细点画线画出相切的两分度圆；两齿根圆用细实线画出，也可省略不画。在非圆视图中，若画成剖视图，由于齿根高与齿顶高相差 $0.25m$（m 为模数），一个齿轮的齿顶线与另一个齿轮的齿根线之间，应有 $0.25m$ 的间隙（图 17-44），将一个齿轮的轮

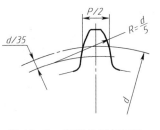

图 17-42　齿形的近似画法

齿用粗实线绘制，按投影关系另一个齿轮的轮齿被遮挡的部分用虚线绘制如图 17-43（c）、图 17-44 所示，也可省略不画。若不剖如图 17-43（d）所示，即啮合区的齿顶线不需画出，节线用粗实线绘制，非啮合区的节线仍用细点画线绘制。图 17-45 所示为一对圆柱齿轮内啮合的画法。

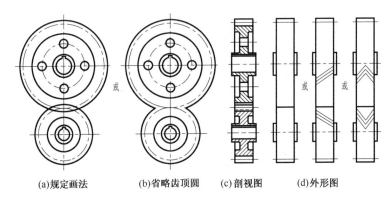

（a）规定画法　　（b）省略齿顶圆　　（c）剖视图　　（d）外形图

图 17-43　圆柱齿轮的啮合规定画法

2. 直齿圆锥齿轮的画法

（1）单个锥齿轮的画法

单个锥齿轮的主视图常画成剖视图，而在左视图上用粗实线画出齿轮大端和小端的齿顶圆，用细点画线画出大端的分度圆如图 17-46（d）所示。单个圆锥齿轮的画图步骤如图 17-46 所示。

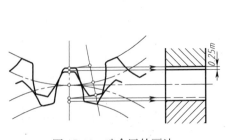

图 17-44　啮合区的画法

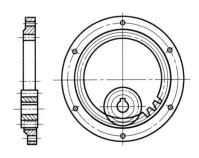

图 17-45　齿轮内啮合的画法

（2）锥齿轮的啮合画法

锥齿轮啮合时，两分度圆锥相切，它们的锥顶交于一点。画图时主视图多为剖视图，左视图用粗实线画出两齿轮的大端和小端的齿顶圆（齿顶线，啮合区小端的齿顶圆可不画出），用细点画线画出两齿轮的分度圆（线），如图 17-47（d）所示。锥齿轮啮合的画图步骤如图 17-47 所示。

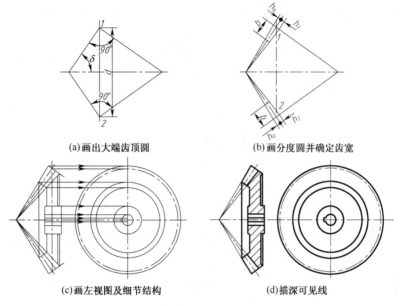

(a)画出大端齿顶圆　　　　(b)画分度圆并确定齿宽

(c)画左视图及细节结构　　　　(d)描深可见线

图 17-46　单个圆锥齿轮的画图步骤

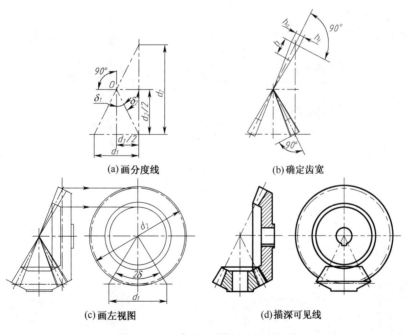

(a)画分度线　　　　(b)确定齿宽

(c)画左视图　　　　(d)描深可见线

图 17-47　啮合圆锥齿轮的画图步骤

四、齿轮结构

齿轮结构设计时应综合考虑齿轮的几何尺寸、毛坯、材料、加工方法、使用要求及经济性等因素。通常先按齿轮的直径大小,选定合适的结构形式,然后再根据荐用的经验数据进行结构设计。

1. 齿轮轴

对于直径很小的钢制齿轮,若圆柱齿轮齿根到键槽底部的距离 $e<2m_t$(m_t 为端面模数);或锥齿轮,按齿轮小端尺寸计算而得的 $e<1.6$ m(图 17-48)均应将齿轮和轴做成一体,叫做齿

轮轴(图17-49)。若 e 值超过上述尺寸时,齿轮与轴以分开制造较为合理。

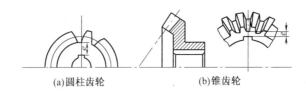

(a)圆柱齿轮　　　　　　　(b)锥齿轮

图 17-48　齿根圆至键槽的距离

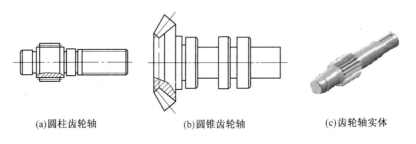

(a)圆柱齿轮轴　　　　　　(b)圆锥齿轮轴　　　　　　(c)齿轮轴实体

图 17-49　齿轮轴

2. 实心式齿轮

齿顶圆直径 $d_a \leqslant 200$ mm 时的钢制齿轮,一般常采用锻造毛坯的实心式结构,如图 17-50 所示。

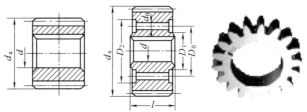

图 17-50　实心式齿轮

3. 辐板式齿轮

齿顶圆直径 $d_a \leqslant 500$ mm 时,为减轻重量和节约材料,常制成辐板式结构。辐板式齿轮一般采用锻造毛坯,其结构如图 17-51 所示。

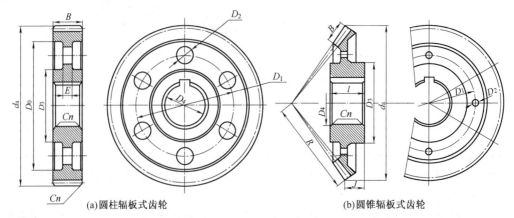

(a)圆柱辐板式齿轮　　　　　　　　　　(b)圆锥辐板式齿轮

图 17-51　辐板式齿轮

4. 轮辐式齿轮

当齿顶圆直径 $d_a = 400 \sim 1\,000$ mm 时，因受锻造设备的限制，往往采用铸造的轮辐式结构，其结构如图 17-52 所示。

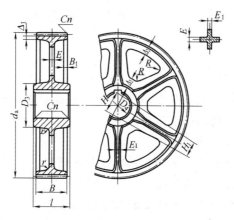

图 17-52　轮辐式齿轮

一、填 空 题

1. 分度圆半径 r 所对应的渐开线压力角 $\alpha =$ ＿＿＿＿＿＿为标准值称为齿轮压力角。

2. 在分度圆上规定 $m =$ ＿＿＿＿＿为齿轮的模数。

3. 标准渐开线齿轮的五个基本参数是＿＿＿＿＿＿＿＿＿＿＿＿＿＿。

4. 若齿轮的＿＿＿＿＿、＿＿＿＿＿、＿＿＿＿＿＿及＿＿＿＿＿＿均为标准值，且分度圆上的＿＿＿＿＿与＿＿＿＿＿相等，称为标准齿轮。

5. 一对渐开线直齿圆柱齿轮传动的正确啮合条件是＿＿＿＿＿。

6. 两齿轮标准中心距 $a =$ ＿＿＿＿＿。

7. 一对渐开线齿轮能连续传动时，实际啮合线 B_1B_2 与基圆齿距 p_b 之间的关系应是＿＿＿＿＿。

8. 用齿条插刀加工正变位齿轮时，齿条中线应与齿轮毛坯分度圆＿＿＿＿＿。

9. 用范成法加工齿轮时，齿根切去了一部分，破坏了渐开线齿廓，称为＿＿＿＿＿现象。

10. 齿轮根切会降低齿根＿＿＿＿＿强度，破坏了轮齿＿＿＿＿＿齿廓的形状。

11. 改变刀具齿轮与毛坯齿轮相对位置加工出的齿轮称作＿＿＿＿＿齿轮。

12. 用范成法加工齿轮不产生根切最小的变位系数 $x_{\min} =$ ＿＿＿＿＿。

13. 渐开线标准齿轮不根切的最少齿数为 $z_{\min} =$ ＿＿＿＿＿。

14. 渐开线螺旋面与分度圆柱所产生的螺旋角称为斜齿轮的＿＿＿＿＿角。

15. 齿轮的五种失效形式是：＿＿＿＿＿折断、齿面点蚀、齿面＿＿＿＿＿、齿面＿＿＿＿＿及齿面＿＿＿＿＿变形。

16. 斜齿圆柱齿轮的分度圆直径为 $d=$ _____。

17. 斜齿圆柱齿轮传动的标准中心距 $a=$ _____。

18. 直齿圆锥齿轮传动的传动比 $i=$ _____。

19. 外啮合斜齿圆柱齿轮传动正确啮合条件是 _____、_____、_____。

二、判 断 题

1. 一对齿轮啮合时才有节点和节圆,单个齿轮不存在节点和节圆。　　　　　（　　）

2. 渐开线上任一点的法线必切于基圆。　　　　　　　　　　　　　　　　（　　）

3. 渐开线的形状取决于基圆的大小。　　　　　　　　　　　　　　　　　（　　）

4. 渐开线齿轮分度圆上的齿距 p 与 π 的比值称为模数。　　　　　　　　（　　）

5. 齿条直线齿廓上各点的压力角相等。　　　　　　　　　　　　　　　　（　　）

6. 齿条上与分度线平行的其他直线上的齿距均相等。　　　　　　　　　　（　　）

7. 齿轮连续啮合的条件是前一对轮齿未脱离啮合,后一对轮齿能进入啮合。　（　　）

8. 用范成法加工齿轮时,以一把刀可以加工出的任意齿数的齿轮,并能正确啮合。
　　　　　　　　　　　　　　　　　　　　　　　　　　　　　　　　　　（　　）

9. 斜齿圆柱齿轮传动的标准中心距 $a=r_1+r_2=\dfrac{m}{2}(z_1+z_2)$。　　　（　　）

10. 圆柱齿轮的螺旋角 β 越大,其传动特点越明显。　　　　　　　　　　（　　）

11. 标准斜齿圆柱齿轮的基本参数是:m_n、α_n、h_{an}^*、c_n^*、z。　　　　（　　）

三、选 择 题

1. 用于两轴平行的齿轮传动有_____。

　　A. 圆柱齿轮传动　　　　B. 圆锥齿轮传动　　　C. 螺旋齿轮传动

2. 两齿轮轴线相交用_____。

　　A. 直齿锥齿轮传动　　　B. 斜齿圆柱齿轮　　　C. 螺旋齿轮传动

3. 齿轮传动的优点是_____。

　　A. 能保证瞬时传动比恒定不变　　　B. 传动效率低　　　C. 传动噪声大

4. 齿轮传动的缺点是_____。

　　A. 传动效率高　　　　　B. 成本较高　　　　　C. 不宜于远距离传动

5. 齿轮传动中,以两齿轮中心为圆心,过节点 C 所作的两个圆称为_____。

　　A. 分度圆　　B. 节圆　　C. 基圆

6. 齿轮轮齿齿顶所在的圆称为_____。

　　A. 齿顶圆　　B. 齿根圆　　C. 基圆

7. 齿轮的齿根圆直径是_____。

　　A. d_a　　　　　B. d_f　　　　　C. d_b

8. 分度圆到齿顶圆的径向距离称为齿轮的_____。

　　A. 齿顶高　　B. 齿根高　　C. 齿全高

9. 标准直齿圆柱齿轮的齿根高是_____。

　　A. $h_a=h_a^* m$　　B. $h_f=(h_a^*+c^*)m$　　C. $h=2(h_a^*+c^*)m$

10. 一对渐开线直齿圆柱齿轮的正确啮合条件是_____。

　　A. $m_1=m_2=m,\alpha_1=\alpha_2=\alpha$　　B. $\varepsilon_\alpha\geqslant1$　　C. $i=$常数

11. 两标准齿轮正确安装时的中心距为标准中心距,其值为_____。

　　A. $a=r_{d1}+r_{d2}$　B. $a=r_1+r_2$　　　　C. $a=r_{f1}+r_{f2}$

12. 用范成法加工正变位齿轮时,齿条中线应与齿轮毛坯分度圆_____。

　　A. 相离　　　　　B. 相切　　　　　　C. 相交

13. 正常齿制渐开线标准直齿圆柱齿轮不发生根切的最少齿数为_____。

　　A. 14　　　　　B. 17　　　　　　C. 20

14. 当加工齿轮的齿数 $z<z_{min}$ 时,应采用_____避免根切现象。

　　A. 正变位齿轮　B. 负变位齿轮　　　C. 标准齿轮

15. 用同一把齿条刀切制的相同齿数的标准齿轮和变位齿轮,其中_____不相同。

　　A. 模数　　　　B. 分度圆直径　　　C. 齿根高

16. 一对齿轮传动的实际中心距小于标准中心距时,可用_____传动。

　　A. 正传动变位齿轮　　B. 负传动变位齿轮　　C. 高度变位齿轮

17. 一对标准齿轮的实际中心距大于标准中心距时,两分度圆_____。

　　A. 相切　　　B. 相交　　　C. 相离

18. 斜齿圆柱齿轮的标准参数为_____。

　　A. 法面　　　B. 端面　　　C. 轴面

19. 斜齿圆柱齿轮传动的特点是_____。

　　A. 传动更加平稳　　B. 承载能力变小　　C. 不产生轴向力

第十八章

蜗 杆 传 动

蜗杆传动是一种应用广泛的机械传动形式。几乎成了一般低速转动工作台和连续分度机构的唯一传动形式。蜗杆传动具有传递空间交错轴之间的运动、大的传动比、机构结构紧凑等特点。广泛应用于冶金工业压轧机、煤矿设备各种类型绞车、采煤机组牵引传动、起重运输业中各种提升设备、电梯、自动扶梯及无轨电车等的传动。在精密仪器设备,军工、宇宙观测中蜗杆传动常用作分度机构、操纵机构、计算机构、测距机构等。

第一节　蜗杆传动概述

一、蜗杆传动组成

蜗杆传动(图 18-1)由蜗杆 1、蜗轮 2 和机架组成。蜗杆与蜗轮组成平面高副;蜗杆、蜗轮与机架组成转动副。蜗杆用以传递空间两交错垂直轴之间的运动和动力,通常轴间交角为 90°。一般情况下,蜗杆是主动件,蜗轮是从动件。

二、蜗杆传动类型

蜗杆传动按照蜗杆的形状不同,可分为圆柱蜗杆传动〔图 18-2(a)〕和环面蜗杆传动〔图 18-2(b)〕。圆柱蜗杆传动除与图 18-2(a)相同的普通蜗杆传动,还有圆弧齿蜗杆传动〔图 18-2(c)〕。在圆柱蜗杆传动中,按蜗杆螺旋面的形状又可分为阿基

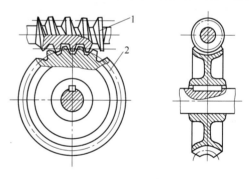

图 18-1　蜗杆传动

米得蜗杆传动、渐开线蜗杆传动、法向直廓圆柱蜗杆传动、锥面包络圆柱蜗杆传动和圆弧圆柱蜗杆传动,最常用的是阿基米德蜗杆传动。圆柱蜗杆传动加工方便,环面蜗杆传动承载能力较强。

三、蜗杆传动的特点

蜗杆传动与齿轮传动相比,具有以下优点:

(1)传动比大。一般动力机构中 $i=8\sim80$;在分度机构中可达 $600\sim1\,000$。

(2)蜗杆零件数目少,结构紧凑。

(3)传动平稳,噪声小。蜗杆传动类似于螺旋传动,传动平稳,噪声小。

(4)一般具有自锁性。即只能由蜗杆带动蜗轮,不能由蜗轮带动蜗杆,故可用在升降机构中起安全保护作用。

(a) 圆柱蜗杆传动

(b) 环面蜗杆传动

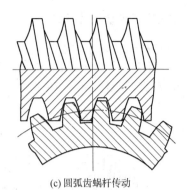
(c) 圆弧齿蜗杆传动

图 18-2 蜗杆传动类型

缺点：

(1)传动效率低。蜗杆传动由于齿面间相对滑动速度大,齿面摩擦严重,故在制造精度和传动比相同的条件下,蜗杆传动的效率比齿轮传动低,一般只有 0.7～0.8。具有自锁功能的蜗杆机构,效率则一般不大于 0.5。

(2)制造成本高。为了降低摩擦,减小磨损,提高齿面抗胶合能力,蜗轮齿圈常用贵重的青铜制造,成本较高。连续工作时,要求有良好的润滑和散热。

蜗杆传动适用于传动比大,而传递功率不大(一般小于 50 kW)且作间歇运转的设备中,广泛应用在汽车、起重运输机械和仪器仪表中。

第二节　蜗杆传动的基本参数和尺寸计算

在垂直于蜗杆轴线的剖面上,齿廓曲线为阿基米德螺旋线称为阿基米德蜗杆。本节以阿基米德蜗杆传动为例介绍蜗杆传动啮合、主要参数和尺寸计算。

一、蜗杆传动正确啮合条件

阿基米德蜗杆如图 18-3 所示。蜗杆的外形像螺纹,蜗杆头数为 z_1、蜗杆分度圆直径 d_1、分度圆柱面上的螺旋线的导程角为 γ(相当于螺纹升角 λ)。在中间平面内(通过蜗杆轴线并与蜗轮轴线垂直的平面),蜗杆就是直线齿廓的齿条,蜗杆的轴面模数 m_a 为标准系列值(表 18-1),轴面压力角 $\alpha_a = 20°$,蜗杆的轴向齿距(相当于螺纹的螺距)$p_a = \pi m_a$。

蜗轮的外形像斜齿轮,齿顶圆柱内凹以便与蜗杆相啮合,如图 18-3 所示。蜗轮齿数 z_2,蜗轮分度圆直径 d_2,分度圆柱面上的螺旋角为 β,在中间平面内的齿廓就是渐开线形状的齿轮,蜗轮的端面模数 m_t 为标准系列值(表 18-1),端面压力角 $\alpha_t = 20°$。

在中间平面内蜗杆蜗轮啮合就相当于直线齿廓的齿条和渐开线齿廓的齿轮相啮合。蜗杆转动相当于连续不断的齿条移动带动蜗轮转动。

圆柱蜗杆传动的正确啮合条件为：

在中间平面内,蜗杆的轴向模数 m_a 和蜗轮的端面模数 m_t 相等;蜗杆的轴面压力角 α_a 和蜗轮的端面压力角 α_t 相等;蜗杆的分度圆柱面导程角 γ 和蜗轮分度圆柱面螺旋角 β 相等,且旋向一致,即：

$$\begin{cases} m_a = m_t = m \\ \alpha_a = \alpha_t = \alpha \\ \gamma = \beta \end{cases}$$

二、蜗杆传动尺寸计算

蜗杆传动的基本参数、主要几何尺寸在中间平面内确定。

1. 蜗杆分度圆直径 d_1 和导程角 γ

蜗杆类似螺杆,如图 18-4 所示。由图可得

$$\tan \gamma = \frac{z_1 P_a}{\pi d_1} = \frac{z_1 m}{d_1}$$

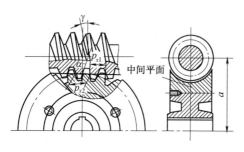

图 18-3 蜗杆传动的中间平面

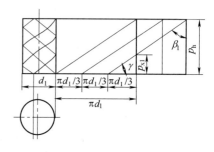

图 18-4 蜗杆的螺旋线

通常蜗轮的轮齿是用蜗轮滚刀加工,滚刀的分度圆直径与蜗杆的分度圆直径相同。即每个蜗杆直径必然对应一把加工蜗轮的滚刀。由上式可知,蜗杆分度圆直径 $d_1 = \dfrac{m z_1}{\tan \gamma}$,不仅与模数有关,而且还随 $z_1/\tan \gamma$ 的比值而改变。这样就需要无数多的刀具,为了减少滚刀的型号,便于刀具标准化,国标规定蜗杆分度圆直径 d_1 为标准系列值。即每个标准模数下面有四个蜗杆的标准直径值,见表 18-1。

表 18-1　普通圆柱蜗杆传动的 m 与 d_1 搭配值

m(mm)	d_1(mm)	z_1	$m^2 d_1$(mm³)	m(mm)	d_1(mm)	z_1	$m^2 d_1$(mm³)
2	18	1,2,4	72	5	63	1,2,4	1 575
	22.4	1,2,4	96		90	1	2 250
	28	1,2,4	112	6.3	50	1,2,4	1 984
	35.5	1	142		63	1,2,4,6	2 500
2.5	20	1,2,4	125		80	1,2,4	3 175
	25	1,2,4,6	156		112	1	4 445
	31.5	1,2,4	197	8	63	1,2,4	4 032
	45	1	281		80	1,2,4,6	5 120
3.15	25	1,2,4	248		100	1,2,4	6 400
	31.5	1,2,4,6	313		140	1	8 986
	40	1,2,4	396	10	71	1,2,4	7 100
	56	1	556		90	1,2,4,6	9 000
4	31.5	1,2,4	504		112	1	11 200
	40	1,2,4,6	640		160	1	16 000
	50	1,2,4	800	12.5	90	1,2,4	14 062
	71	1	1 136		112	1,2,4	17 500
5	40	1,2,4	1 000		140	1,2,4	21 875
	50	1,2,4,6	1 250		200	1	31 250

2. 蜗杆头数 z_1、蜗轮齿数 z_2

蜗杆头数 z_1 常取为 1、2、4、6。要求传动效率高时，取 $z_1 \geqslant 2$；当传动比大时，取 $z_1 = 1$，见表 18-2。

蜗轮的齿数 $z_2 = iz_1$，z_2 过少时会产生根切现象，一般取 $z_2 = 25 \sim 80$。

蜗杆传动的传动比 i 为：

$$i = \frac{n_1}{n_2} = \frac{z_2}{z_1}$$

式中　n_1、n_2——为蜗杆和蜗轮转速。

表 18-2　蜗杆头数和传动比的荐用值

i	$29 \sim 80$	$15 \sim 31$	$8 \sim 15$	5
z_1	1	2	4	6

3. 蜗杆传动尺寸计算

蜗杆传动的基本参数有：m、α、$h_a^* = 1$、$c^* = 0.2$、z_1、z_2、d_1。蜗杆、蜗轮的各种尺寸计算见表 18-3。

表 18-3　蜗杆传动尺寸计算

名　称	符号	计 算 公 式	
		蜗　杆	蜗　轮
分度圆直径	d	d_1	$d_2 = mz_2$
齿顶高	h_a	$h_a = h_a^* m$	$h_a = h_a^* m$
齿根高	h_f	$h_f = (h_a^* + c^*)m$	$h_f = (h_a^* + c^*)m$
全齿高	h	$h = h_a + h_f = (2h_a^* + c^*)m$	$h = h_a + h_f = (2h_a^* + c^*)m$
齿顶圆直径	d_a	$d_{a1} = d_1 + 2h_a = d_1 + 2h_a^* m$	$d_{a2} = d_2 + 2h_a = mz_2 + 2h_a^* m$
齿根圆直径	d_f	$d_{f1} = d_1 - 2h_f = d_1 - 2(h_a^* + c^*)m$	$d_{f2} = d_2 - 2h_f = mz_2 - 2(h_a^* + c^*)m$
导程角	γ	$\tan \gamma = \dfrac{z_1 m}{d_1}$	$\gamma = \beta$(蜗轮螺旋角)
中心距	α	$\alpha = \dfrac{1}{2}(d_1 + d_2) = \dfrac{1}{2}(d_1 + mz_2)$	

三、蜗轮转动方向判别

蜗杆蜗轮的旋向判别也像螺旋方向和斜齿轮方向一样，用左手和右手判别。蜗杆传动时蜗轮的转动方向不仅与蜗杆转动方向有关，而且与其螺旋方向有关。蜗轮转动方向的判定方法如下：蜗杆右旋时用右手，左旋时用左手，四指指向蜗杆转动方向，蜗轮的转动方向与伸直的大拇指指向相反，如图 18-5 所示。

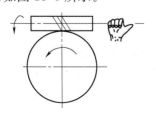
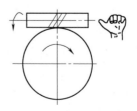

(a) 蜗杆右旋蜗轮转向　　　　　　　　(b) 蜗杆左旋蜗轮转向

图 18-5　蜗轮转向的判别

第三节　蜗杆传动的失效形式、材料和结构

一、蜗杆传动的失效形式

在蜗杆传动中,由于材料和结构上的原因,蜗杆螺旋部分的强度总是高于蜗轮轮齿强度,所以失效常发生在蜗轮轮齿上。蜗杆传动中,两轮齿面间的相对滑动速度 $v_s = v_1 / \cos \gamma$ 较大,传动效率低。摩擦产生的热量大,若散热不及时,油温升高、黏度下降,油膜破裂,易发生胶合。闭式蜗杆传动主要失效形式是胶合和点蚀。开式蜗杆传动蜗轮齿面遭受严重磨损而使轮齿变薄,从而导致轮齿的折断,主要失效形式是齿面磨损。

二、蜗杆传动的材料选择

根据蜗杆传动的失效形式和相对滑动速度大的特点,要求蜗杆副的配对材料,不仅要有足够的强度,更重要的是具有良好的减摩性、耐磨性和抗胶合能力。因此较重要传动常采用淬硬磨削钢制蜗杆与青铜蜗轮齿圈配对。

1. 蜗杆材料

对高速重载的蜗杆传动,蜗杆材料常用低碳合金钢(如 20Cr、20CrMnTi 等),渗碳淬火磨削,表面硬度达 58～63HRC。对中速中载的传动,蜗杆材料可用 45 号钢或 40Cr 等,表面淬火磨削,表面硬度为 45～55HRC。对一般速度不高,不重要的蜗杆可采用 45 号钢等作调质处理,硬度不超过 270HBS。

2. 蜗轮材料

相对滑动速度较高($v_s \leqslant 25$ m/s)的重要传动,蜗轮齿圈可采用铸造锡铜 ZCuSn10Pb1,这种材料的减摩性、耐磨性和抗胶合性都很好,但价格较贵;相对滑动速度 $v_s \leqslant 12$ m/s 可采用含锡量低的锡锌铅青铜 ZCuSn5Pb5Zn5 作蜗轮齿圈;相对滑动速度 $v_s \leqslant 8$ m/s 的传动采用铝铁青铜 ZCuAl19Fe3 作蜗轮齿圈,这种材料强度较高,铸造性能好、耐冲击、价格便宜,但抗胶合性能比锡青铜差;对 $v_s \leqslant 2$ m/s 的传动,蜗轮可用灰铸铁 HT150、HT200 等。

三、蜗轮蜗杆的规定画法

1. 蜗轮的画法

在剖视图上,蜗轮轮齿的画法与圆柱齿轮相同,在投影为圆的视图中,只画分度圆和外圆,齿顶圆和齿根圆不必画出,如图 18-6(a)所示。

2. 蜗杆的画法

蜗杆的画法与圆柱齿轮轴相同。为表明蜗杆的牙型,一般都采用局部剖视图画出几个牙型,或画出牙型的放大图,如图 18-6(b)所示。

3. 蜗轮蜗杆的啮合画法

蜗轮蜗杆啮合的画图步骤,如图 18-7 所示。在垂直于蜗轮轴线的投影面的视图上,蜗轮的分度圆与蜗杆的分度线相切,啮合区内的齿顶圆和齿根线用粗实线画出;在垂直于蜗杆轴线的视图上,啮合区只画蜗杆不画蜗轮,如图 18-7(c)所示。在剖视图中,当剖切平面通过蜗轮轴线并垂直于蜗杆轴线时,在啮合区内将蜗杆的轮齿用粗实线绘制,蜗轮的轮齿被遮挡的部分可省略不画;当剖切平面通过蜗杆轴线并垂直于蜗轮轴线时,在啮合区内,蜗轮的外圆,齿顶圆和蜗杆的齿顶线可省略不画,如图 18-7(d)所示。

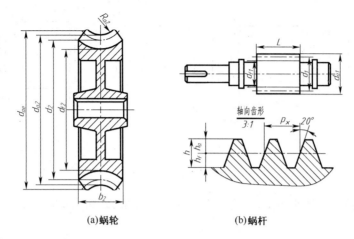

(a)蜗轮　　　　　　　　(b)蜗杆

图 18-6　蜗轮、蜗杆各部分名称代号及画法

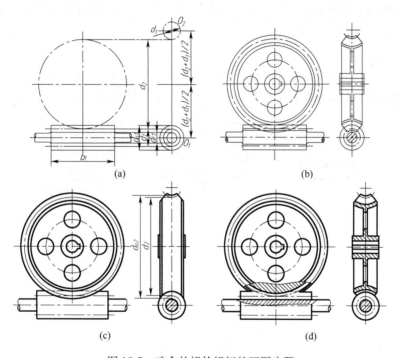

(a)　　　　　　　　　　(b)

(c)　　　　　　　　　　(d)

图 18-7　啮合的蜗轮蜗杆的画图步骤

四、蜗杆蜗轮的结构

1. 蜗杆的结构

蜗杆的有齿部分与轴的直径相差不大,常与轴制成一体,称为蜗杆轴(图 18-8)。当轴径 $d=d_{f1}-(2\sim4)$mm 时,蜗杆铣制成图 18-8(a)所示的形状;当轴径 $d>d_{f1}$ 时,蜗杆铣制成图 18-8(b)所示的形状。

2. 蜗轮的结构

直径小于 100 mm 的青铜蜗轮和任意直径的铸铁蜗轮可制成整体式;直径较小时可用实体或腹板式结构,直径较大时可采用腹板加筋的结构。

(1)镶铸式

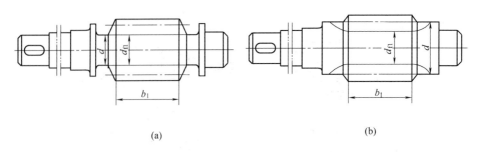

(a)   (b)

图 18-8　蜗杆结构

青铜轮缘镶铸在铸铁轮芯上,并在轮芯上预制出榫槽,以防滑动,如图 18-9(a)所示。此结构适用大批生产。

(2)齿圈压配式

青铜齿圈紧套在铸铁轮心,常采用 H7/S6 配合,为防止轮缘滑动,加台肩和螺钉固定,如图 18-7(b)所示。螺钉数 6~12 个。

(3)螺栓连接式

如图 18-9(c)所示为铰制孔螺栓连接,配合为 H7/m6,螺栓数目按剪切计算确定,并以轮缘受挤压校核,轮材料许用挤压应力为 $0.3\sigma_s$(σ_s 为轮缘材料屈服强度)。这种结构应用较多。

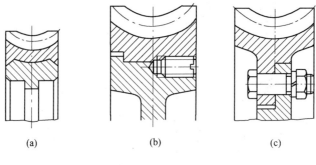

(a)   (b)   (c)

图 18-9　蜗轮结构

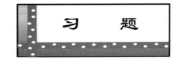

一、填 空 题

1. 蜗杆传动是由＿＿＿＿＿、＿＿＿＿＿和＿＿＿＿＿组成的。

2. 蜗杆传动用于传递两轴＿＿＿＿＿之间的运动和动力。

3. 蜗杆传动两轴交错角一般为＿＿＿＿＿。

4. 在中间平面上蜗杆为＿＿＿＿＿齿廓,蜗轮为＿＿＿＿＿齿廓,蜗杆蜗轮的啮合相当于＿＿＿＿＿的啮合。

5. 蜗杆传动 z_1 表示＿＿＿＿＿,z_2 表示＿＿＿＿＿。

6. 蜗杆传动中,蜗杆＿＿＿＿＿面的模数和压力角,应等于蜗轮＿＿＿＿＿面的模数和压力角。

7. 蜗杆传动的标准中心距 $a=$＿＿＿＿＿＿＿。

二、判 断 题

1. 蜗杆传动的传动比 $i=n_1/n_2=d_2/d_1$。　　　　　　　　　　　　（　　）
2. 蜗杆的标准参数面为端面。　　　　　　　　　　　　　　　　　　（　　）
3. 蜗轮分度圆直径 $d_2=mz_2$。　　　　　　　　　　　　　　　　　（　　）
4. 蜗杆的分度圆直径 $d_1=mz_1$。　　　　　　　　　　　　　　　　（　　）

三、选 择 题

1. 蜗杆分度圆的直径 d_1 是＿＿＿＿＿＿＿。
　　A. mz_1　　　　　　B. mz_2　　　　　　C. 标准值
2. 蜗杆的标准模数是＿＿＿＿＿＿＿。
　　A. 端面模数　　　B. 法向模数　　　C. 轴向模数
3. 蜗杆传动中 z_1 应取＿＿＿＿＿＿
　　A. $z_1=1\sim4$　　　B. $z_1\geqslant17$　　　C. $z_1=20\sim40$
4. 蜗杆传动中,蜗杆轴面的模数和压力角,应等于蜗轮＿＿＿＿＿＿＿的模数和压力角。
　　A 端面　　　　　B. 法面　　　　　C. 轴面

第三部分　钳工基础

所谓钳工是指切削加工、机械装配和修理作业的手工作业,因常在钳工台上用虎钳夹持工件操作而得名。

钳工作业主要包括錾削、锉削、锯切、划线、钻削、铰削、攻丝和套丝(见螺纹加工)、刮削、研磨、矫正、弯曲和铆接等。钳工是机械制造中最古老的且延续至今不可或缺的金属加工技术。

本部分主要针对机械加工中,常用的操作,包括常用工、量具介结、钳工的基本技能以及针对常用钳工的四个综合实训内容。

第十九章
常用工、量具

【学习目标】

1. 了解钳工工作的内容、工作场地、常用设备、常用工具的情况。
2. 熟记钳工实训安全技术要求。
3. 了解钳工常用量具的种类、规格和测量原理。
4. 能够正确选用量具，掌握常用量具的使用方法、测量读数和保养。
5. 能够读懂尺寸精度及形位公差符号所表示的含义。

第一节　钳工常识

一、钳工的主要工作任务

以手工操作为主,使用钳工工具在台虎钳上完成零件制作、零部件装配、调试和修理的工种称为钳工。

钳工的工作范围很广,灵活性很大,适用性很强。在铁路生产中,各种机车车辆设备零部件装配、调试和检修都是由钳工来完成的。机械设备在使用过程中出现故障、损坏、丧失精度等,都需要钳工维护、修理,使其恢复原有功能和精度;工具、夹具、量具及模具的制造、维修、调整等,也需要钳工来完成;另外,在技术改造、工装改进、零件的局部加工、甚至用机械加工无法进行的零部件加工,都需要钳工来完成。

因此,钳工是机械制造、运用和维修行业中不可缺少的工种。

二、钳工基本技能

现代机械制造业中,钳工的工作范围愈来愈广泛和复杂,分工也愈来愈细,仅在铁路行业中就有机车钳工、车辆钳工、制动钳工、电机钳工、走行钳工、仪表钳工、计量钳工等诸多钳工工种。不论哪种钳工,要胜任本职工作,首先应掌握好钳工的各项基本操作技能,然后再根据分工不同,进一步学习掌握好零件的钳工加工、产品和设备的装配、修理等专业技能。

钳工的基本操作技能包括:划线、錾削、锯削、锉削、钻孔、铰孔、攻螺纹、套螺纹、刮削、研磨,以及装配、调试、基本测量和简单的热处理等。

钳工基本操作项目较多,各项技能的学习掌握又有一定的相互依赖关系,因此要求我们必须循序渐进,由易到难,由简单到复杂,一步一步地对每项操作技按要求学习好、掌握好,不能偏废任何一个方面。还要自觉遵守纪律,养成认真细致的工作作风和吃苦耐劳的工作精神,严格按照每个训练要求进行操作,才能很好地完成钳工基础技能训练。

三、钳工工作场地

钳工工作场地是钳工的固定工作地点。钳工工作场地应有完善的设备且应布局合理,这是钳工操作的基本条件,也是安全文明生产的要求,同时也是提高劳动生产率和产品质量的重要保证。

1. 合理布置主要设备

应将钳工工作台安置在便于工作和光线适宜的位置,钳台之间的距离应适当,钳台上应安装安全网。钻床应安装在工作场地的边缘,砂轮机安装在安全可靠的地方,最好与工作间隔离开,以保证使用时的安全。

2. 毛坯件和工件应分别放置

毛坯件和工件应分别放置在料架上或规定的地点,排列整齐平稳,以保证安全,便于取放。避免已加工面的碰撞,同时又不能影响操作者的工作。

3. 合理摆放工、夹、量具

常用工、夹、量具应放在工作位置的近处,便于随时拿取。工、量具不得混放。量具用后应放在量具盒里。工具用后,应整齐地放在工具箱内,不得随意堆放,否则易发生损坏、丢失及用不便。

4. 工作场地应保持整洁

工作结束后,应清点工(量)具并放回工(量)具箱。擦拭钳台和设备,清理场地的铁屑及油污。

四、钳工常用设备

1. 钳工工作台

钳工工作台是钳工专用的工作台。如图 19-1 所示,台面上装有台虎钳、安全网,也可放置平板、钳工工具、工件和图样等。

图 19-1　钳工工作台

台面

图 19-2　钳口高度

钳工工作台多为铁木结构,台面上铺有一层软橡胶皮,其高度一般为 800～900 mm,长度和宽度可根据工作需要而定。操作者工作时台虎钳的高度一般多以钳口高度恰好等于人的手肘高度为宜,如图 19-2 所示。

2. 台虎钳

台虎钳由两个紧固螺栓固定在钳台上,用来夹持工件。其规格以钳口的宽度来表示,常用的有 100 mm、125 mm、150 mm 等。

台虎钳有固定式和回转式两种,如图 19-3 所示。后者使用较方便,应用较广,它由活动钳身 1、固定钳身 2、丝杠 8、螺母 3、夹紧盘 5 和转盘座 6 等主要部分组成。

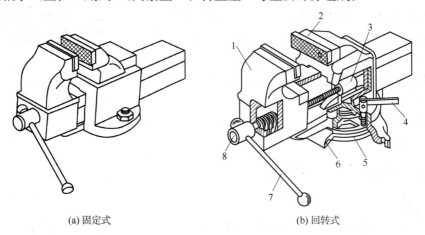

(a) 固定式　　　　　　　　　　　　　(b) 回转式

图 19-3　台虎钳

1—活动钳身;2—固定钳身;3—螺母;4—短手柄;5—夹紧盘;6—转盘座;7—长手柄;8—丝杠

操作时,顺时针转动长手柄 7,可使丝杠 8 在螺母 3 中旋转,并带动活动钳身 1 向内移动,将工件夹紧;当逆时针旋转长手柄 7 时,可使活动钳身向外移动,将工件松开。

固定钳身 2 装在转盘座 6 上,并能绕转盘座轴心线转动,当转到要求的方向时,扳动短手柄 4 使夹紧螺钉旋紧,将台虎钳整体锁紧在钳桌上。

使用台虎钳时应注意以下几点:

(1)安装台虎钳时,一定要使固定钳身的钳口工作面露出钳台的边缘,以方便夹持长条形的工件。此外,固定台虎钳时螺钉必须拧紧,钳身工作时不能松动,以免损坏台虎钳或影响加工质量。

(2)在台虎钳上夹持工件时,只允许依靠手臂的力量来扳动手柄,决不允许用锤子敲击手柄或用管子接长手柄夹紧,以免损坏台虎钳。

(3)在台虎钳上进行錾削等强力作业时,应使作用力朝向固定钳身。

(4)台虎钳的砧座上可用手锤轻击作业,不能在活动钳身上进行敲击作业。

(5)丝杠、螺母和其他配合表面应保持清洁,并加油润滑,以使操作省力,防止生锈。

3. 砂轮机

砂轮机用来刃磨錾子、钻头、刀具及其他工具,也可用来磨去工件或材料上的毛刺、锐边或多余部分等。如图 19-4 所示,砂轮机主要由砂轮 1、电动机 2、防护罩 3、托架 4 和砂轮机座 5 等组成。

砂轮由磨料与粘结剂等粘结而成,质地硬而脆,工作时转速较高,因此使用砂轮机时应遵守安全操作规程,严防产生砂轮碎裂的伤人事故。

操作砂轮机时应注意以下几点：

（1）砂轮的旋转方向应正确，要与砂轮罩上的箭头方向一致，使磨屑向下方飞离砂轮与工件。

（2）砂轮启动后，要稍等片刻，待砂轮转速进入正常状态后再进行磨削。

（3）严禁站立在砂轮的正面操作。操作者应站在砂轮的侧面，以防砂轮片飞出伤人。

（4）磨削刀具或工件时，不能对砂轮施加过大的压力，并严禁刀具或工件对砂轮产生冲击，以免砂轮碎裂。

（5）砂轮机的托架与砂轮间的距离应保持在 3 mm 以内，如果间距过大容易将刀具或工件挤入砂轮与托架之间，造成事故。

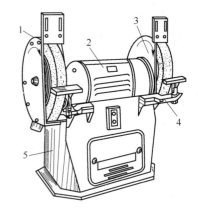

图 19-4　砂轮机
1—砂轮；2—电动机；3—防护罩；
4—托架；5—砂轮机座

（6）砂轮正常旋转时应平稳，无震动。砂轮外缘跳动较大致使砂轮机产生震动时，应停止使用，修整砂轮。

五、钳工常用工具

1. 螺钉旋具

螺钉旋具由木柄和工作部分组成，按结构分为一字槽螺钉旋具和十字槽螺钉旋具两种。

（1）一字槽螺钉旋具　一字槽螺钉旋具结构如图 19-5（a）所示，可用来旋紧或松开头部带一字形沟槽的螺钉。其规格以工作部分的长度表示，常用规格有 100 mm、150 mm、200 mm、300 mm 和 400 mm等几种。

（2）十字槽螺钉旋具　十字槽螺钉旋具结构如图 19-5（b）所示，用来拧紧或松开头部带十字槽的螺钉。其规格以头部十字槽的大小表示，有 2～3.5 mm、3～5 mm、5.5～8 mm、10～12 mm 四种。十字槽螺钉旋具能用较大的拧紧力而不易从螺钉槽中滑出，使用可靠，工作效率高。

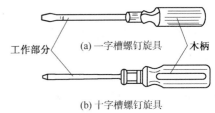

图 19-5　螺钉旋具

2. 扳手类工具

扳手类工具是装拆各种形式的螺栓、螺母和管件的工具，一般用工具钢、合金钢制成，常用的有活扳手、呆扳手、成套套筒扳手、内六角扳手、管钳等。

（1）活扳手　活扳手如图 19-6（a）所示，由扳手体、活动钳口和固定钳口等主要部分组成，主要用来拆装六角头螺栓、方头螺栓和螺母。其规格以扳手长度和最大开口宽度表示。活扳手的开口宽度可以在一定范围内进行调节，每种规格的活扳手适用于一定尺寸范围内的六角头螺栓、方头螺栓和螺母。

使用活扳手应首先正确选用其规格，要使开口宽度适合螺栓头和螺母的尺寸，不能选过大的规格，否则会扳坏螺母。应将开口宽度调节得使钳口与拧紧物的接触面贴紧，以防旋转时脱落。扳手手柄不可任意接长，以免拧紧力矩太大，损坏扳手或螺母。活扳手的正确使用方法如图 19-6（b）所示。

（2）呆扳手　呆扳手按其结构特点分为单头和双头两种，如图 19-7 所示。其用途与活扳手相同,只是其开口宽度是固定的,大小与螺母或螺栓头部的对边距离相适应,并根据标准尺寸做成一套。

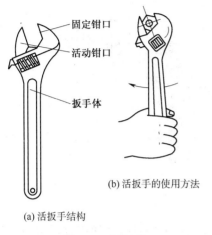

固定钳口
活动钳口
扳手体

(b) 活扳手的使用方法

(a) 活扳手结构

图 19-6 活扳手

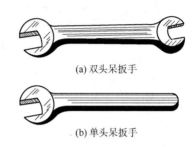

(a) 双头呆扳手

(b) 单头呆扳手

图 19-7 呆扳手

(3)成套套筒扳手 如图 19-8 所示,成套套筒扳手由一套尺寸不同的梅花套筒或内六角套筒组成。使用时将弓形手柄或棘轮手柄方榫插入套筒的方孔中,连续转动即可装拆六角头螺栓、方头螺栓或螺母。成套套筒扳手使用方便,拧紧力矩大,操作简单,工作效率高。

(4)内六角扳手 如图 19-9 所示,内六角扳手主要用于装拆内六角螺钉。其规格以扳手头部对边尺寸表示。使用时,先将六角头放入内六角螺钉的六方孔内,左手下按,右手旋转扳手,带动内六角螺钉紧固或松开。

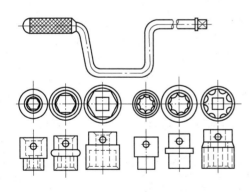

图 19-8 成套套筒扳手

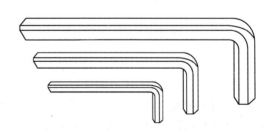

图 19-9 内六角扳手

(5)管钳 如图 19-10 所示,管钳由钳身、活动钳口和调整螺母组成。其规格以手柄长度和夹持管子最大外径表示。主要用于装拆金属管子或其他圆形工件,是管路安装和修理工作中常用的工具。

3. 电动工具

(1)手电钻 手电钻是一种手提式电动工具,如图 19-11 所示。它主要用于受工

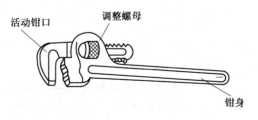

调整螺母
活动钳口
钳身

图 19-10 管钳

件形状或加工部位的限制,不能用钻床钻孔的情况。

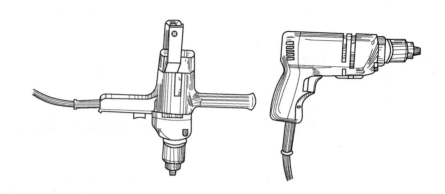

图 19-11　手电钻

手电钻的电源电压分单相(220 V、36 V)和三相(380 V)两种,在使用时可根据不同情况选择。

手电钻使用前,需开机空转 1 min,检查转动部分是否正常。钻孔时不宜用力过猛,当孔将钻穿时应相应减轻压力,以防事故发生。

(2)电磨头　电磨头是一种手工高速磨削工具。如图 19-12 所示。它用来对各种形状复杂的工件进行修磨或抛光,装上不同形状的小砂轮,还可以修磨各种凸凹模的成型面;当用布轮代替砂轮使用时,则可进行抛光作业。

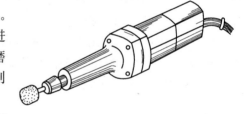

电磨头使用时须注意砂轮与工件的接触力不宜过大,更不能用砂轮冲击工件,以防砂轮碎裂,造成事故。

图 19-12　电磨头

六、钳工实训安全技术

安全技术是在生产过程中,为防止人身伤害事故和工量具、设备损坏事故而采取的技术措施。它是生产顺利进行的重要保证。

安全技术措施的内容是多方面的,我们必须认真学习和严格遵守有关的规章制度和各项安全操作规程,这里列举主要内容如下:

(1)钳工设备的布局。钳台要放在便于工作和光线适宜的地方,钻床和砂轮机一般应安装在场地的边缘,以保证安全。

(2)设备上的安全装置必须完好有效。使用的机床、工具要经常检查,发现损坏应及时上报,在未修复前不得使用。

(3)工作时个人防护用品要齐全,如穿工作服、戴套袖,女同学戴安全帽,切屑飞溅和闪光刺眼处要戴防护眼镜等。

(4)工件、刀具、锤头与锤柄的安装必须牢固,防止飞出伤人。搬运重物要稳妥,防止砸伤。

(5)操作时,必须精力集中,不得擅自离开设备和做与操作无关的事。两人以上同时操作一台设备时,要分工明确,配合协调,防止失误。离开设备时须切断电源。

(6)手和身体要远离设备的运动部件,不准用手去阻止部件运动。设备转动时,不能测量工件,也不要用手去摸工件表面。

(7)切削加工产生的切屑要用钩子清除或用刷子清扫,不得用手直接清除或用嘴吹。要注意用电安全,防止触电,使用完毕后应及时切断电源。若发生人身、设备事故,应立即报告,及时处理,不得隐瞒,谨防事故扩大。

(8)装卸、测量工件必须先停车。

(9)严格执行各项规章制度,遵守实训纪律,严守工作岗位。严格遵守设备安全操作规程和钳工各项操作的安全操作规程。使用设备时应经实训指导老师同意,使用前应对设备进行检查,发现故障及时报告实训指导老师。不准擅自动用不熟悉的电器、工具和设备。

(10)工具箱内应保持清洁,工件、工量具堆放整齐。做好卫生打扫,保持实训场地整洁。

第二节　钳工常用量具

在钳工工作中,经常会用到各种各样的钳工测量工具,了解它们的构造和工作原理,如何正确使用和保养这些工具,是我们这一节要学习的重点。

一、游标量具

游标量具是利用游标读数原理制成的测量工具,这类工具具有结构简单,测量、读数方便等优点,在钳工生产中应用广泛。常用的游标量具有游标卡尺、游标深度尺、游标高度尺和游标万能角度尺等。

1. 游标卡尺

游标卡尺是一种中等精度的量具,可以直接量出工件的外径、孔径、长度、宽度、深度和孔距等尺寸。

(1)游标卡尺的结构

游标卡尺的结构形式如图 19-13 所示,它是由尺身、游标、制动螺钉、内外量爪和尺框等 5 部分组成。游标卡尺可分为 1/10、1/20 和 1/50 三种,对应的读数准确度分别是 0.1 mm、0.05 mm 和 0.02 mm。一般常用 1/50 的游标卡尺。

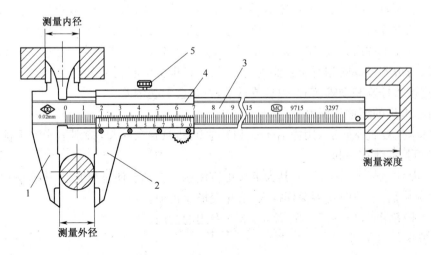

图 19-13　游标卡尺的结构

1—尺框;2—内外量爪;3—尺身;4—游标;5—制动螺钉

（2）游标卡尺的使用方法

如图 19-13 所示，松开螺钉，推动游标在尺身上移动，通过两个量爪卡住被测量件，可测量尺寸。

卡尺上比较大的量爪是测量外径尺寸的，比较小的量爪是测量内径尺寸的，尾部伸出的测杆可用来测量深度。

（3）游标卡尺的刻线原理和读法

以 1/50 mm 游标卡尺为例，如图 19-14 所示，尺身上每小格是 1 mm，当两量爪合并时，游标上的 50 格刚好与尺身上的 49 mm 对正，因此，尺身与游标每格之差为：$1 - 49/50 = 0.02$ mm，此差值即为 1/50 mm 游标卡尺的测量精度。

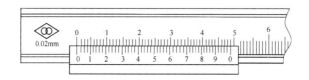

图 19-14　游标卡尺的刻线原理

用游标卡尺测量工件时，如图 19-15 所示，读数方法可分三个步骤：

①读出游标上零线左侧尺身的毫米整数；

②读出游标上哪一条刻线与尺身刻线对齐（第一条零线不算，第二条起每格算 0.02 mm）；

③把尺身和游标上的尺寸加起来即为测得尺寸。

（4）游标卡尺在使用时应注意的问题

①使用前要对卡尺进行细致检查，擦净量爪，检查量爪测量面是否平直，然后将两量爪密贴，检查贴合处有无显著间隙和漏光现象，尺身与游标的 0 刻线是否对齐；游标是否能活动自如。

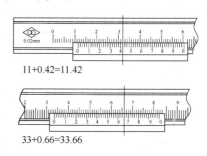

$11+0.42=11.42$

$33+0.66=33.66$

图 19-15　游标卡尺的读数方法

②检查被测量零件表面是否有毛刺、损伤等缺陷，否则会测量不准确。

③读取数值时，应使视线尽可能地对准尺上所读的刻线，避免视线歪斜造成读数的误差。

④为了减少读数的误差，应在同一位置上多测量几次，取它的平均读数值。

⑤量爪卡住工件后，推动游标的力量要适中，力量过大或过小都会引起较大的测量误差。

⑥卡尺与被测零件的相对位置要垂直，卡尺不正也会引起测量误差。

⑦锁定读数拧紧制动螺钉时，力量要适中，否则会引起偏差。

（5）游标卡尺的维护和保养

①游标卡尺要轻拿轻放，用完后不应和其他工具混放在一起，特别不能和手锤、錾刀、凿子、车刀等刃具堆放在一起。

②应时刻注意使卡尺平放，尤其大卡尺更应注意。否则会使主尺变形，带有测深杆的游标卡尺，测量完毕后，要及时将测深杆推入，防止变形及折损。

③卡尺不使用时，应擦拭干净、涂油，放在专用的盒内。

2. 万能游标量角器

万能游标量角器是用来测量工件内外角度的量具。按游标的测量精度分为 $2'$ 和 $5'$ 两种，其示值误差分别为 $\pm 2'$ 和 $\pm 5'$，测量范围是 $0° \sim 320°$。现以测量精度为 $2'$ 的万能游标量角器为例,介绍万能游标量角器的结构、刻线原理和读数方法。

(1)万能游标量角器的结构

如图19-16所示,万能游标量角器由尺身5、扇形板6、游标4、两个支架2、直角尺3和直尺1等组成。扇形板可以在尺身上回转移动,形成与游标卡尺相似的结构。直角尺可用支架固定在扇形板上,直尺用支架固定在直角尺上。如果拆下直角尺也可将直尺固定在扇形板上。

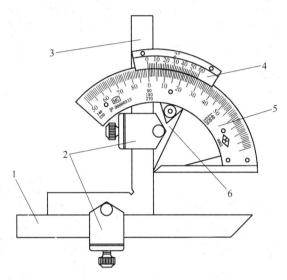

图19-16　万能游标量角器结构
1—直尺;2—支架;3—直角尺;4—游标;5—尺身;6—扇形板

(2)万能游标量角器的刻线原理及读数方法

尺身刻线每格1°,游标刻线是将尺身上29°所占的弧长等分为30格,即每格所对的角度为29°/30°,因此,游标1格与尺身1格相差:

$$1°-\frac{29°}{30°}=\frac{1°}{30°}=2'$$

即万能游标量角器的测量精度为2′。

(3)万能游标量角器的使用方法

万能游标量角器的读数方法和游标卡尺相似,先从尺身上读出游标零线前的整度数,再从游标上读出角度"′"的数值,两者相加就是被测的角度数值。

(4)万能游标量角器的测量范围

如图19-17所示,由于直尺和直角尺可以移动和拆换,因此万能游标量角器可以测量0°～320°的任何角度,测量角度在0°～50°范围内,应装上角尺和直尺;在50°～140°范围内,应装上直尺;在140°～230°范围内,应装上角尺;在230°～320°范围内,不装角尺和直尺。

(5)万能游标量角器的使用注意事项

①使用前检查零位。

②测量时,应使万能角度尺的两个测量面与被测件表面在全长上保持良好接触。然后拧紧制动螺钉进行读数。

3. 游标深度尺

游标深度尺的结构如图19-18所示,游标深度尺可用来测量零件上孔及沟槽的深度和台

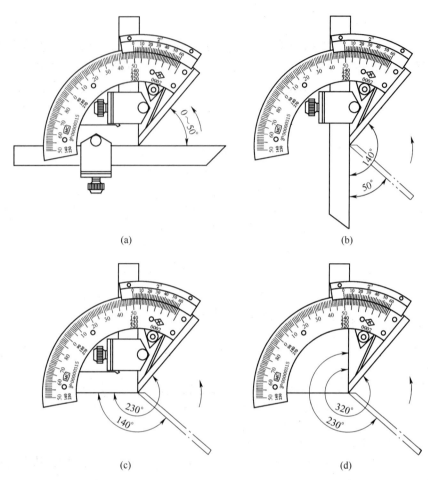

(a)

(b)

(c)

(d)

图 19-17　万能游标量角器的测量范围

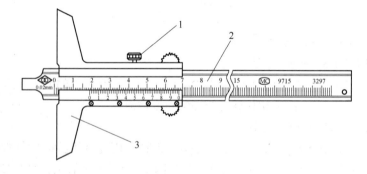

图 19-18　游标深度尺的结构

阶的高度等,它的刻线原理和读数方法与游标卡尺一样。使用时先把尺架贴紧被测零件的表面,再使主尺慢慢伸到零件的底部,并用制动螺钉紧固,读取数值。

游标深度尺的使用、维护和保养的方法均与游标卡尺相同。

二、微动螺旋式量具

利用螺旋微动原理制成的量具称为微动螺旋式量具,这类量具都带有自测力装置,因此测量准确。常用的测量量具有外径千分尺、内径千分尺、深度千分尺、螺纹千分尺和公法线千分尺等。

1. 外径千分尺

外径千分尺是一种精密量具，无论是测量精度还是测量灵敏度都比游标卡尺要高，在钳工操作中，一些精密的测量都需要用外径千分尺来测量。

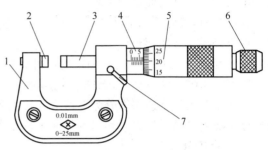

（1）外径千分尺的结构

外径千分尺的结构如图 19-19 所示。图中 1 是尺架，尺架的左端有砧座 2，右端是表面有刻线的固定套管 4，里面是带有内螺纹（螺距0.5 mm）的衬套，测微螺杆 3 右面的螺纹可沿此内螺纹回转。在固定套管的外面是有刻线的微分筒 5，转动棘轮 6，测微螺杆就会向左移动。当测微螺杆的左端面接触工件时，棘轮打滑，测微螺杆就停止前进。此时棘

图 19-19　外径千分尺的结构

1—尺架；2—砧座；3—测微螺杆；4—固定套管；
5—微分筒；6—转动棘；7—手柄

爪滑动发出吱吱声。如果棘轮反方向转动，则拨动棘爪使微分筒转动，从而带动测微螺杆向右移动。转动手柄 7，通过偏心锁紧可使测微螺杆固定不动。

（2）外径千分尺的刻线原理

测微螺杆右端螺纹的螺距为 0.5 mm，当微分筒转一周时，测微螺杆就移动 0.5 mm。微分筒圆锥面上共刻有 50 格，因此微分筒每转一格，测微螺杆螺杆就移动 0.5÷50＝0.01 mm。

固定套管上刻有主尺刻线，每格 0.5 mm。

（3）外径千分尺的读数方法

如图 19-20 所示，外径千分尺读数的方法可分三步：

①读出微分筒边缘在固定套管主尺上的毫米数和半毫米数。

②看微分筒上哪一格与固定套管上基准线对齐，并读出不足半毫米的数。

③把两个读数加起来就是测得的实际尺寸。

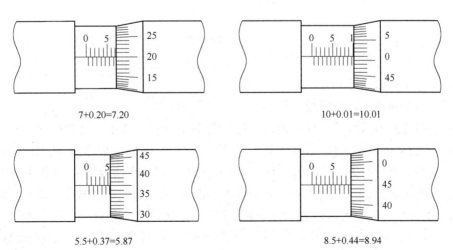

图 19-20　千分尺的读数方法

（4）外径千分尺的使用注意事项

①测量前，转动外径千分尺的测力装置，使两测砧面靠合，并检查是否密合；同时看微分筒与固定套筒的零线是否对齐，如有偏差应调整固定套筒对零。

②测量时，用手转动测力装置，控制测力，不允许用冲力转动微分筒。外径千分尺测微螺杆的轴线应与零件表面贴合垂直。

③读数时，最好不取下外径千分尺进行读数。如需要取下读数，应先锁紧测微螺杆，然后轻轻取下外径千分尺，防止尺寸变动。读数时要看清刻度，不要错读 0.5 mm。

④外径千分尺的测量范围和精度。外径千分尺的规格按测量范围分有：0～25、25～50、50～75、75～100、100～125 mm 等。使用时按被测工件的尺寸选用。

外径千分尺的制造精度分为 0 级和 1 级两种，0 级精度最高，1 级稍差。外径千分尺的制造精度主要由它的示值误差和两测量面平行度误差的大小来决定。

2. 内径千分尺

内径千分尺用来测量内径及槽宽等尺寸，外形如图 19-21 所示。内径千分尺的刻线方向与外径千分尺的刻线方向相反，其读数方法和测量精度与外径千分尺相同。

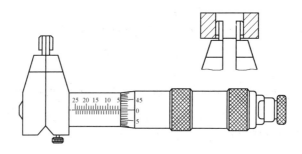

图 19-21　内径千分尺

三、机械式仪表

机械式仪表是靠机械传动来驱动的仪表。在钳工量具中，常用的机械式仪表主要有百分表、千分表、转速表等，其中应用最为普遍的是百分表。

1. 百分表

百分表是零件加工和机器装配中，检查零件尺寸和形位偏差的主要量具，它常被用来测量零件表面的平直度、零件两平行面间的平行度和椭圆度、同心度等。常用百分表的测量范围有 0～3 mm、0～5 mm、0～10 mm 三种。

（1）百分表的构造和读数原理

百分表的构造有多种，常用百分表的构造如图 19-22 所示，图中 5 是触头，用螺纹旋入齿杆 4 的下端。齿杆的上端有齿，当齿杆上升时，带动齿数为 16 的小齿轮 Z_2 做顺时针转动，与小齿轮 Z_2 同轴装有齿数为 100 的大齿轮 Z_3，再由这个 Z_3 带动中间齿数为 10 的小齿轮 Z_1，与小齿轮 Z_1 同轴装有长指针 2，因此长指针就随着小齿轮 Z_1 一起逆时针转动。在小齿轮 Z_1 做逆时针转动的另一边装有大齿轮 Z_4，在其轴下端装有游丝 7，用来消除齿轮间的间隙，以保证其精度。该轴的上端装有短指针 3，用来记录长指针的转数（长指针转一周时短指针转一格）。拉簧 6 的作用是使齿杆 4 能回到原位。在表盘 1 上刻有线条，共分 100 格。转动表圈 8，可调整表盘刻线与长指针的相对位置。

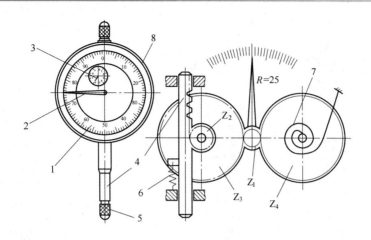

图 19-22　百分表的结构
1—表盘;2—长指针;3—短指针;4—齿杆;5—触头;6—拉簧;7—游丝;8—表圈

（2）百分表的刻线原理

百分表内的齿杆和齿轮的周节是 0.625 mm。当齿杆上升 16 齿时（即上升 $0.625 \times 16 = 10$ mm），16 齿小齿轮 Z_2 转一周，同时大齿轮 Z_3 也转一周，因而带动小齿轮 Z_1 和长指针 2 转 10 周，即齿杆移动 1 mm 时，长指针转一周。由于表盘上共刻 100 格，所以长指针每转一格表示齿杆移动 0.01 mm。

2. 内径百分表

内径百分表可用来测量孔径和孔的形状误差，对于测量深孔尤为方便。

（1）内径百分表的结构

内径百分表的结构如图 19-23 所示。在测量头端部有可换触头 1 和量杆 2。测量内孔时，孔壁使量杆 2 向左移动而推动摆块 3，摆块 3 使杆 4 向上，推动百分表触头 6，使百分表指针转动而指出读数。测量完毕时，在弹簧 5 的作用下，量杆回到原位。

（2）内径百分表的测量范围

通过更换可换触头，可改变内径百分表的测量范围。内径百分表的测量范围有 6～10 mm、10～18 mm、18～35 mm、35～50 mm、50～100 mm、100～160 mm、160～250 mm 等。

内径百分表的示值误差较大，一般为 ±0.015 mm。

（3）内径百分表测量注意事项

①测量前，检查表盘和指针有无松动现象。检查指针的平稳性和稳定性。

②测量时，测量杆应垂直零件表面。如果测圆柱体，测量杆还应对准圆柱轴中心。测量头与被测表面接触时，测量杆应预先有 0.3～1 mm 的压缩量，保持一定的初始测力，以免由于存在负偏差而测值不准确。

③测量内孔时，如图 19-24 所示，应使内径百分表在孔的轴向截面摆动，观察百分表指针，取其最小值读数。

四、其他常用量具

1. 刀口尺

刀口尺的结构如图 19-25 所示，它是样板平尺中的一种，因它有圆弧半径为 0.1～0.2 mm 的棱边，故可用漏光法或痕迹法检验直线度和平面度。

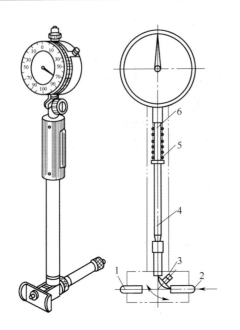

图 19-23　内径百分表

1—可换触头；2—量杆；3—摆块；4—杆；5—弹簧；6—百分表触头

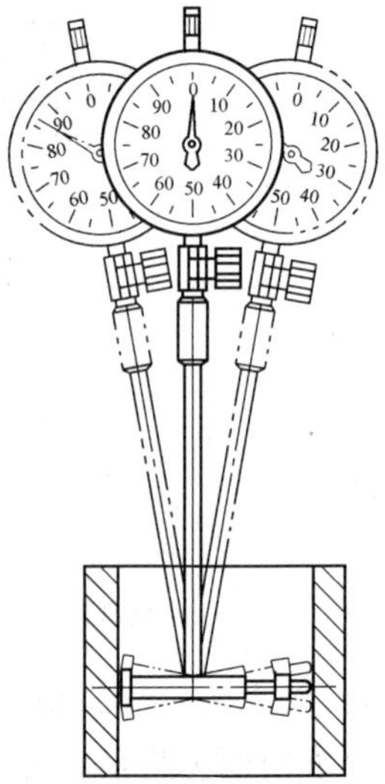

图 19-24　内径百分表测量内孔

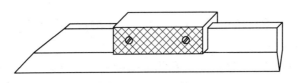

图 19-25　刀口尺

检查工件直线度如图 19-26 所示，刀口尺的测量棱边紧靠工件表面，然后观察漏光缝隙大小，判断工件表面是否平直，在明亮而均匀的光源照射下，全部接触表面能透过均匀而微弱的光线时，被测表面就很平直。

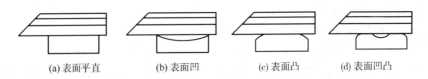

(a) 表面平直　　(b) 表面凹　　(c) 表面凸　　(d) 表面凹凸

图 19-26　用刀口尺检验直线度

2. 直角尺

直角尺用来检验工件相邻两个表面的垂直度。如图 19-27 所示，钳工常用的直角尺有宽座直角尺和样板直角尺两种。

用直角尺检验零件外角度时，使用直角尺的内边如图 19-28(a)所示；检验零件的内角度时，使用直角尺的外边如图 19-28(b)所示。

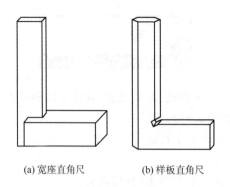

(a) 宽座直角尺　　　　(b) 样板直角尺

图 19-27　直角尺

3. 塞尺

塞尺又称厚薄规,用于检验两个接触面之间的间隙大小。塞尺的外形如图 19-29 所示,它有两个平行的测量平面,其长度有 50 mm、100 mm、200 mm 等几种。

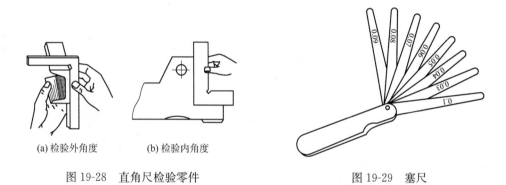

(a) 检验外角度　　(b) 检验内角度

图 19-28　直角尺检验零件

图 19-29　塞尺

塞尺的测量厚度在 0.02～0.1 mm 范围内的,中间每片相隔为 0.01 mm;测量厚度为 0.1～1 mm 范围内的,中间每片相隔为 0.05 mm。

塞尺使用时,根据零件尺寸的需要,可用一片或数片重叠在一起塞入间隙内。如用 0.03 mm 能塞入,0.04 mm 不能塞入,说明间隙在 0.03～0.04 mm 之间,所以塞尺是一种极限量具。

五、量具的维护和保养

为了保持量具的精度,延长其使用寿命,对量具的维护保养必须十分注意。为此,应做到以下几点:

(1)测量前应将量具和被测工件擦拭干净,以免脏物影响测量精度和加快量具磨损。

(2)量具在使用过程中,不要和工具、刀具放在一起,以免碰坏。

(3)不准将量具当工具使用,如划线、敲击等。

(4)机床开动时不要用量具测量工件,否则会加快量具磨损,而且容易引发事故。

(5)温度对量具精度影响很大,因此量具不应在热源附近,以免受热变形。

(6)量具要定期检验,避免超检使用影响精度。

(7)量具用完后,应及时擦净、涂油,放在专用盒中,保存在干燥处,以免生锈。

习　　题

1. 试述游标卡尺与千分尺的构造、刻线原理、读数方法和应用场合。
2. 普通游标卡尺可以测量工件的哪些尺寸？
3. 简述精度为 0.02 mm 游标卡尺的刻线原理。
4. 如何选择与保养量具？
5. 怎样检查量具的"0"位？若有误差，如何调整？
6. 钳工常用工具有哪些？
7. 简述使用台虎钳时的注意事项。

第二十章
钳工基本技能

【学习目标】

1. 了解和学习划线、錾削、锯削、锉削、钻削、刮削的基本知识和要领。

2. 能正确使用划线、錾削、锯削、锉削、钻削、刮削等钳工工具,初步掌握基本技能。

3. 能正确使用钻孔、铰孔、攻螺纹、套螺纹等工具。初步掌握基本技能。

钳工加工是在金属材料处于冷态时,利用钳工工具靠人力(有时辅以设备)切除毛坯上多余的金属层以获得合格产品的一种加工方法。由于钳工工具简单,操作灵活方便,还可以完成某些机械加工所不能完成的工作。因此尽管钳工操作生产率低,劳动强度大,但在机械制造和维修中仍被广泛应用,是金属切削加工不可缺少的一个组成部分。

钳工可以通过划线、锯削、锉削、錾削、钻孔、扩孔、铰孔、攻丝、套丝、刮削及装配等操作方法中的某些方法来完成单件小批生产或维修工作。钳工操作大多是在工作台和虎钳上进行的。如图 20-1 所示的钳工工作台,台面一般是用低碳钢钢板包封硬质木材制成。工作台安放要平稳,虎钳用螺栓固定在工作台上。

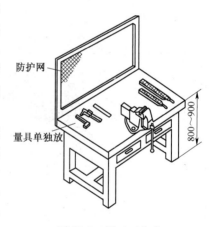

图 20-1　钳工工作台

钳工实训的安全注意事项如下:

(1)用虎钳装夹工件时,工件应夹在钳口中部,以保证虎钳受力均匀。

(2)夹紧工件时,不允许在手柄上加套管或用锤子敲击手柄,以防损坏虎钳丝杠或螺母上的螺纹。

(3)钳工工具或量具应放在工作台上的适当位置,以防掉下损伤量具或伤人。

(4)禁止使用无柄锉刀、刮刀,手锤的锤柄必须安装牢固。

(5)锉屑必须用毛刷清理,不允许用嘴吹或手抹。

(6)工作台上应安装防护网,以防切削时切屑飞出伤人。

(7)钻孔时不准戴手套操作或用手接触钻头和钻床主轴,谨防衣袖、头发被卷到钻头上。

(8)使用砂轮机时,操作者应站在砂轮侧面,不得正对着砂轮,以防发生事故。

(9)拆装部件或搬运笨重零件时,要量力而行,摆放要平稳,防止落下伤人或损伤零件。

第一节　划　　线

一、基本知识

划线是根据图纸要求用划线工具在毛坯或半成品上,划出加工界线的一种操作。划线的作用是：划出加工界线作为加工依据；检查毛坯形状、尺寸，及时发现不合格品，避免浪费后续加工工时；合理分配加工余量；钻孔前确定孔的位置。

1. 常用的划线工具

常用的划线工具及其用法见表 20-1。

表 20-1　常用的划线工具

类别	名称	简　图	用　途	用　法
基准工具	划线平台	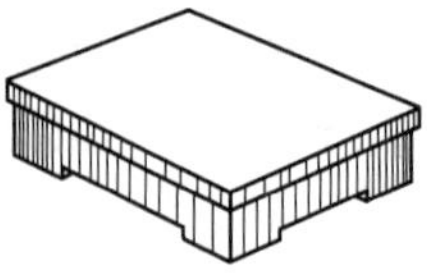	划线的基准平面	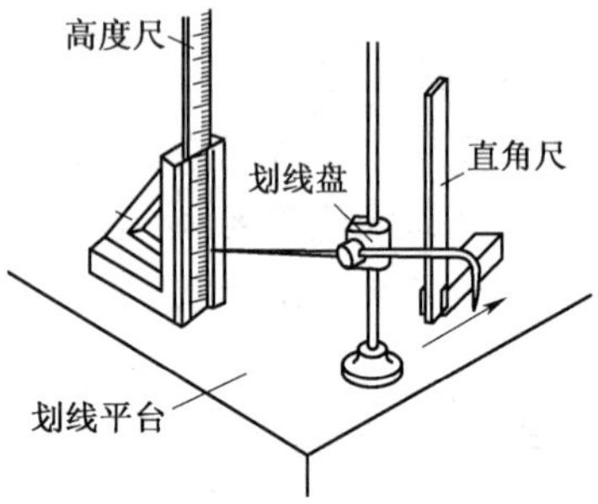
支承工具	方箱	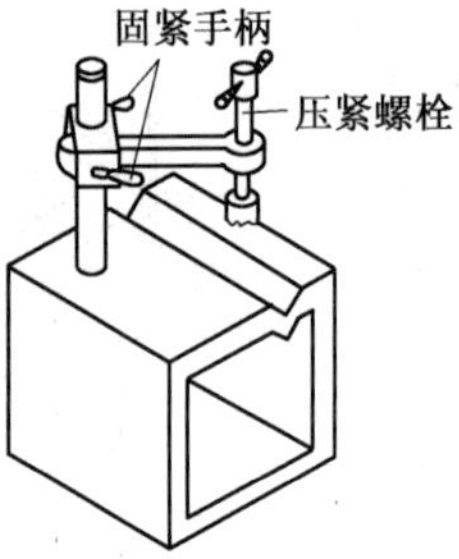	安装轴、盘套类零件，以便找正中心或划中心线	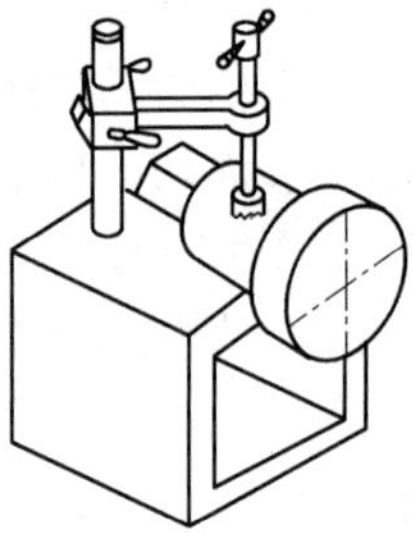
	千斤顶	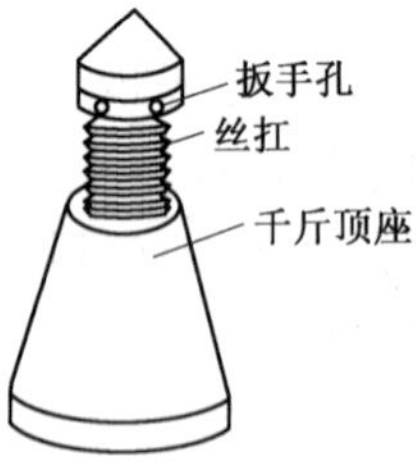	支承外形不规则或较大工件，以便划线找正	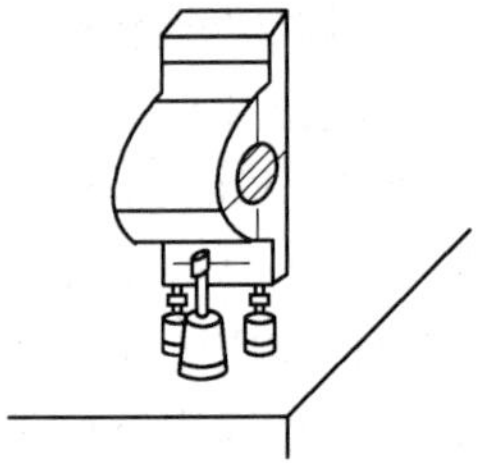
	V形铁	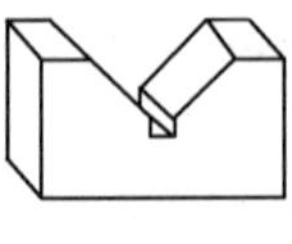	放置圆柱形工件，以便划中心线或找正中心	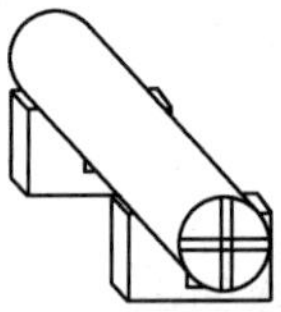

类别	名称	简 图	用 途	用 法
划线工具	划针	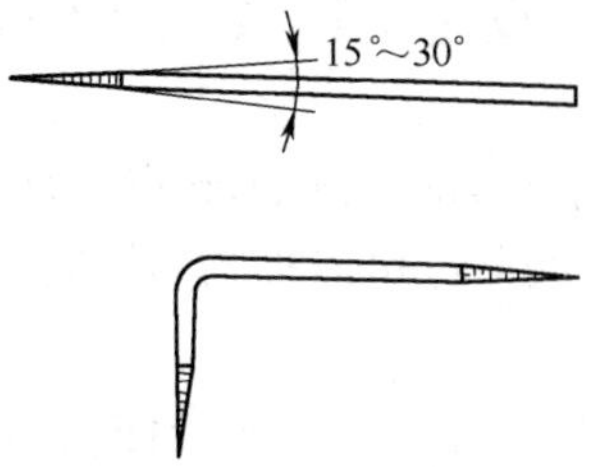 15°～30°	在工件表面划线	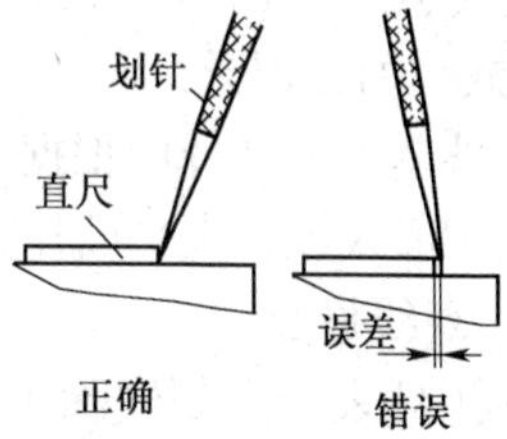 划针 直尺 误差 正确 错误
	划卡	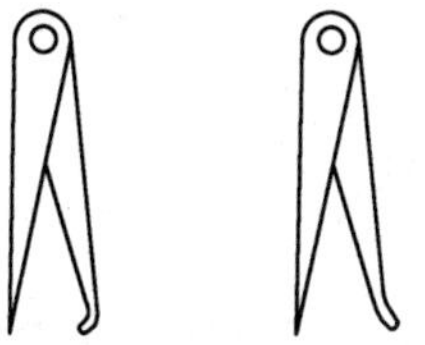	确定轴和孔的中心	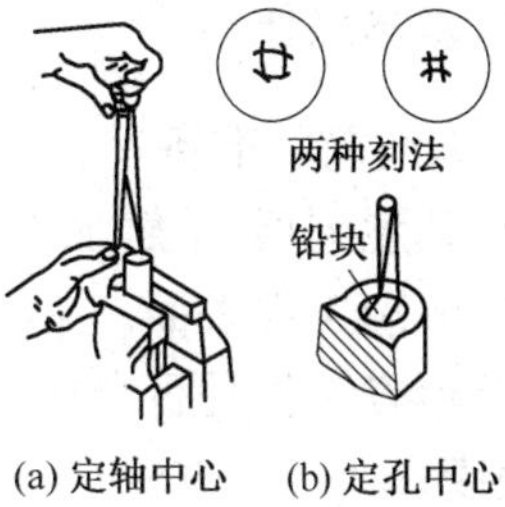 两种刻法 铅块 (a) 定轴中心　(b) 定孔中心
	划线盘		立体划线和校正工件位置	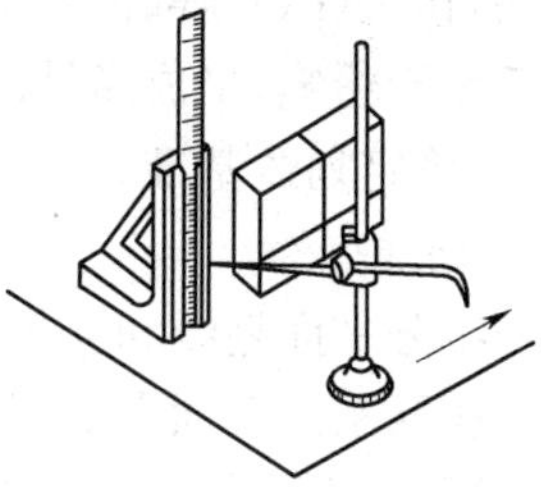
	划规	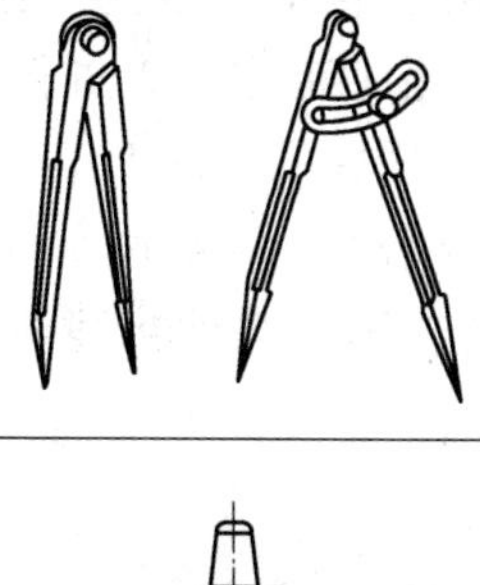	划圆、圆弧,量尺寸及等分线段、等分角度	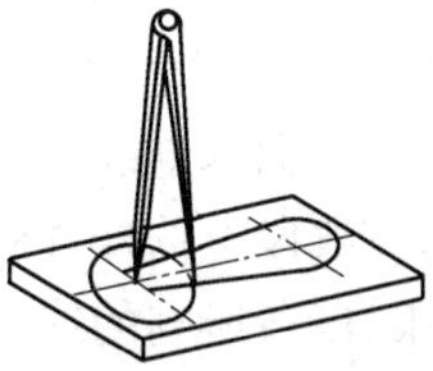
	样冲	 45°～60°	在线上或线的交点上打样冲眼,以防所划的线模糊或消失,及钻孔前冲中心点等	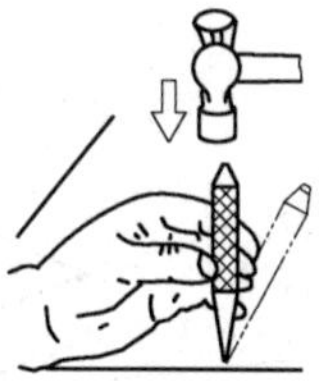

2. 划线基准

在工件上划线时,选择工件上的某些点、线或面作为依据,并以此来调节每次划线的高度,划出其他点、线、面的位置,这些作为依据的点、线或面称为划线基准。在零件图上用来确定零件各部分尺寸、几何形状和相互位置的点、线或面称为设计基准。划线基准尽量与设计基准一致,以减小加工误差。

划线基准的选择应根据工件的形状和加工情况综合考虑。例如,选择已加工表面、毛坯上重要孔的中心线或较大平面作为划线基准。合理选择划线基准可以提高划线质量和划线速度。

3. 划线量具

在工件表面上划线除了用上述划线工具以外,还必须有量具配合使用。常用的量具有钢尺、直角尺、游标高度尺等。

二、基本操作

1. 划线前的准备

(1)熟悉图纸,了解加工要求,准备好划线工具和量具。

(2)清理工件表面。

(3)检查工件是否合格,对有缺陷的工件考虑可否用合理分配加工余量的办法进行补救,减少报废。

(4)工件上的孔,用木块或铅块塞住,以便划孔的中心线和轮廓线,见表20-1。

(5)在工件划线部位涂上薄而均匀的涂料,以保证划出的线迹清晰。大件毛坯涂石灰水,小件毛坯涂粉笔,半成品件涂蓝油(紫色颜料加漆片、酒精)或硫酸铜溶液。

(6)确定划线基准。

2. 划线操作

划线分平面划线和立体划线。平面划线是在工件的一个表面上划线。立体划线是在工件的几个相联系的表面上划线。

(1)平面划线

平面划线和机械制图的画图相似,所不同的是用钢尺、直角尺、划规、划针等工具在金属表面上作图。平面划线可以在划线平台上进行,也可以在钳工工作台上进行。划线时首先划出基准线,再根据基准线划出其他线。确认划线无误后,在划好的线段上用样冲打上小而均匀的样冲眼,直线段上的样冲眼可稀些,曲线段上的样冲眼要密些。在线段交点和连接处都必须打上样冲眼,以备所划的线迹模糊后仍能找到原线的位置。圆中心处在圆划好后将样冲眼再打大些,以便将来钻孔时便于对准钻头,如图20-2所示。

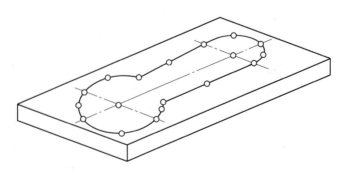

图 20-2　平面划线

（2）立体划线

立体划线是在工件的几个相互联系的表面上划线,因此划线时要支承及找正工件,并必须在划线平台上进行。支承、找正工件要根据工件形状、大小确定支承找正方法,例如圆柱形工件用 V 形铁支承;形状规则的小件用方箱支承;形状不规则的工件及大件,要用千斤顶支承。支承找正后才可以划线,立体划线的步骤及方法见表 20-2。

3. 划线操作注意事项

（1）工件支承要稳定,以防滑倒或移动。

（2）在一次支承中应把需要划出的平行线全部划出,以免再次支承补划时产生误差。

（3）应正确使用划线工具及量具,以免用法不当造成误差。

（4）用游标高度尺划线时,为保护其精度,不允许用它在粗糙表面上划线。

三、划线示例

划线前要研究图纸,检查工件是否合格,确定划线基准,清理工件,在工件孔上塞上木块或铅块,对划线部位涂石灰水。

表 20-2　轴承座立体划线步骤

序号	操作内容	简　图	说　明
1	支承及找正工件		根据孔中心及上表面用划线盘找正,调整工件至水平位置
2	划孔中心水平线及底面加工线	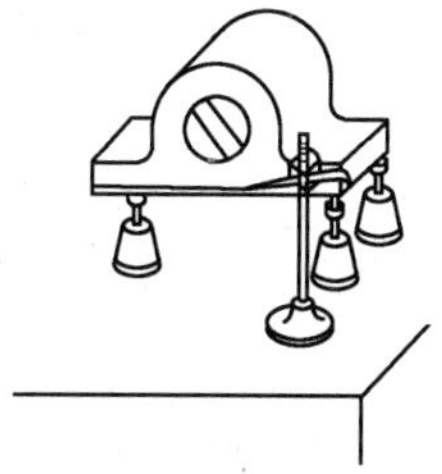	各平行线要全部划好
3	翻转 90°找正	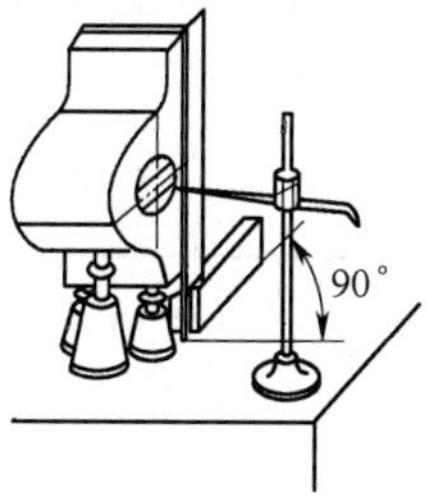	以已划出的线为找正基准,用直角尺在两个方向找正,使底面、端面与平台垂直

续上表

序号	操作内容	简　图	说　明
4	划孔中心线及各水平线	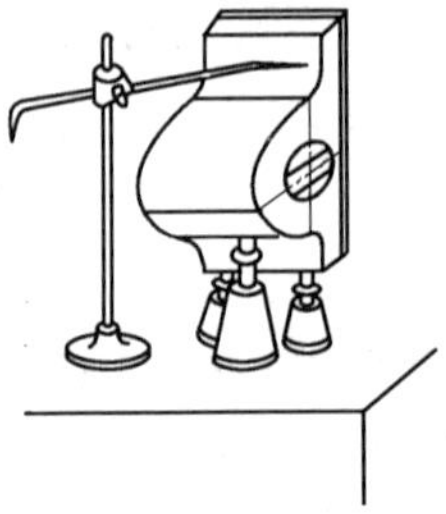	各平行线要全部划好
5	翻转90°找正	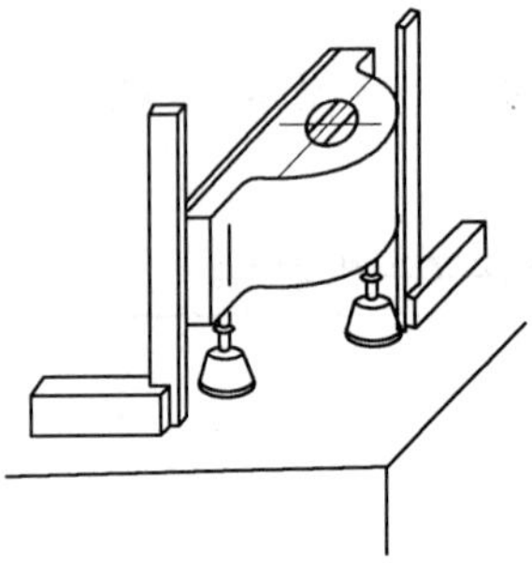	以已划出的线为找正基准，用直角尺在两个位置找正
6	划各平行线	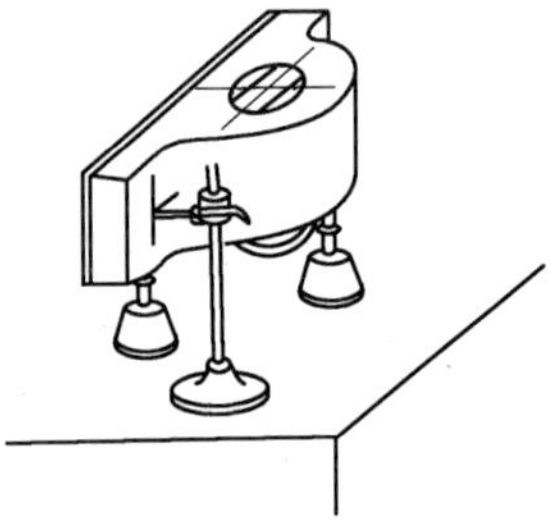	划出螺栓孔的中心线，再划出各平行线。检查划线质量
7	打样冲眼	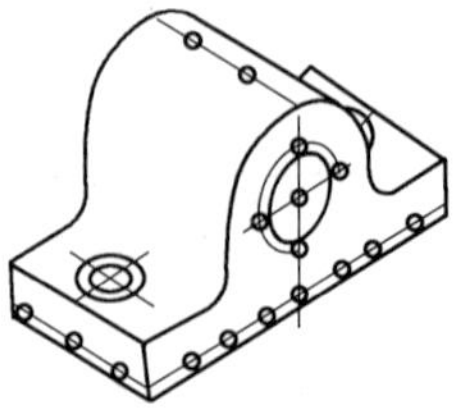	将工件放到工作台上打样冲眼，交点和连接点必须打样冲眼，直线段稀些，曲线段密些

四、典型零件划线

图 20-3 所示为小批生产的钉锤，试拟定划线步骤。

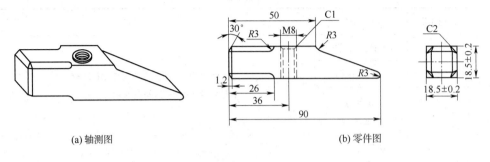

(a) 轴测图　　　　　　　　　　　(b) 零件图

图 20-3　钉锤头

第二节　鏨　　削

一、基本知识

鏨削是用手锤锤击鏨子,对金属件进行切削加工的方法。鏨削可以加工平面、沟槽,切断工件,分割板料,清理锻件上的飞边、毛刺及去除铸件的浇口、冒口等。鏨削加工精度低,一般情况下,鏨削后的工件需采用其他方法进一步加工。

1. 鏨削工具

鏨削工具主要是手锤和鏨子。手锤由锤头和木柄组成,其规格用锤头质量表示:有 0.25 kg、0.5 kg、0.75 kg、1 kg 等多种规格,常用的是 0.5 kg 手锤。目前使用的还有英制手锤,它分为 0.5 磅、1 磅、1.5 磅、2 磅等多种规格,常用的是 1.5 磅手锤。锤头用碳素工具钢锻造而成,并经过淬火与回火处理,锤柄用硬质木材制成,安装时,要用楔子楔紧,以防锤头工作时脱落伤人,手锤全长约 300 mm。

常用的鏨子有扁鏨、窄鏨、油槽鏨,如图 20-4 所示。鏨子的长度为 125～150 mm,用碳素工具钢锻成,并经过淬火与回火处理。

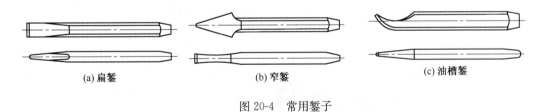

(a) 扁鏨　　　　　　　(b) 窄鏨　　　　　　　(c) 油槽鏨

图 20-4　常用鏨子

2. 鏨削角度

影响鏨削质量和鏨削效率的是楔角 β 和后角 α(图 20-5),鏨削角度的选择要根据工件材料和鏨削层厚度来确定。常用鏨削角度见表 20-3。

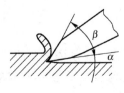

图 20-5　鏨削角度

表 20-3　常用錾削角度

角度名称	常用角度	适用场合	角度不当的后果
楔角 β	60°～70°	工具钢、铸铁	过大时錾削阻力大,錾削困难[图 20-6(a)] 过小时刃口强度不足,易造成崩刃[图 20-6(b)]
	50°～60°	一般结构钢	
	30°～50°	低碳钢 有色金属	
后角 α	5°～6°	切削层较厚	过大时錾子容易扎入工件[图 20-7(a)] 过小时錾子容易从表面滑出[图 20-7(b)]
	7°～8°	切削层较薄	

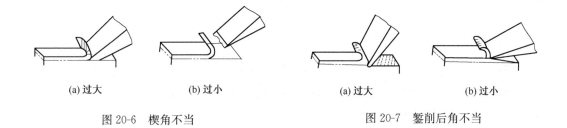

(a) 过大　　　　(b) 过小　　　　　　(a) 过大　　　　(b) 过小

图 20-6　楔角不当　　　　　　　图 20-7　錾削后角不当

二、基本操作

1. 錾子和手锤的握法

手锤的握法有紧握法和松握法。紧握法是从挥锤到击锤的整个过程中,全部手指一直紧握锤柄。松握法是在击锤时手指全部握紧,挥锤过程中只用拇指和食指握紧锤柄,其余三指逐渐放松,松握法轻便自如,击锤有力,不易疲劳,松握法如图 20-8 所示。錾子的握法有正握法、反握法和立握法,如图 20-9 所示。

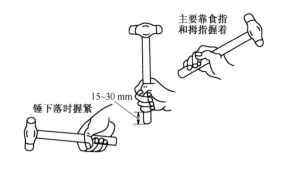

主要靠食指和拇指握着

15~30 mm

锤下落时握紧

图 20-8　手锤及其握法

2. 錾削的姿势

錾削的姿势与步位如图 20-10 所示。錾削姿势要便于用力,挥锤要自然,眼睛注视刀刃和工件之间,不允许挥锤时看錾刃,击锤时看錾子尾部,这样容易分散注意力,錾出的工件表面不平整,而且手锤容易打到手上。

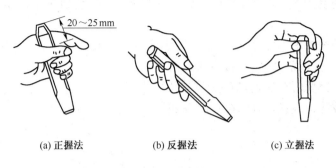

(a) 正握法　　　(b) 反握法　　　(c) 立握法

图 20-9　錾子的握法

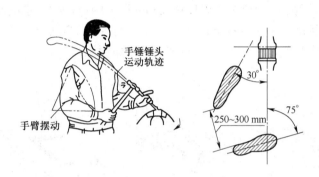

图 20-10　錾削姿势与步位

3. 錾削过程

錾削过程分起錾、錾削、錾出。起錾时[图 20-11(a)],錾子要握平或錾头略向下倾斜,用力要轻,待錾子切入工件后再开始正常錾削,这样起錾,便于切入工件和正确掌握加工余量。錾削时[图 20-11(b)],要挥锤自如,击锤有力,并根据切削层厚度确定合适后角进行錾削。錾削厚度要合适,如果錾削厚度过厚,不仅消耗体力,錾不动,而且易使工件报废,錾削厚度一般取 1~2 mm 左右,细錾时取 0.5 mm 左右。当錾削到离工件终端 10 mm 左右时,应调转工件或反向錾削,轻轻錾掉剩余部分的金属,以防工件棱角处损坏[图 20-11(c)];脆性材料棱角处更容易崩裂,錾削时要特别注意。

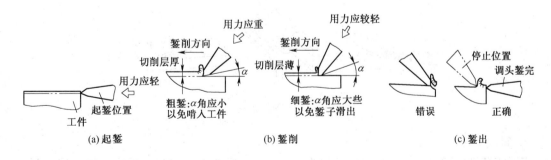

图 20-11　錾削过程

4. 錾削注意事项

(1)工件应夹持牢固,以防錾削时松动。

（2）錾头上出现毛边时，应在砂轮机上将毛边磨掉，以防錾削时手锤击偏伤手或毛边碰伤人。

（3）操作时握手锤的手不允许戴手套，以防手锤滑出伤人。

（4）錾头、锤头不允许沾油，以防锤击时打滑伤人。

（5）手锤锤头与锤柄若有松动，应用楔铁楔紧。

（6）錾削时要戴防护眼镜，以防碎屑崩伤眼睛。

三、錾削示例

1. 錾削板料

厚度在 4 mm 以下的金属薄板料，可以夹持在台虎钳上錾削，用平錾沿钳口自右向左依所划的线进行錾削，如图 20-12（a）所示。厚度在 4 mm 以上的板料或尺寸较大的板料，通常是放在铁砧上或平整的板面上，并在板料下面垫上衬垫进行錾削，当断口较长或轮廓形状较复杂时，最好在轮廓周围钻上密集的小孔，然后用窄錾或平錾錾断，如图 20-12（b）所示。

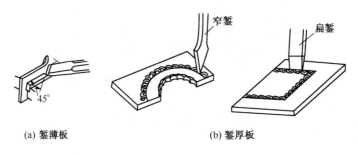

(a) 錾薄板　　　　　　　　(b) 錾厚板

图 20-12　錾削板料

2. 錾削油槽

錾削油槽时，先在工件上划出油槽轮廓线，先用与油槽宽度相同的油槽錾进行錾削，如图 20-13 所示。錾子的倾斜角要灵活掌握，随加工面形状的变化而不停地变化，从而保证油槽尺寸、表面粗糙度达到要求。錾削后用刮刀和砂布修光。

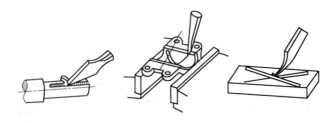

图 20-13　錾削油槽

3. 錾削平面

用扁錾錾削平面时，每次留削厚度约为 0.5～2 mm，如图 20-14（a）所示。錾削厚度过厚不仅消耗体力，而且易将工件錾坏；錾削厚度太薄，錾子易从工件表面滑脱。錾削大平面时，先用窄錾开槽，然后用扁錾錾平，如图 20-14（b）所示。

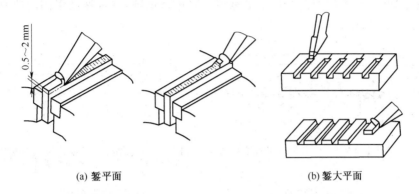

(a) 錾平面　　　　　　　　　　　　(b) 錾大平面

图 20-14　平面錾削

第三节　锯　　削

一、基本知识

锯削是用手锯对工件或原材料进行分割或切槽的一种切削加工。锯削加工主要应用在单件小批生产或远离电源的施工现场。锯削加工精度较低,锯削后一般需要进一步加工。

1. 手锯的构造

锯削工具主要是手锯,它是由锯弓和锯条组成。锯弓是用于安装并张紧锯条,锯弓分为固定式和可调式两种,如图 20-15 所示,固定式锯弓只能安装一种长度规格的锯条,可调式锯弓可以安装几种长度规格的锯条。

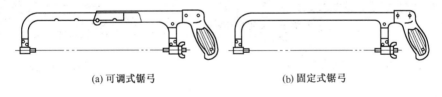

(a) 可调式锯弓　　　　　　　　　　(b) 固定式锯弓

图 20-15　锯弓

2. 锯条的种类及选用

锯条常用碳素工具钢或高速钢制造,并经过淬火、回火处理,锯条规格以锯条两端安装孔的中心距表示,目前国内市场只供应 300 mm 长锯条,其宽度为 12 mm,厚度为 0.6~0.8 mm,锯条的规格及用途见表 20-4。

表 20-4　锯条规格及用途

规格	齿数/英寸	齿距(mm)	适用场合
粗齿	14~16	1.6~1.8	铜、铝及其合金、层压板、硬度较低的材料
中齿	18~22	1.2~1.4	铸铁、中碳钢、型钢、厚壁管子、中等硬度的材料
细齿	24~32	0.8~1	小而薄的型钢、薄壁管、板料、硬度较高的材料

锯条的选择应保证至少有三个以上的锯齿同时进行锯削,并且保证齿沟内要有足够的容屑空间,如图 20-16 所示。

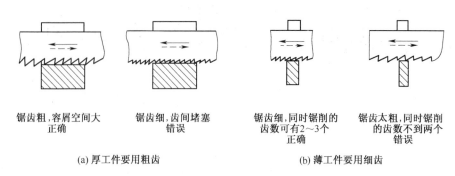

（a）厚工件要用粗齿　　　　　　（b）薄工件要用细齿

图 20-16　锯齿的选择

二、基本操作

1. 锯条的安装

当锯条向前推进时才切削工件,所以安装锯条应使锯齿尖端向前,如图 20-17 所示。锯条松紧要适当,过紧易崩断;过松易折断,一般用拇指和食指的力旋紧即可。

2. 手锯的握法

手锯的握法是用右手握锯柄,左手轻扶锯弓前端,如图 20-18 所示。

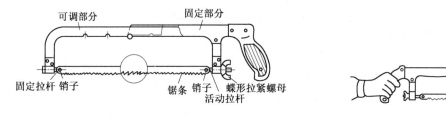

图 20-17　锯条的安装　　　　　　　　图 20-18　手锯握法

3. 锯削方法

（1）起锯　起锯时要有一定的起锯角,起锯角以 10°～15°为宜,角度过大锯条易崩齿、角度过小难以切入工件,起锯时用左手拇指靠住锯条,右手稳推锯柄,手锯往复行程要短,用力要轻,待锯条切入工件后逐渐将手锯恢复水平方向（起锯角 0°）,如图 20-19 所示。

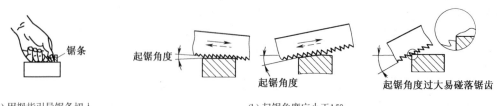

（a）用拇指引导锯条切入　　　　（b）起锯角度应小于15°

图 20-19　起锯

（2）锯削　锯削时向前推锯并施加一定的压力进行切削,用力要均匀,使手锯保持水平。

返回时不进行切削,不必施加压力,锯条从工件上轻轻滑过。为了延长锯条的使用寿命,尽量用锯条全长工作,推锯速度不宜过快或过慢,过快易使锯条发热,易崩齿影响寿命,过慢效率低,通常以每分钟往复 30~50 次为宜。锯钢件时应加机油或乳化液润滑。将近锯断时,锯削速度应慢,压力应小,以防碰伤手臂。

4. 锯削注意事项

(1)工件装夹要牢固,以免工件晃动折断锯条伤人。

(2)锯缝应尽量靠近钳口,以减小锯削过程中工件的颤动。

(3)发现锯缝偏离所划的线时,不要强行扭正,应将工件调头重新安装、重新开锯口。

(4)由于锯齿排列呈折线,若锯条折断换上新锯条后,应尽量不在原锯缝进行锯削,而从锯口的另一面起锯;否则锯条易折断。如果必须沿原锯缝锯削,应小心慢慢锯入。

三、锯削示例

1. 锯削角钢

锯角钢时为了得到整齐的锯缝,应从角钢的一个边的宽度方向下锯,这样锯缝较浅,锯条不易卡住,待锯完一面以后,应将手锯倾斜呈 45°角,在角钢转角处锯出锯缝,然后改变工件夹持位置锯另一面,如图 20-20 所示。

2. 锯削圆管

锯削圆管时,不宜从上到下一次锯断,应在每锯到管内壁以后,就将圆管向推锯方向转动一定角度,再夹紧锯削,这样重复操作至锯断,如图 20-21 所示。

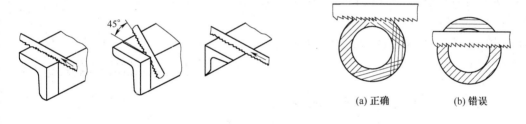

图 20-20　锯角钢

(a) 正确　　(b) 错误

图 20-21　锯圆管

3. 锯 深 缝

当锯缝深度超过锯弓高度时,可以在锯削到接近锯弓时[图 20-22(a)],将锯条转 90°安装[图 20-22(b)],锯弓摆平推锯,如果这样仍不便工作,可将锯条反装进行锯削[图 20-22(c)]。

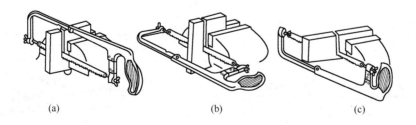

(a)　　　　　　(b)　　　　　　(c)

图 20-22　锯深缝

4. 锯薄板

锯薄板时可将薄板夹在两木板之间一起锯割,如图 20-23(a)所示;也可采用横向斜推锯割,如图 20-23(b)所示。

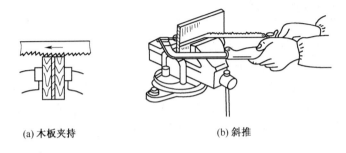

(a) 木板夹持　　　　　　　　　　(b) 斜推

图 20-23　锯薄板

第四节　锉　　削

一、基本知识

锉削是利用锉刀对工件表面进行切削的加工方法。锉削可以加工平面、曲面和各种形状复杂的表面。锉削加工后的公差等级可达 IT8～IT7 级,一般安排在锯削或錾削之后进行。锉削加工常用在部件、机器装配时修整工件及制造和修理模具等方面。

1. 锉刀的构造

锉刀由工作部分(包括锉面、锉边)、锉尾和锉柄组成,如图 20-24 所示。

2. 锉刀的种类及选用

锉刀按用途分可以分为:普通锉刀、整形锉刀和特种锉刀。整形锉刀(什锦锉刀、组锉)适于修整零件的细小部位或锉削一些较小的工件。特种锉刀适用于锉削表面形

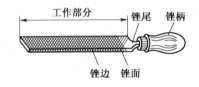

图 20-24　锉刀的组成

状不规则的特殊表面。普通锉刀按齿纹粗细可以分为:粗纹锉(1 号)、中纹锉(2 号)、细纹锉(3 号)、双细纹锉(4 号)和油光锉(5 号)五种。普通锉刀按工作部分长度可以分为 100 mm、150 mm、200 mm、250 mm、300 mm、350 mm 和 400 mm 七种规格。使用时,选择普通锉刀要根据工件大小、工件材料的硬度、加工余量、加工表面的形状和粗糙度要求进行选择,见表 20-5 和表 20-6。

表 20-5　普通锉刀的选择之一

锉刀名称	截面形状	适用场合
平　锉		

续上表

锉刀名称	截面形状		适用场合
半圆锉			
方　锉			
三角锉			
圆　锉			

表 20-6　普通锉刀的选择之二

锉刀	适　用　场　合	所能达到的粗糙度 Ra 值
粗纹锉	加工余量大、硬度较低的材料	$50\sim12.5\,\mu m$
中纹锉	中低碳钢、铸铁等中等硬度的材料	$25\sim12.5\,\mu m$
细纹锉	锉削余量小,硬度值较高的材料	$12.5\sim3.2\,\mu m$
双细纹锉	用于精加工时表面加工	$6.3\sim1.6\,\mu m$
油光锉	用于精加工时表面加工	$3.2\sim0.8\,\mu m$

二、基本操作

1. 锉刀的握法

根据锉刀大小的不同,锉刀有不同的握法,如图 20-25 所示。

2. 锉削姿势

锉削时人体的站立位置与锯削时的姿势相似,双脚始终站稳不动,身体略向前倾,如图 20-26所示。

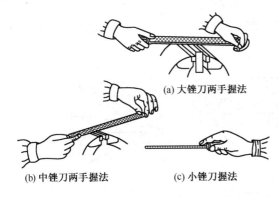

(a) 大锉刀两手握法

(b) 中锉刀两手握法　　　(c) 小锉刀握法

图 20-25　锉刀的握法

图 20-26　锉削姿势

3. 锉削时施力的变化

锉削时要得到平直的锉削表面,必须掌握锉削力的平衡,如图 20-27 所示,在开始时左手压力大,右手压力小,且主要是推力;随着锉刀的推进,左手压力逐渐减小,而右手压力逐渐增大,当工件处于锉刀的中间位置时,两手压力基本相等;随着锉刀继续推进,左手压力继续减小,右手压力继续增大,直到终了位置。在整个推进过程中,应以工件中间位置为支点,两手的压力变化要始终平衡,使锉刀的运动保持水平。返回时双手不加压力,以减少锉刀齿面的磨损。

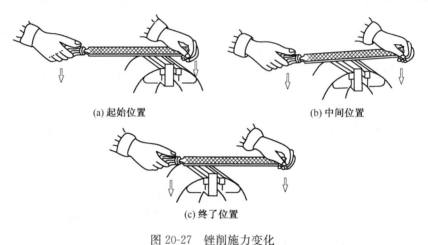

(a) 起始位置   (b) 中间位置

(c) 终了位置

图 20-27 锉削施力变化

4. 锉削注意事项

(1)不允许使用无柄锉刀或锉刀柄已开裂的锉刀,以防伤手。

(2)工件伸出钳口的高度不可过高。对不规则工件要加 V 形块或木块做衬垫。对工件的装夹表面,若以后不再加工,需要在钳口处加铝(或铜)片垫上,以保证工件表面不受损伤。

(3)不允许在推锉刀时,将锉刀柄撞击工件,以防锉刀柄滑出碰伤手臂。

(4)锉削时工件表面不允许沾油或用手触摸,以免再锉时打滑。

三、锉削示例

锉削平面的步骤和方法是:首先采用交叉锉法[图 20-28(b)],由于开始时粗加工余量较大,用交叉锉效率高,同时利用锉痕可以掌握加工情况。然后,锉削进行到余量较小时,采用顺向锉法[图 20-28(a)],顺向锉法便于获得平直、锉痕较小的表面。若工件表面狭长或加工面前端有凸台,不能用顺向锉时,可以用推锉法[图 20-28(c)]加工。待表面基本锉平后,用油光锉以推锉或顺向锉法修光。

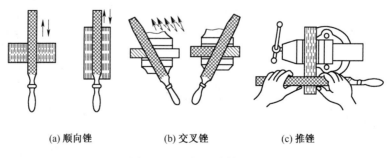

(a) 顺向锉   (b) 交叉锉   (c) 推锉

图 20-28 平面锉削方法

锉削出的平面是否平直可用直角尺、直尺或刀口尺进行检查,相邻平面是否垂直可用直角尺检查,如图 20-29 所示。

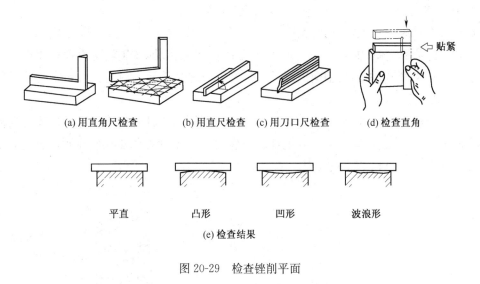

(a) 用直角尺检查　　(b) 用直尺检查　(c) 用刀口尺检查　(d) 检查直角

平直　　　凸形　　　凹形　　　波浪形

(e) 检查结果

图 20-29　检查锉削平面

第五节　钻孔和铰孔

一、基本知识

钻孔是用钻头在实体材料上加工孔的操作。钻孔加工可以在工件上钻出 30 mm 以下直径的孔。对于 30～80 mm 直径的孔,一般情况下,先钻出较小直径的孔,再用扩孔或镗孔的方法获得所需直径的孔。钻孔加工主要用于孔的粗加工,也可用于装配和维修或是攻螺纹前的准备工作。

1. 麻花钻

钻孔的主要刀具是麻花钻,它是用高速钢或碳素工具钢制造的,麻花钻的结构如图 20-30 所示。

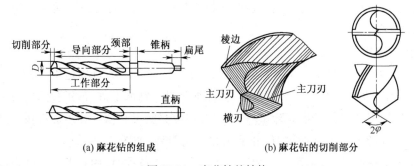

(a) 麻花钻的组成　　　(b) 麻花钻的切削部分

图 20-30　麻花钻的结构

麻花钻的工作部分是由切削部分和导向部分组成。在钻孔时切削部分起主要切削作用,导向部分起引导并保持钻削方向的作用,同时也起着排屑和修光孔壁的作用,颈部是制造钻头时磨削钻头棱边和柄部而设置的退刀槽,柄部分为两种:钻头直径在 12 mm 以下时,柄部一般做成圆柱形(直柄),钻头直径在 12 mm 以上时一般做成锥柄。

2. 钻床及附件

钻孔多在钻床上加工,常用的钻床有三种:台式钻床、立式钻床和摇臂钻床。

台式钻床简称台钻,如图 20-31 所示,结构简单,使用方便,主轴转速可通过改变传动带在塔轮上的位置来调节,主轴的轴向进给运动是靠扳动进给手柄实现的。台钻主要用于加工孔径在 12 mm 以下的工件。

立式钻床简称立钻,如图 20-32 所示,功率大,刚性好,主轴的转速可以通过扳动主轴变速手柄来调节,主轴的进给运动可以实现自动进给,也可以利用进给手柄实现手动进给立钻主要用于加工孔径在 50 mm 以下的工件。

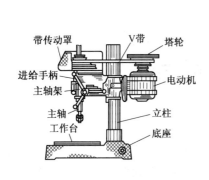

图 20-31　台式钻床

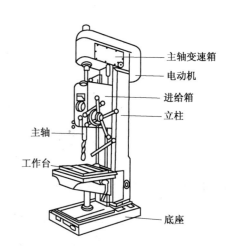

图 20-32　立式钻床

摇臂钻床如图 20-33 所示,结构比较复杂,操纵灵活,它的主轴箱装在可以绕垂直立柱回转的摇臂上,并且可以沿摇臂的水平导轨移动,摇臂还可以沿立柱作上下移动。摇臂钻的变速和进给方式与立钻相似,由于摇臂可以方便地对准孔中心,所以摇臂钻床主要用于大型工件的孔加工,特别适于多孔件的加工。钻床附件包括过渡套、钻夹头和平口钳。钻夹头用于装夹直柄钻头;过渡套(又称钻套)由五个莫氏锥度号组成一套,供不同大小锥柄钻头的过渡连接;平口钳用于装夹工件。

3. 扩孔与铰孔

扩孔是利用扩孔刀具扩大工件孔径的加工方法。扩孔用的刀具是扩孔钻,如图 20-34 所示,也可以采用麻花钻扩孔。一般情况下,扩孔加工是在钻床上进行,扩孔后的质量高于钻孔。

铰孔是用铰刀从工件壁上切除微量金属层,以提高其尺寸精度和表面质量,是精加工孔的一种方法。铰孔的主要工具是铰刀,分手用和机用两种,如图 20-35 所示,机用铰刀可以安装在钻床或车床上进行铰孔,手用铰刀用于手工铰孔,手工铰孔时,用手扳动铰杠,铰杠带动铰刀对孔进行精加工。铰杠有固定式和可调式两种。常用可调式铰杠,如图 20-36 所示,转动可调手柄(或螺钉)可以调节方孔大小,以便夹持不同规格的铰刀。

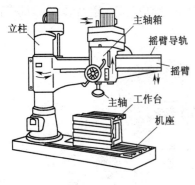

图 20-33　摇臂钻床

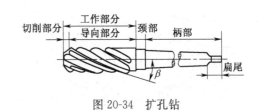

图 20-34　扩孔钻

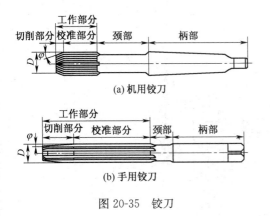

(a) 机用铰刀

(b) 手用铰刀

图 20-35　铰刀

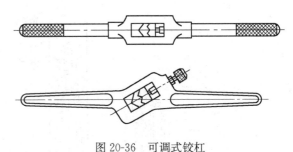

图 20-36　可调式铰杠

二、基本操作

1. 钻孔前的准备

（1）工件划线。钻孔前的工件一般要进行划线，在工件孔的位置划出孔径圆，对精度要求较高的孔还要划出检查圆，并在孔径圆上打样冲眼，在划好孔径圆和检查圆之后，把孔中心的样冲眼打大些，以便钻头定心，如图 20-37 所示。

（2）钻头的选择与刃磨。钻头的选择要根据孔径的大小和精度等级选择合适的钻头。对于直径小于 30 mm 较低精度的孔，可选用与孔径相同直径的钻头一次钻出，对于精度要求较高的孔，可选用小于孔径的钻头钻孔，留出加工余量进行扩孔，对于高精度的孔，可选用小于孔径的钻头钻孔，留出加工余量进行扩孔和铰孔。对直径 30～80 mm 的较低精度孔，应选（0.6～0.8）倍孔径的钻头进行钻孔，然后扩孔，对精度要求高的孔可选小于孔径的钻头钻孔，留出加工余量进行扩孔、铰孔。

钻孔前应检查两切削刃是否锋利对称，如果不合要求应进行刃磨。刃磨钻头时，两条主切削刃要对称，两主切削刃夹角（顶角 2φ）为 $118°\pm2°$，顶角要被钻头中心线平分，刃磨过程中要经常蘸水冷却，以防过热使钻头硬度下降。

（3）钻头与工件的装夹。钻头柄部形状不同，装夹方法也不同，直柄钻头可以用钻夹头（图 20-38）装夹，通过转动固紧扳手可以夹紧或放松钻头，锥柄钻头可以直接装在机床主轴的锥孔内，钻头锥柄尺寸较小时，可以用钻套过渡连接，如图 20-39 所示，钻头装夹时应先轻轻夹住，开车检查有无偏摆,无摆动时停车夹紧后开始工作,若有摆动,则应停车,重新装夹,纠正后再夹紧。

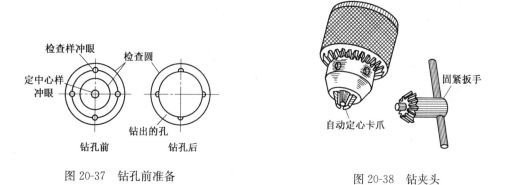

图 20-37　钻孔前准备　　　　　　　　　图 20-38　钻夹头

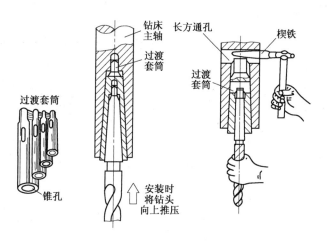

图 20-39　钻套及锥柄钻头装卸方法

钻孔时应保证被钻孔的中心线与钻床工作台面垂直,为此可以根据工件大小、形状选择合适的装夹方法。小型工件或薄板工件可以用手虎钳装夹,如图 20-40(a)所示,在圆柱面上钻孔时用 V 形铁装夹,如图 20-40(b)所示,对中、小型形状规则的工件用平口钳装夹,如图 20-40(c)所示,较大的工件或形状不规则的工件可以用压板和螺栓直接装夹在钻床工作台上,如图20-40(d)所示。

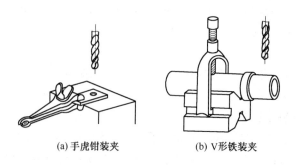

(a) 手虎钳装夹　　　　　　　　(b) V形铁装夹

图　20-40

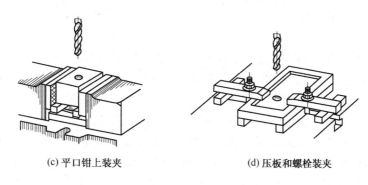

(c) 平口钳上装夹　　　　(d) 压板和螺栓装夹

图 20-40　钻孔时工件的装夹

2. 钻孔操作

开始钻孔时，应进行试钻，即用钻头尖在孔中心上钻一浅坑（约占孔径 1/4 左右），检查坑的中心是否与检查圆同心，如有偏位应及时纠正，偏位较小时可以用样冲重新打样冲眼纠正中心位置后再钻。偏位较大时可以用窄錾将偏位相对方向錾低一些，将偏位的坑矫正过来，如图 20-41 所示。

钻通孔应注意将要钻通时进给量要小，防止钻头在钻通的瞬间抖动，损坏钻头。钻不通孔（盲孔）则要调整好钻床上深度标尺的挡块，或安置控制长度的量具，也可以用粉笔在

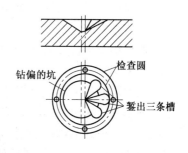

图 20-41　钻偏时的纠正方法

钻头上画出标记。钻深孔（孔深大于孔径四倍）和钻较硬的材料时，要经常退出钻头及时排屑和冷却，否则容易造成切屑堵塞或钻头过度磨损甚至折断。钻较大的孔径（30 mm 以上），应先钻小孔，然后再扩孔，这样既有利于提高钻头寿命，也有利于提高钻削质量。尽量避免在斜面上钻孔，若在斜面上钻孔必须用立铣刀在钻孔位置铣出一个水平面，使钻头中心线与工件在钻孔位置的表面垂直。钻半圆孔则必须另找一块与工件同样材料的垫块，把垫块与工件拼夹在一起钻孔。

（三）钻孔、铰孔注意事项

（1）身体不允许靠近主轴，不允许戴手套进行操作。

（2）切屑要用毛刷清理，不允许用手拽切屑。

（3）钻通孔时工件下面要垫上垫块或把钻头对准工作台空槽，以防损坏钻床工作台的台面。

（4）钻床变速时必须先停车。

（5）铰孔时铰刀不能倒转，以防切屑卡在孔壁和刀刃之间，划伤孔壁或崩裂刀刃。

第六节　攻螺纹与套螺纹

一、基本知识

工件外圆柱表面上的螺纹称为外螺纹。工件圆柱孔壁上的螺纹称为内螺纹。攻螺纹是用丝锥加工工件内螺纹的操作。套螺纹是用板牙加工工件外螺纹的操作。攻螺纹和套螺纹一般用于加工普通螺纹，攻螺纹和套螺纹所用工具简单，操作方便，但生产率低，精度不高，主要用

于单件或小批量的小直径螺纹加工。

1. 攻螺纹工具

攻螺纹的主要工具是丝锥和铰杠(扳手)。丝锥是加工小直径内螺纹的成形刀具,一般用高速钢或合金工具钢制造,丝锥由工作部分和柄部组成,如图 20-42 所示。工作部分包括切削部分和校准部分,切削部分制成锥形,使切削负荷分配在几个刀齿上,切削部分的作用是切去孔内螺纹牙间的金属,校准部分的作用是修光螺纹并引导丝锥的轴向移动,丝锥上有 3～4 条容屑槽,以便容屑和排屑,柄部方头用来与铰杠配合传递扭矩。

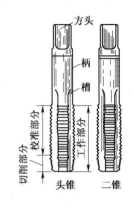

图 20-42　丝锥

丝锥分手用丝锥和机用丝锥,手用丝锥用于手工攻螺纹,机用丝锥用于在机床上攻螺纹。通常丝锥由两支组成一套,使用时先用头锥,然后再用二锥,头锥完成全部切削量的大部分,剩余小部分切削量将由二锥完成。

铰杠是用于夹持丝锥和铰刀的工具,如图 20-45 所示。

2. 套螺纹工具

套螺纹用的主要工具是板牙和板牙架。板牙是加工小直径外螺纹的成形刀具,一般用合金工具钢制造。板牙的形状和圆形螺母相似,它在靠近螺纹外径处钻了 3～4 个排屑孔,并形成了切削刃。板牙两端的切削部分做成 2φ 锥角,使切削负荷分配在几个刀齿上,中间部分是校准部分,校准部分的作用是起修光螺纹和导向作用。板牙的外圆柱面上有四个锥坑和一个 V 形槽,两个锥坑的作用是通过板牙架上两个紧固螺钉将板牙紧固在板牙架内,以便传递扭矩。另外两个锥坑是当板牙磨损后,将板牙沿 V 形槽锯开,拧紧板牙架上的调节螺钉,螺钉顶在这两个锥坑上,使板牙孔做微量缩小以补偿板牙的磨损,调节范围为 0.1～0.25 mm,如图 20-43 所示。

板牙架是夹持板牙传递扭矩的工具(图 20-44),板牙架与板牙配套使用,为了减少板牙架的规格,一定直径范围内的板牙的外径是相等的,当板牙外径与板牙架不配套时,可以加过渡套或使用大一号的板牙架。

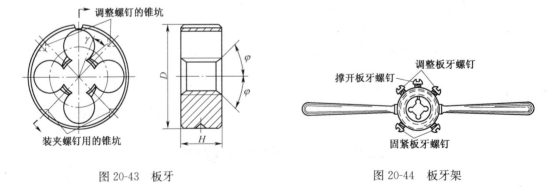

图 20-43　板牙　　　　　　　　　　　　　　　　图 20-44　板牙架

3. 攻螺纹前螺纹底孔直径和深度的确定

攻螺纹时主要是切削金属形成螺纹牙形,但也有挤压作用,塑性材料的挤压作用更明显,所以攻螺纹前螺纹底孔直径要大于螺纹的小径,小于螺纹的大径,具体确定方法可以用查表法(见有关资料手册)确定,也可以用下列经验公式计算:

$$D \approx d - p \qquad \text{适用于韧性材料}$$
$$D \approx d - 1.1p \qquad \text{适用于脆性材料}$$

式中　D——底孔直径，mm；

　　　d——螺纹大径，mm；

　　　p——螺距，mm。

攻盲孔螺纹时由于丝锥不能攻到底，所以底孔深度要大于螺纹部分的长度，其钻孔深度 L 由下列公式确定：

$$L = L_0 + 0.7d$$

式中　L_0——所需的螺纹深度，mm；

　　　d——螺纹大径，mm。

4. 套螺纹前工件直径的确定

套螺纹时主要是切削金属形成螺纹牙形，但也有挤压作用，所以套螺纹前如果工件直径过大则难以套入，如果工件直径过小套出的螺纹不完整，工件直径应小于螺纹大径，大于螺纹小径，具体确定方法可以用查表法确定（见有关资料手册），也可以用下列公式计算：

$$D_0 \approx d - 0.13p$$

式中　D_0——工件直径，mm；

　　　d——螺纹大径，mm；

　　　p——螺距，mm。

二、基本操作

1. 攻螺纹

攻螺纹时用铰杠夹持住丝锥的方头，将丝锥放到已钻好的底孔处，保持丝锥中心与孔中心重合，开始时右手握铰杠中间，并用食指和中指夹住丝锥，适当施加压力并顺时针转动，使丝锥攻入工件 1～2 圈，用目测或直角尺检查丝锥与工件端面的垂直度，垂直后用双手握铰杠二端平稳地顺时针转动铰杠，每转 1/2 圈要反转 1/4 圈（图 20-45），以利于断屑、排屑。攻螺纹时双手用力要平衡，如果感到扭矩很大时不可强行扭动，应将丝锥反转退出。在钢件上攻螺纹时要加机油润滑。

2. 套螺纹

套螺纹时用板牙架夹持住板牙，使板牙端面与圆杆轴线垂直，开始时右手握板牙架中间，稍加压力并顺时针转动，使板牙套入工件 1～2 圈（图 20-46），检查板牙端面与工件轴心线的垂直度（目测），垂直后用双手握板牙架二端平稳地顺时针转动，每转 1～2 圈要反转 1/4 圈，以利于断屑、排屑。在钢件上套螺纹也要加机油润滑，以提高质量和板牙寿命。

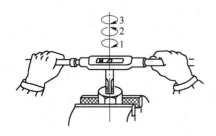

图 20-45　攻螺纹

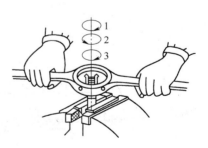

图 20-46　套螺纹

三、操作示例

1. 攻螺纹（M16 螺母）

攻螺纹操作步骤见表 20-7。

表 20-7　攻螺纹操作步骤

序号	操作内容	简　图	说　明
1	倒角	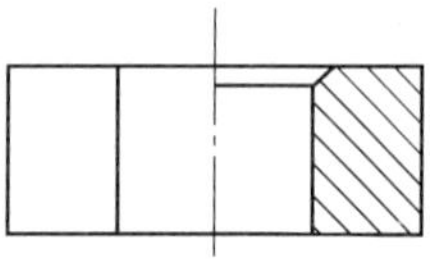	用 φ14 mm 钻头钻底孔，用 φ20 mm 钻头倒角
2	装夹工件	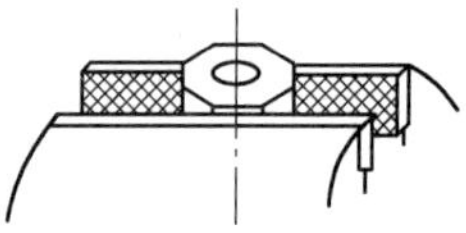	端面要水平
3	攻入丝锥	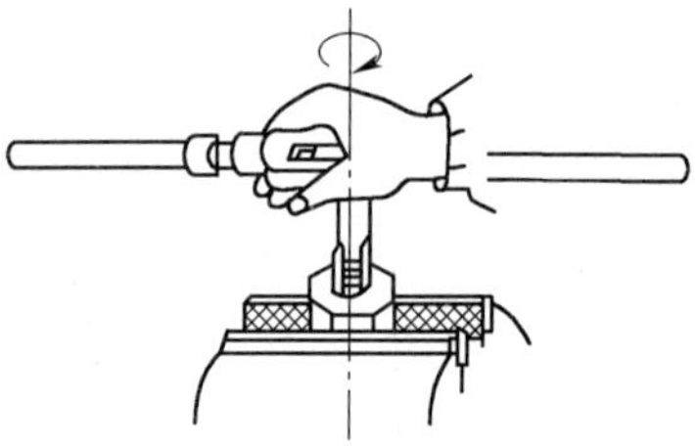	攻入 1～2 圈
4	检查垂直度	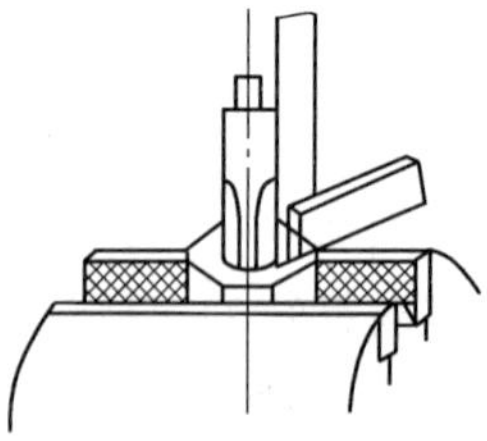	目测或用直角尺检查
5	攻螺纹	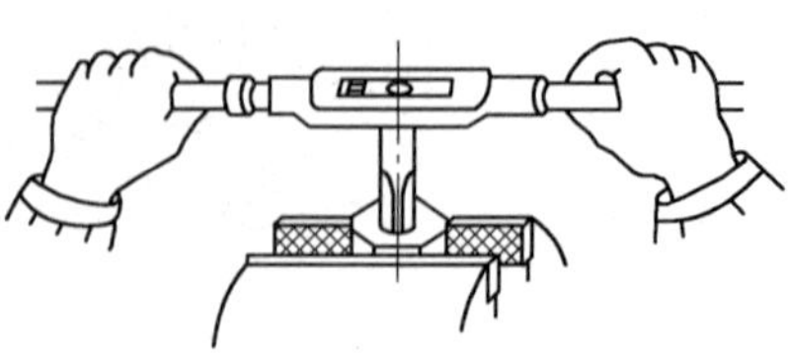	每转 1～2 圈后要反转 1/4 圈断屑

序号	操作内容	简　图	说　明
6	换丝锥	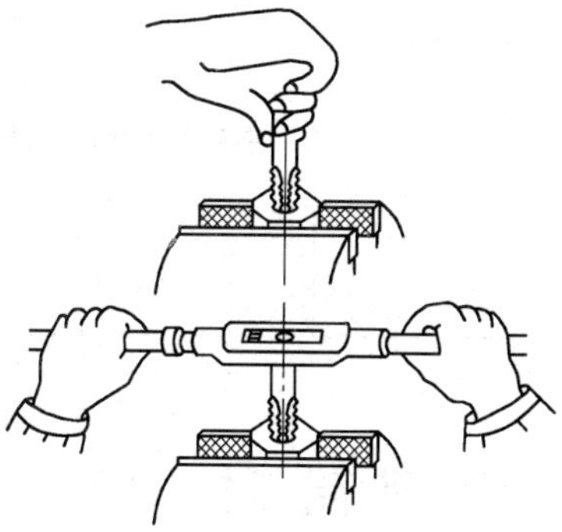	通孔攻螺纹时,可以攻到底使丝锥落下;盲孔攻螺纹时,攻到位后反转取下丝锥

2. 套螺纹(M16 双头螺柱)

套螺纹操作步骤见表 20-8。

表 20-8　套螺纹操作步骤

序号	操作内容	简　图	说　明
1	倒角	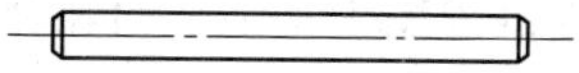	用杆径 $d=15.7$ mm 的杆倒角 $15°\sim20°$,倒角要超过螺纹全深,即最小直径小于螺纹小径
2	装夹工件	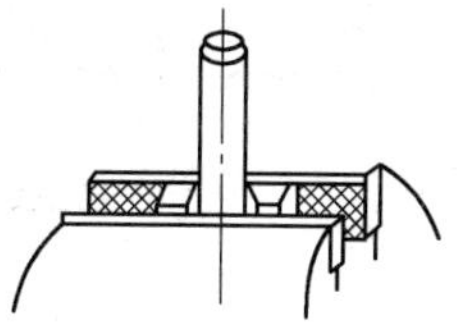	要使工件垂直,并在不影响套螺纹的前提下,伸出钳口的高度尽量短
3	套入板牙	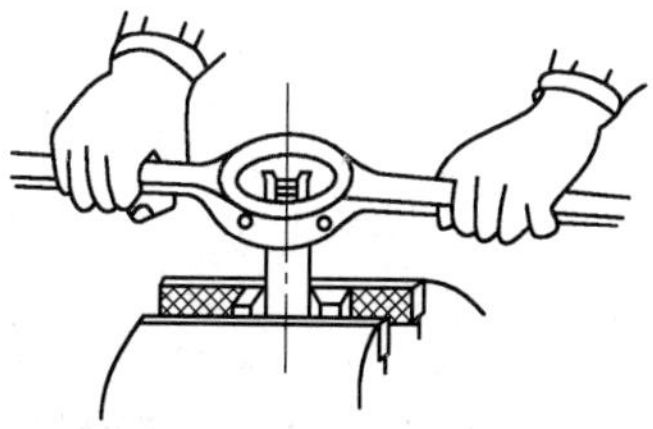	目测板牙端面与工件垂直
4	套螺纹	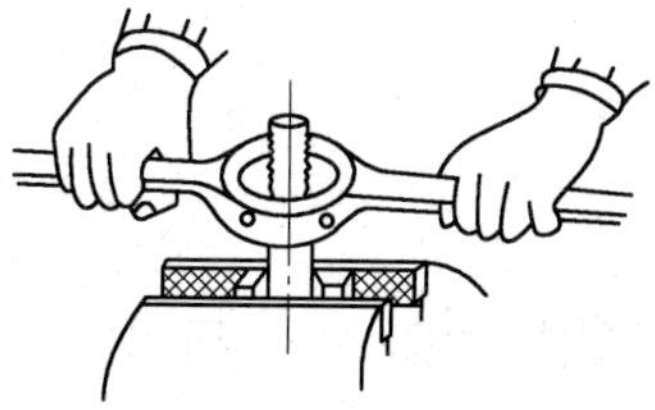	转 $1\sim2$ 圈后反转 1/4 圈断屑,套完后反转取下板牙

续上表

序号	操作内容	简　图	说　明
5	调头套另一端	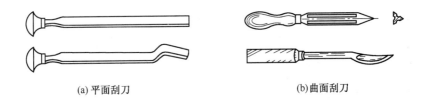	装夹时不允许夹紧螺纹面

第七节　刮削简介

一、基本知识

刮削是利用刮刀在工件已加工表面上刮去很薄的金属层的操作。刮削是钳工的精密加工,能刮去机械加工遗留下来的刀痕、表面细微不平、工件扭曲及中部凹凸。经过刮削可以增加配合表面的接触面积,能提高配合精度,降低工件表面粗糙度值,减小摩擦阻力。刮削常用在工件形状精度要求高或相互配合的滑动表面,如划线平台、机床导轨、滑动轴承等。

刮刀是刮削的主要工具,刮刀一般是用碳素工具钢或轴承钢制成。常用刮刀有平面刮刀和曲面刮刀(三角刮刀),如图 20-47 所示。平面刮刀用于刮削平面和外曲面,曲面刮刀用于刮削内曲面。

(a) 平面刮刀　　　　　　　　　(b) 曲面刮刀

图 20-47　刮刀

二、基本操作

1. 刮削前的准备
(1)将工件稳固地安放在适当高度(与腰部平齐),若工件较高应配脚踏板以便于操作。
(2)清理工件表面去除油污、氧化皮等。
(3)准备好刮削工具和显示剂。
2. 刮削方法
(1)平面刮削方法
平面刮削方法有手刮法和挺刮法,常用挺刮法,如图 20-48 所示。
(2)曲面刮削方法
曲面刮削都是手持刮刀进行的,如图 20-49 所示。

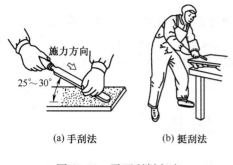

图 20-48　平面刮削方法

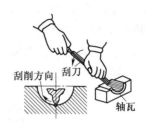

图 20-49　曲面刮削方法

3. 刮削质量的检验

刮削质量的检查方法是研点法：在工件刮削表面均匀地涂上一层很薄的显示剂（红丹油），然后与校准工具（平板、心轴等）相配研。工件表面上的高点经配研后会磨去显示剂而显出亮点（贴合点）。刮削质量是以 25 mm×25 mm 内贴合点的数目表示，如图 20-50 所示。贴合点数目多且均匀表明刮削质量高，超级平面（0 级划线平台、精密工具的平面）要求 25 mm×25 mm 内贴合点高达 25 点以上。

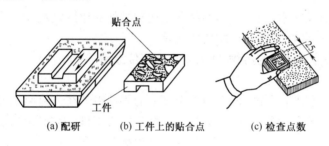

图 20-50　平面刮削质量的检验

三、操作示例

1. 平面刮削

平面刮削时先将工件稳固地安放到合适位置，然后清理工件表面。刮削时首先进行粗刮，刮刀与工件表面上原加工刀痕方向约成 45°角，如图 20-51 所示，顺向，用长刮刀施较大的压力刮削，刮刀痕迹要连成一片，不可重叠，刮完一遍后改变刮削方向再刮，各次刮削方向应交叉，直到机械加工刀痕全部刮除，然后进行研点检查，粗刮时一般贴合点数 25 mm×25 mm 内要达到 4～6 点。

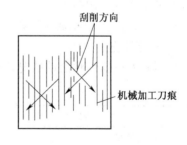

图 20-51　粗刮方向

粗刮之后进行细刮，细刮时将粗刮后的贴合点逐个刮去，细刮用短刮刀，施较小压力，经反复多次刮削使贴合点数目逐渐增多，直到满足要求。平面刮削时细刮要求 25 mm×25 mm 内贴合点达到 10～14 点，精刮要求 25 mm×25 mm 内贴合点达到20～25点。

2. 曲面刮削

用三角刮刀刮削滑动轴承的轴瓦,先将轴瓦稳固地装夹到虎钳上,清理工件表面并涂上显示剂,用与该轴瓦相配的轴或标准轴进行配研,显示出高点后,用刮刀顺主轴的旋转方向刮去高点,研出的高点全部刮去后再配研,再用刮刀顺主轴旋转方向刮去研出的高点,后两次刀痕要交叉成 45°,如图20-51所示。

第八节 装 配 知 识

任何一台机器都是由多个零件组成的。按规定的技术要求,将合格零件组装成部件,将零件和部件组装成机器,并经过调整和试验使之成为合格产品的工艺过程称为装配。装配是生产机器的最后一道工序,是机器制造的重要阶段,装配质量的好坏对机器的性能和寿命影响很大。

一、基本知识

1. 装配的工艺过程

(1)装配前的准备

①熟悉图纸及有关技术资料,了解产品的结构和零件的作用以及各零件之间的连接关系。

②确定装配方法、装配顺序和装配所用工具。

③清洗零件,去掉零件上的污物,在需要涂油部位涂油。

(2)装配

根据机器的复杂程度,可先将两个或两个以上的零件组装在一起形成组件,形成组件的过程称组件装配。再将若干个组件或零件进一步组合构成部件,形成部件的过程称部件装配。最后将零件和部件组合成一台完整的机器,这个过程称总装配。

装配时,无论是部件装配或是总装配,都要先确定一个零件或部件为基准件,再将其他零件或部件装到基准件上。装配时一般先下后上,先内后外,先难后易。装配顺序要保证精度,提高效率,避免返工。

(3)调整、检验、试车

调整零件或机构的相互位置、配合间隙、结合松紧程度,使机器各部分协调工作,检验机器的质量,然后进行试车,确定合格后可喷漆装箱出厂。

2. 零部件连接类型

按拆卸的可能性和活动情况,零部件的连接有 4 种类型,见表20-9。

表 20-9　连接类型

固 定 连 接		活 动 连 接	
可拆卸	不可拆卸	可拆卸	不可拆卸
螺栓与螺母、键与轴、固定销等	铆接、焊接、压合、胶合等	丝杠与螺母、柱塞与套筒、轴与轴承等	任何活动连接的铆接头等

3. 常用的装配工具

(1)扳手

扳手用于扳紧(或旋松)螺栓及螺母。扳手分:活动扳手、专用扳手和特殊扳手。专用扳有固定开口扳手、套筒扳手、力矩扳手,内六角扳手和侧面孔扳手,特殊扳手是根据机器的特殊需要专门制造的,如图 20-52 所示。

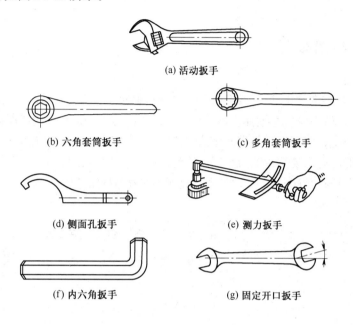

(a) 活动扳手

(b) 六角套筒扳手　　　　　　　　　(c) 多角套筒扳手

(d) 侧面孔扳手　　　　　　　　　(e) 测力扳手

(f) 内六角扳手　　　　　　　　　(g) 固定开口扳手

图 20-52　扳手

(2)螺丝刀(又称起子、改锥)

螺丝刀用于旋紧(或旋松)头部有沟槽的螺钉。螺丝刀分为一字头和十字头两种,分别对应螺钉头部的沟槽使用。选用时应注意刀口宽度与厚度应与螺钉头部沟槽的长度宽度相适应。

(3)弹性挡圈拆装专用钳

弹性挡圈拆装专用钳是装拆弹性挡圈的专用工具,分为轴用弹性挡圈装拆钳[图 20-53 (a)]和孔用弹性挡圈装拆钳[图 20-53(b)]。

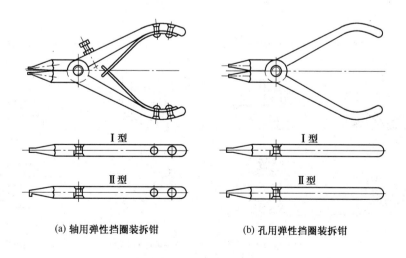

Ⅰ型　　　　　　　　　　　Ⅰ型

Ⅱ型　　　　　　　　　　　Ⅱ型

(a) 轴用弹性挡圈装拆钳　　　　　　(b) 孔用弹性挡圈装拆钳

图 20-53　弹性挡圈装拆用钳

4. 其他常用工具

常用的装配工具还有弹性手锤(铜锤或木锤),拉卸工具(用于拆卸装在轴上的滚动轴承,带轮或联轴器)。

二、典型零件的装配

1. 螺纹连接

螺纹连接是机器中常用的可拆卸连接。装配时,螺栓螺母应能自由旋入,螺栓螺母各贴合面要平整、光洁,并且端面应与螺纹轴线垂直。方头、六角头螺栓、螺母等,用通用扳手即可旋紧,内六角螺钉用内六角扳手旋紧,头部带凹槽的螺钉用螺丝刀旋紧。旋拧的松紧程度要适当,对于有预紧力要求的螺纹连接,要采用测力矩扳手控制扭矩。在装配成组螺栓时要按一定顺序进行,并且不要一次拧紧,应按顺序分 2~3 次拧紧,以防受力不均,拧紧顺序如图 20-54 所示。

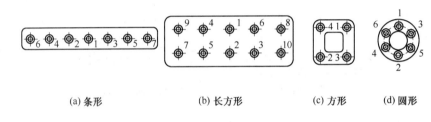

(a) 条形　　　　　　　　(b) 长方形　　　　　　　(c) 方形　　　　(d) 圆形

图 20-54　螺母的拧紧顺序

在冲击、振动、交变载荷及高温下工作的螺纹连接,在装配时要采用防松装置,如图 20-55 所示。

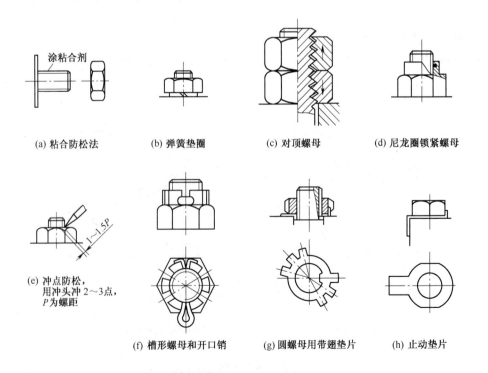

(a) 粘合防松法　　　(b) 弹簧垫圈　　　(c) 对顶螺母　　　(d) 尼龙圈锁紧螺母

(e) 冲点防松,
用冲头冲 2~3 点,
P 为螺距

(f) 槽形螺母和开口销　　(g) 圆螺母用带翅垫片　　(h) 止动垫片

图 20-55　螺纹连接防松

2. 销连接

销连接是用销钉把零件连接起来。使它们之间不能相互转动或移动。装配时先将两个零件紧固在一起进行钻孔、铰孔,以保证两个零件的销孔轴线重合,铰孔后应保证孔的尺寸精度和表面粗糙度,然后将润滑油涂在销钉上,用铜棒垫在销钉的端面上,用手锤打击铜棒,将销钉打入孔中。装配后销钉在孔中不允许松动。

3. 键连接

键连接主要用于轴套类零件的传动中,装配时先去毛刺,选配键,洗净加油,将键轻轻地敲入轴上键槽内,使键与键槽底接触,然后试装轮毂,若轮毂上的键槽与键配合太紧时,可修整轮毂上的键槽,但不允许松动。平键装配后,键的两侧不允许松动,键的顶面与轮毂间应留有间隙。楔键装配后,键顶面、底面分别与轮毂和键槽间不能松动,键两侧面与键槽间有一定间隙。导向键装配后键与滑动件之间是间隙配合,三面均有一定间隙,键与非滑动件之间不允许有松动,为了防止键松动,可采用埋头螺钉将键固定在非滑动件上。

4. 滚动轴承的装配

装配前先将轴、轴承、孔进行清洗,上润滑油;装配时常用手锤或压力机压装,为了防止轴承歪斜损伤轴颈,压力或锤击力必须均匀地分布在轴承圈上,为此可采用垫套加压。轴承压到轴上时,应通过垫套施力于轴承内圈端面,如图 20-56 所示。轴承压到机体孔中时,应施力于轴承外圈端面,如图 20-56(b)所示。若同时将轴承压到轴上和机体孔中时,内、外圈端面应同时施加压力,如图 20-56(c)所示。若轴承与轴是较大过盈配合时,可将轴承吊在 80～90℃油中加热,然后趁热装配。

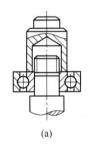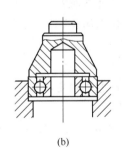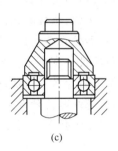

(a)　　　　　　　(b)　　　　　　　(c)

图 20-56　用垫套压滚珠轴承

滚动轴承失效后可用拉卸工具(又称拉出器)拆卸,更换新轴承,如图 20-57 所示。

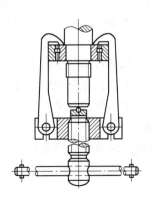

图 20-57　轴承拆卸

1. 划线的作用是什么？基准起什么作用？常用划线基准有哪三种类型？

2. 常用的划线工具有哪些？

3. 工件划线时水平位置如何找正？垂直位置如何找正？

4. 打样冲眼的目的是什么？怎样才能将样冲眼打在正确位置？

5. 錾削时为什么要看錾刃而不看錾头？

6. 怎样起錾？怎样錾出？

7. 錾削时怎样调整錾削深度？

8. 錾子楔角怎样选择？楔角大小对加工有何影响？

9. 锯条有哪些规格？分别在什么场合使用？

10. 安装锯条时应注意什么？

11. 在锯削过程中如何防止锯条折断？

12. 起锯和快要锯断时要注意哪些问题？起锯角大小对锯条有什么影响？起锯角多大合适？

13. 用新锯条锯旧锯缝时应注意什么？

14. 怎样选用锉刀？

15. 锉削时产生凸面是什么原因？怎样克服？

16. 顺向锉、交叉锉、推锉各适用于什么场合？

17. 钻孔、扩孔和铰孔各有什么区别？

18. 常用的钻孔设备有哪些？各有什么特点？

19. 攻盲孔螺纹为什么不能攻到底？怎样确定孔深？

20. 攻螺纹、套螺纹时为什么要倒角？

21. 攻 M16 螺母和套 M16 螺栓时，底孔直径和螺杆直径是否相同？为什么？

22. 攻螺纹时为什么要经常反转？

23. 有一铸铁件需要攻 M16 深 30 mm 的螺纹，螺距为 2 mm，用多大钻头钻孔？盲孔应钻多深？

24. 在 Q235—A 棒料上套 M12，螺距为 1.75 mm 的螺纹时，试问棒料直径多大？

25. 刮削有何特点？应用在什么场合？

26. 刮削后表面精度怎样检查？

27. 为什么粗刮时刮削方向不与机械加工留下的刀痕垂直？

28. 为什么滑动轴承都是做成两半轴瓦进行刮削？整体圆柱形轴套能否刮削？

29. 什么叫装配？基准件在装配中起什么作用？

30. 装配成组螺栓时，怎样拧紧？

31. 如何装配滚动轴承？装配时应注意哪些问题？

第二十一章

综 合 实 训

【学习目标】

1. 利用所学钳工知识和技能进行综合练习,培养综合分析问题和解决问题的能力。

2. 经过综合实训,使学生的钳工技能进一步巩固和提高,在由单项的钳工操作转变为综合制作的过程中,使学生进一步体会到前后工序的关联和相互影响,掌握钳工制作的全过程。

3. 通过具体的项目制作,能增强学生的自信心,为今后进一步提高打下基础。

实训一　六角螺母制作

一、六角螺母的结构和技术要求

六角螺母的结构和技术要求如图 21-1 所示。

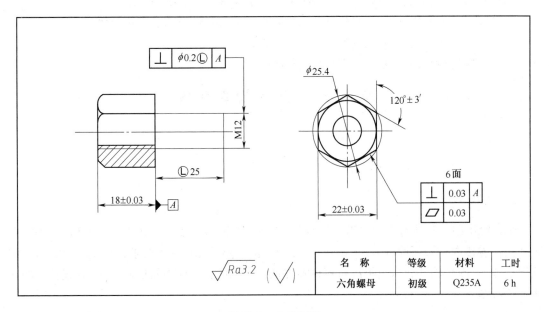

图 21-1　六角螺母

二、图纸分析

六角螺母加工要应用到划线、锯削、锉平、钻孔和攻螺纹等一系列钳工操作技能,是钳工技能训练最基础的内容之一。

三、实习准备

1. 材料准备

$\phi 25.4 \pm 0.04$(mm)圆钢,材料为 Q235。

2. 工、刃具准备

钻床、长柄刷、$\phi 6$ mm、$\phi 8$ mm、$\phi 10.3$ mm 钻头、倒角钻、M12 丝锥、铰杠等。

3. 量具准备

钢板尺、游标卡尺、刀口角尺、万能角尺、25～50 mm 千分尺、高度划线尺等。

四、工艺分析

(1)外六方加工参照第二十章钳工技能训练中的平面锉削。

(2)钻螺纹底孔时,装夹要正确,保证孔中心线与外六方端面的垂直度。

(3)起攻螺纹时,用角度尺及时纠正两个方向的垂直度,这是保证螺纹质量的重要环节,否则,同心度将不能保证,会出现螺纹两侧牙型深浅不一,并且随着螺纹长度的增加,歪斜现象越加明显,如继续攻丝,丝锥将会折断。

(4)由于材料较厚,又是钢料,因此攻螺纹时,要加冷却润滑液,并经常倒转排屑。

五、操作步骤

(1)检查来料尺寸是否符合图纸要求。

(2)外六方加工方法,依次加工外六面,达到形位公差、尺寸公差等要求。

(3)划出 M12 螺孔位置线,打样冲眼,钻 $\phi 10.3$ mm 底孔,并对孔口进行倒角。

(4)攻 M12 螺纹孔,并用相应的螺栓进行配检。

(5)用细锉精锉六方的倒角,使其达到图纸要求。

实训二 錾口锤头制作

一、錾口锤头的结构和技术要求

錾口锤头的结构和技术要求如图 21-2 所示。

二、图纸分析

錾口锤头制作是典型的钳工综合训练题。通过训练,进一步巩固基本操作技能,熟练掌握锉腰孔及连接内外圆弧面的方法,达到连接圆滑、位置及尺寸正确等要求;提高推锉技能,达到纹理整齐、表面光洁,同时,也提高对各种零件加工工艺的分析能力及检测方法,养成良好的文明生产习惯。

三、实习准备

1. 材料准备

20 ± 0.05(mm)$\times 20 \pm 0.05$(mm)$\times 115$ mm 45 钢。

2. 工、刃具准备

常用锉刀、半圆锉、圆锉、什锦组锉、弓锯、$\phi 5$ mm、$\phi 7$ mm、$\phi 9.7$ mm 麻花钻、铜丝刷等。

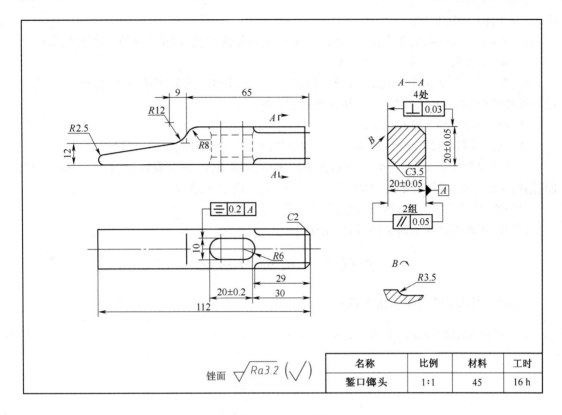

图 21-2 錾口锤头

3. 量具准备

钢板尺、刀口角尺、万能角度尺、游标卡尺、高度划线尺、外径千分尺、圆划规等。

四、工艺分析

(1)钻腰形孔时,为防止钻孔位置偏斜、孔径扩大,造成加工余量不足。钻孔时可先用 $\phi 7$ mm 钻头钻底孔,做必要修整后,再用 $\phi 9.7$ mm 钻头扩孔。

(2)锉腰形孔时,先锉两侧平面,保证对称度,再锉两端圆弧面。锉平面时要控制好锉刀横向移动,防止锉坏两端孔面。

(3)锉 4 处 $C3.5$ 倒角、8 处 $C2$ 倒角时,工件装夹位置要正确,防止工件被夹伤。锉 $C3.5$ 倒角,扁锉横向移动要防止锉坏圆弧面,造成圆弧塌角。

(4)加工 $R12$ mm 与 $R8$ mm 内外圆弧面时,横向必须平直,且与侧面垂直,才能保证连接正确、外形美观。

(5)砂纸应放在锉刀上对加工面打光,防止造成棱边圆角,影响美观。

五、操作步骤

(1)检查来料尺寸是否符合图纸要求。

(2)按图纸要求,先加工外形尺寸 20 mm×20 mm,留精锉余量。

(3)锉削某一端面,达到垂直、平直等要求。

(4)按图纸要求材料的两面同步划出錾口锤头外形加工线、腰形孔加工线、4 处 $C3.5$ 倒角线、端部 8 处 C2 倒角线等。

(5)先用 φ7 mm 钻头钻底孔,再用 φ9.7 mm 钻头钻腰形孔,用狭锯条锯去腰形孔余料。

(6)粗、精锉腰形孔,达到图纸要求。

(7)锉 4 处 C3.5 倒角。先用小圆锉粗锉 R3.5 mm 圆弧,然后用扁锉粗、细锉倒角面,再用小圆锉精锉 R3.5 mm 圆弧,最后用推锉修整至要求。

(8)粗、精锉端部 8 处 C2 倒角。

(9)锯去舌部余料,粗锉舌部、R12 mm 内圆弧面、R8 mm 外圆弧面,留精锉余量。

(10)精锉舌部斜面,再用半圆锉精锉 R12 mm 内圆弧面、用细扁锉精锉 R8 mm 外圆弧面,最后用细扁锉、半圆锉推锉修整,达到连接圆滑、光洁、纹理整齐。

(11)粗、精锉 R2.5 mm 圆头,保证锤头总长 112 mm。

(12)用砂纸将各加工面全部打光,交件待检。

实训三　对称凹凸配

一、对称凹凸配的结构和技术要求

对称凹凸配的结构和技术要求如图 21-3 所示。

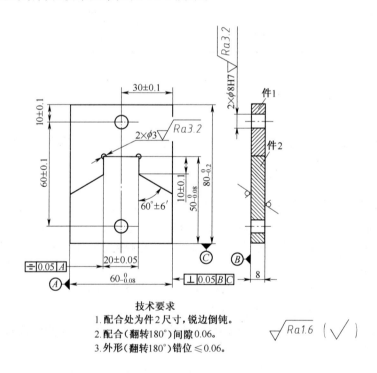

图 21-3　对称凹凸配

二、图纸分析

凹件和凸件的配合间隙与外形错位均为 0.06 mm,加工精度较高。锉配时应先加工凸件,凸件的角度、尺寸应加工正确,再以凸件为基准锉配凹件。2×φ8H7 孔在加工中应注意保证孔的位置精度。

三、实习准备

1. 材料准备

坯料尺寸为 102 mm×61 mm×8 mm 材料为 Q235-A。

2. 工、刃具准备

钻床、长柄刷、常用锉刀、什锦组锉、手锯、$\phi6$ mm 钻头、$\phi8$ mm 钻头等。

3. 量具准备

钢板尺、游标卡尺、刀口角尺、万能角尺、25～50 mm 千分尺、高度划线尺等。

四、工艺分析

(1)凸件 20±0.05 mm 处有对称度要求,加工时,只能先加工一面,待一面加工至尺寸要求后,才能加工另一面。

(2)为达到配合后转位 180°的互换精度,凸、凹件的所有加工平面对大平面的垂直度都要控制在最小范围内。

(3)2×$\phi8$H7 孔的位置精度要求较高,划线位置要准确,钻孔时可先用 $\phi6$ mm 钻头钻底孔,再用 $\phi8$ mm 钻头扩孔。

五、操作步骤

(1)检查来料尺寸是否符合图纸要求。

(2)粗、精锉板料四侧面,保证两个长侧面间的尺寸 $60_{-0.08}^{0}$ mm 及两个短侧面与长侧面垂直,在板料两端按图划出凹件和凸件图样,用钻排孔和锯割方法,使凹件和凸件分成两块。

(3)粗、精锉凸件顶面尺寸 $50_{-0.08}^{0}$ mm,锯、粗、精锉凸件左侧,尺寸控制在 40±0.025 mm(注意:此时右端斜角废料不去掉,便于测量左侧面尺寸),保证角度和深度要求,同理加工右侧面,保证尺寸 20±0.05 mm,60°角和深度尺寸。

(4)在凹件上钻 2×$\phi3$ mm 孔,用钻排孔、锯削去除多余料,粗锉各面留 0.1～0.2 mm 的锉配余量。精锉凹件内各面至配合要求。全部锐边倒钝并检查尺寸精度。

(5)在凹凸组合件上划 2×$\phi8$ mm 的尺寸线,先用 $\phi6$ mm 钻头钻底孔,再用 $\phi8$ mm 钻头扩孔使两个孔达到图纸要求。

(6)用量具仔细测量各部分尺寸,精修符合图纸要求后,交件待检。

实训四　三件套锉配

一、三件套锉配的结构和技术要求

三件套锉配的结构和技术要求如图 21-4 所示。

二、图纸分析

通过划线、锯削、锉削、钻、铰等加工,加工成如图 21-4 所示的三件套,达到图纸要求。本训练题精度要求高,件 1、件 2 锉配后的质量,影响到与件 3 的配作,加工难度大。

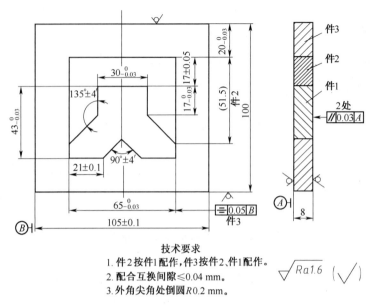

技术要求
1. 件2按件1配作,件3按件2、件1配作。
2. 配合互换间隙≤0.04 mm。
3. 外角尖角处倒圆R0.2 mm。

图 21-4　三件套锉配

三、实习准备

1. 材料准备

材料为 Q235-A。

件1坯料尺寸为 66 mm×44 mm×8 mm;

件2坯料尺寸为 66 mm×53 mm×8 mm;

件3坯料尺寸为 106 mm×100 mm×8 mm。

2. 工、刃具准备

钻床、长柄刷、常用锉刀、什锦组锉、弓锯、$\phi6$ mm 钻头等。

3. 量具准备

钢板尺、游标卡尺、刀口角尺、万能角尺、25～50 mm 千分尺、高度划线尺等。

四、工艺分析

(1)件1各面平面度、对称度要好,且各面与大平面垂直。

(2)件1尽量加工好一侧后再加工另一侧,与件2相配后正反错位<0.02 mm。

(3)各件加工后的平面度、垂直度要好,这样才能保证配合后的平行度要求。

五、操作步骤

(1)检查来料尺寸是否符合图纸要求。

(2)加工件1外形为长 $65_{-0.03}^{0}$ mm、宽 $43_{-0.03}^{0}$ mm 的长方形,四面垂直、平直。按图划出外形尺寸线,锯、锉成形,保证对称等要求。

(3)加工件2外形至要求。按图划线,钻排孔,去除废料,粗锉后留 0.2 mm 锉配余量。根据凸件实际尺寸,精锉尺寸 $30_{-0.03}^{0}$ mm,使凸件能较紧塞入,保证两侧对称。锉配角度面,修锉清角,保证尺寸 17±0.05 mm 符合要求,配合互换间隙不大于 0.04 mm。

（4）加工件 3 外形至要求。按图划线，钻排孔，去除废料。粗锉各面后留 0.2 mm 锉配余量。精锉中间 60 mm×65 mm 长方形孔，保证尺寸 $20_{-0.03}^{0}$ mm，件 2 与件 1 合在一起侧向能较紧塞入，锉配 90°面，保证与件 1 的配合要求。整体修配，修锉各面间夹角，保证配合互换间隙小于 0.04 mm。

（5）复测工件，锐边倒钝，精修至符合图纸要求后，交件待检。

参 考 文 献

[1] 机械工业职业技能鉴定指导中心. 机械识图[M]. 北京:机械工业出版社,2006.

[2] 孙开元,赵德龙. 机械识图[M]. 北京:化学工业出版社,2005.

[3] 冯秋官. 机械制图[M]. 北京:高等教育出版社,2001.

[4] 钱可强. 机械制图[M]. 北京:高等教育出版社,2005.

[5] 机械制图和技术制图国家标准. 北京:中国标准出版社,2004.

[6] 金大鹰. 机械制图,6版[M]. 北京:机械工业出版社,2003.

[7] 王幼龙. 机械制图,2版[M]. 北京:高等教育出版社,2005.

[8] 胡家秀. 机械基础. 北京:机械工业出版社,2001.

[9] 栾学刚. 机械设计基础. 北京:高等教育出版社,2002.

[10] 赵祥. 机械原理及机械零件. 北京:中国铁道出版社,2004.

[11] 钟建宁. 机械基础. 北京:高等教育出版社,2003.

[12] 黄国雄. 机械基础. 北京:机械工业出版社,2004.

[13] 张恩泽. 机械基础. 北京:机械工业出版社,2004.

[14] 倪森. 机械基础. 北京:高等教育出版社,2005.

[15] 李爱惠,郑文灏. 机械制图. 北京:中国铁道出版社,2012.

[16] 麻冰玲. 机械基础. 北京:中国铁道出版社,2014.

[17] 祖国庆. 机械基础. 北京:中国铁道出版社,2018.

[18] 李永增. 金工实习(非机械类专业适用). 北京:高等教育出版社,2006.

[19] 劳动和社会保障部教材办公室. 钳工工艺与技能训练. 北京:中国劳动社会保障出版社,2001.

[20] 劳动和社会保障部教材办公室. 国家职业资格培训教程—钳工. 北京:中国劳动社会保障出版社,2003.

[21] 郭炯凡. 金属工艺学实习教材. 北京:高等教育出版社,1989.

[22] 刘林. 机械钳工技能实训指导书. 北京:中国铁道出版社,2014.